园林植物应用及观赏研究

谭炯锐　段丽君　张若晨　著

中国原子能出版社

图书在版编目（CIP）数据

园林植物应用及观赏研究/谭炯锐，段丽君，张若晨著．-- 北京：中国原子能出版社，2020.10

ISBN 978-7-5221-1038-7

Ⅰ．①园… Ⅱ．①谭… ②段… ③张… Ⅲ．①园林植物—园林设计 Ⅳ．① TU986.2

中国版本图书馆 CIP 数据核字（2020）第 206244 号

内 容 简 介

利用园林植物进行造景是人类改善生态环境的重要手段，同时通过再现自然风景的风貌形成一种空间艺术，给人以美的享受。植物造景涉及众多学科，着重在植物景观总体规划和景观细部的设计。本书首先阐述了园林植物的基本知识和园林植物应用的历史，进而从理论到实践论述了园林植物造景的实际应用，最后对园林植物的观赏与识别特性进行了分析，选取了具有特色的栎类植物进行介绍，最后对园林植物的防护技术进行了阐述。全书内容丰富，结构清晰，图文并茂，具有很强的可读性与实用性。

园林植物应用及观赏研究

出版发行　中国原子能出版社（北京市海淀区阜成路 43 号 100048）
责任编辑　张　琳
责任校对　冯莲凤
印　　刷　三河市铭浩彩色印装有限公司
经　　销　全国新华书店
开　　本　787mm×1092mm　1/16
印　　张　18.375
字　　数　347 千字
版　　次　2021 年 8 月第 1 版　2021 年 8 月第 1 次印刷
书　　号　ISBN 978-7-5221-1038-7　定　价　86.00 元

网　　址：http://www.aep.com.cn　E-mail:atomep123@126.com
发行电话：010-68452845　　　　　　版权所有　侵权必究

前　言

　　植物作为园林构景要素之一,在景观设计中的作用不容忽视,它能够作为主景,引人注目,也能够作为背景,烘托环境;随着四季更迭、岁月流逝,植物展现出旺盛的生命力和丰富的季相变化,令人感叹,甚至震撼;在象征生命和美的同时,植物还是文化的载体、历史的见证——我国传统文化在植物中沉淀、积聚,几乎每一种植物都有着优美的传说或是感人的故事。所以在园林设计师的眼中,植物不仅仅是简单的林木、花草,而且是生态、艺术和文化的联合体,是园林设计的基础与核心。

　　利用植物进行造景不仅是自然风景的再现和空间艺术的展示,还可以给人以现实生活美的享受。利用园林植物进行造景是人类改善生态环境的重要手段。同时,由于植物具有净化空气、降低噪声、减少水土流失和防风、庇荫等功能,植物造景正朝着更为生态化、人性化的方向发展,使得人与自然更加和谐共生,这就是植物造景的重要意义。

　　植物造景以土壤学、气象学、生态学、园林艺术原理、园林树木学、花卉学、草坪学、园林设计等内容为基础,着重在植物景观总体规划和景观细部的设计。作为园林设计师应该掌握园林植物的种类、形态、观赏特点、生态习性、群落构成等知识,在此基础上研究园林植物配置的原理,按植物生态习性、园林艺术要求,合理配置各种植物(乔木、灌木、花卉、草坪和地被植物等),最大限度地发挥它们的生态功能和观赏价值,本书也正是从这些方面入手,加以论述。

　　本书在撰写过程中重点体现了以下特色:

　　第一,定位准确、内容全面。本书首先从植物造景内涵讲起,逐步过渡到各种植物的识别方法与观赏特性,同时又对特殊树种种植进行研究。

　　第二,图文并茂。本书精选了众多图片辅以理论知识的阐述,极大地增强了知识的"可感知性"。

　　第三,实践性。园林植物造景是一门理论和实践、艺术与技术相结合的综合性学科。在本书的撰写过程中,注重基本理论知识结构和技能的紧密结合,方便读者进行学习。

全书由谭炯锐、段丽君、张若晨撰写,具体分工如下:

第二章、第三章、第四章,共 12.13 万字:谭炯锐(运城学院);

第五章、第七章、第八章,共 10.47 万字:段丽君(临汾职业技术学院);

第一章、第六章、第九章,共 11.06 万字:张若晨(山西运城农业职业技术学院)。

本书在撰写过程中,借鉴和参阅了部分专家和学者的研究成果,在此表示诚挚的谢意!由于作者水平有限,书中存在不足之处在所难免,恳请广大读者多提宝贵意见,以便本书日臻完善。

作 者

2020 年 9 月

目 录

第一章　初识园林植物

第一节　园林植物相关概念

园林植物没有固定的范围,一切适用于城市或风景名胜区中构成园林境域的植物材料统称为园林植物。园林植物是具有形态、色彩、生长规律的生命体,是植物造景中不可或缺的要素,在园林建设中起着极其重要的作用。在实际应用中,从不同角度可以将园林植物分为不同类型,如按照树形通常可分为乔木类、灌木类、草本类和藤蔓类等类型;从观赏特点角度可分为观形类、观花类、观叶类、观果类、观枝干类和观根类等类型。

植物造景又称植物配置、植物种植设计,相当于西方园林中的 Plant Design。目前国内外尚无十分确切的定义。我国传统的植物造景定义为:利用乔木、灌木、藤本、草本植物来创造景观,并发挥植物的形体、线条、色彩等自然美,进而配置成一幅幅美丽动人的画面供人们观赏。[①]

当然,园林植物造景的概念也是随着时代的发展而不断发展的,尤其发展到 21 世纪的今天,随着景观生态学、全球生态学等学科的引入,园林植物造景的概念也随之扩大。所以,也包含了生态上,甚至文化上的景观,是适合时代需求的植物造景、持续发展的植物造景。

那么,综合传统的植物造景概念,以及新时期园林植物造景的概念,笔者认为植物造景的新含义为:根据园林总体设计的布局要求,应用不同种类及不同品种的园林植物,按科学性、艺术性及文化性原则,对植物进行合理配置,创造出各种美观、实用的植物景观和园林空间环境,以充分发挥园林综合功能,尤其是生态功能,使环境得以改善。简单地说,植物造景就是在园林环境中营造植物景观的过程、方法。优秀的植物种植设计不仅要考虑植物自身的生长发育特性及生态学因素,还要考虑到艺

---

① 官文灵.园林植物造景[M].北京:中国水利水电出版社,2013.

术审美原则,满足景观功能需要,同时要考虑实用功能的需求,其最终目的是营造美观舒适的植物景观和园林空间,以供人欣赏、游憩。

第二节　园林植物的功能与作用

一、生态功能

(一)改善小气候

1. 调节气温

有研究表明,植物配置的地方比没有植物配置的地方在温度上要相差 3 到 5 摄氏度。

垂直绿化对于降低墙面温度的作用也很明显。根据对复旦大学宿舍楼的测定结果,爬满爬山虎的外墙面与没有绿化的外墙面相比表面温度平均相差 5℃左右。另据测定,在房屋东墙上爬满爬山虎,可使墙壁温度降低 4.5℃。

2. 增加空气湿度

据测定,每公顷阔叶林比同面积裸地蒸发的水量高 20 倍。每公顷油松林一天的蒸腾量为 4.36 万 ~ 5.02 万 kg。宽 10.5m 的乔离木林带,可使近 600m 范围内的空气湿度显著增加。据北京市测定,平均每公顷绿地日平均蒸腾水量为 18.2 万 kg,北京市建成区绿地日平均蒸腾水量 34.2 亿 kg。南京市多以悬铃木作为行道树,在夏季对北京东路与北京西路相对湿度做了比较,因北京西路上行道树完全郁闭,其相对湿度最大差值可达 20% 以上。

3. 控制强光与反光

应用栽植树木的方式,可遮挡或柔化直射光或反射光。树木控制强光与反光的效果,取决于其体积及密度。单数叶片的日射量,随着叶质不同而异,一般在 10% ~ 30%。若多数叶片重叠,则透过的日射量更少。

4. 通风

通风,就是将自然风引进空间中,在景观设计时,常留下风道,以便将清新凉爽的空气引入其中,提高环境的舒适度。园林绿地中常以道路、水系廊道作为风道的主要形式,草坪在绿地中也能形成通风道,可以改善热带地区生活环境。进气通道的设置一般与城市主导风向成一定夹角,如果是陆地通道常以草坪、低矮的植物为主,避免阻挡气流流通,而城市排气通道则应尽量与城市主导风向一致,尤其是在北方冬季,以将污染空气吹走。城市中的道路绿化尤其要注意树木的密度及冠层覆盖度,郁闭度过大,常使汽车尾气不易扩散,造成道路空间内污染加重。

研究表明,城市绿地中,树林内的温度较周边草地的温度低,比较凉爽,这主要是由于林内、林外的气温差形成对流的微风,当林外的热空气上升,而由林内的冷空气补充,使得林外的温度降低。同时,树木分枝点的高低也会影响气流的流通,分枝点过低,气流流通较弱,而分枝点过高,则风力减弱,一般在人体高度以上较合适,而且树木分枝点外的枝叶不过于密集较好,容易形成风道。

5. 防风

乔木或灌木可以通过阻碍、引导、渗透等方式控制风速,亦因树木体积、树型、叶密度与滞留度,以及树木栽植地点,而影响控制风速的效应。群植树木可形成防风带,其大小因树高与渗透度而异。一般而言,防风植物带的高度与宽度比为 1 : 11.5 时及防风植物带密度在 50% ~ 60% 时防风效率最佳。

(二)净化空气

1. 碳氧平衡

园林植物在进行光合作用时,大量吸收二氧化碳,释放氧气。绿色植物能在充足的阳光和水分条件下通过光合作用进行固碳释氧,从而缓解城市的热岛效应,植物吸碳释氧的能力一般是呈正相关的,城市绿化覆盖率与热岛强度成反比。因此在城市园林绿化中,应合理搭配植物,增加城市美景度和生态效益。

固碳能力比较高的乔木树种有垂柳、糙叶树、乌桕、麻栎、喜树、龙爪槐、黄连木、紫薇、木槿、柿、杜仲、鸡爪槭、枫杨、胡桃、刺槐、栾树、丁香、三角枫、枇杷、紫叶桃、桃、梧桐、无患子、七叶树、广玉兰、银杏、香樟、垂丝海棠、白玉兰、梅、臭吴椿、冬青、化香、李、山茱萸、悬铃木、棕榈、盐肤木、蚊母树、含笑、槐树、榉树、梓树、红楠、朴树、椤木石楠、大叶冬青、杂种鹅掌楸、日本晚樱、红豆树、石楠、石榴、山茶、桂花、木瓜、樱花、山楂、苦棟、元宝枫等。固碳能力比较高的灌木有醉鱼草、木芙蓉、八仙花、贴梗海棠、云南黄馨、胡颓子、蜡梅、卫矛、扁担杆、紫荆、慈孝竹、小叶女贞、八角金盘、凤尾兰、阔叶十大功劳、大叶黄杨、溲疏、郁李、牡丹、金银木、山麻杆、金钟花、小檗、夹竹桃、瓜子黄杨、金丝桃、日本绣线菊、杜鹃、珍珠梅等。

通常情况下,大气中的二氧化碳含量约为 0.032%,但在城市环境中,有时高达 0.05%~0.07%。绿色植物每积累 1000kg 干物质,要从大气中吸收 1800kg 二氧化碳,放出 1300kg 氧气,对维持城市环境中的氧气和二氧化碳的平衡有着重要作用。计算表明,一株叶片总面积为 1600m^2 的山毛榉可吸收二氧化碳约 2352g/h,释放氧气 1712g/h。生长良好的草坪,可吸收二氧化碳 15kg/hm^2·h,而每人呼出二氧化碳约为 38g/h,在白天如有 25m^2 的草坪就可以把一个人呼出的二氧化碳全部吸收。

2. 增加空气中的负离子

森林环境中空气负离子浓度明显高于无林地区,当森林覆盖率达到 35%~60% 时,空气负离子浓度较高,而当森林覆盖率低于 7% 时,空气负离子浓度仅为前者的 40%~50%。[①]

3. 吸收有害气体

常见的有害气体有二氧化硫、酸雾、氯气、氟化氢、苯、酚、氨及铅汞蒸气等,这些在大部分工矿空气中有多少的含量,在这些有害气体中,以二氧化硫的数量最多、分布最广、危害最大。绿色植物的叶片表面吸收二氧化硫的能力最强,在处于二氧化硫污染的环境里,有的植物叶片内吸收积聚的硫含量可高达正常含量的 5~10 倍,随着植物叶片衰老和凋落、新叶产生,植物体又可恢复吸收能力。夹竹桃、广玉兰、龙柏、罗汉松、银杏、臭椿、垂柳及悬铃木等树木吸收二氧化硫的能力较强。

据测定,每公顷干叶量为 2.5t 的刺槐林,可吸收氯 42kg,构树、合欢、紫荆等也有较强的吸氯能力。生长在有氨气环境中的植物,能直接吸收空气中的氨作为自身营养(可满足自身需要量的 10%~20%);很多植物如大叶黄杨、女贞、悬铃木、石榴、白榆等可在铅、汞等重金属存在的环境中正常生长;樟树、悬铃木、刺槐,以及海桐等有较强的吸收臭氧的能力;女贞、泡桐、刺槐、大叶黄杨等有较强的吸氟能力,其中女贞吸氟能力比一般树木高 100 倍以上。

---

① 田旭平. 园林植物造景 [M]. 北京: 中国林业出版社, 2012.

4. 吸滞粉尘

空气中的大量尘埃既危害人们的身体健康,也对精密仪器的产品质量有明显影响。树木的枝叶茂密,可以大大降低风速,从而使大尘埃下降,不少植物的躯干、枝叶外表粗糙,在小枝、叶子处生长着绒毛,叶缘锯齿和叶脉凹凸处及一些植物分泌的黏液,都能对空气中的小尘埃有很好的黏附作用。沾满灰尘的叶片经雨水冲刷,又可恢复吸滞灰尘的能力。

5. 吸收放射性物质

绿化植物不但能够阻隔放射性物质及其辐射,而且能够过滤和吸收放射性物质。如一些地区树林背风面叶片上的放射性物质颗粒只有迎风面的1/4。树林背风面的农作物中放射性物质的总放射性强度一般为迎风面的1/20 ~ 1/5。又如每立方厘米空气中含有 $3.7 \times 10^7 Bq$ 的放射性131碘时,在中等风速的情况下,lkg 叶子在 1 小时内可吸滞 $3.7 \times 10^{10} Bq$ 的放射性碘,其中 2/3 吸附在叶子表面,1/3 进入叶组织。不同的植物净化放射性污染物的能力也不相同,如常绿阔叶林的净化能力要比针叶林高得多。

6. 杀灭细菌

空气中有许多致病的细菌,而绿色植物如樟树、黄连木、松树、白榆、侧柏等能分泌挥发性的植物杀菌素,可杀死空气中的细菌。松树所挥发的杀菌素对肺结核病人有良好的作用,圆柏林分泌出的杀菌素可杀死白喉、肺结核、痢疾等病原体。

地面水在经过 30 ~ 40m 林带后,水中含菌数量比不经过林带的减少 1/2;在通过 50m 宽、30 年生的杨树和桦木混变林后,其含菌量能减少90%。有些水生植物如水葱、田蓟、水生薄荷等也能杀死水中的细菌。

杀菌能力强的植物有油松、桑树、核桃等;较强的有白皮松、侧柏、圆柏、洒金柏、栾树、国槐、杜仲、泡桐、悬铃木、臭椿、碧桃、紫叶李、金银木、珍珠梅、紫穗槐、紫丁香和美人蕉;中等的有华山松、构树、银杏、绒毛白蜡、元宝枫、海州常山、紫薇、木槿、鸢尾、地肤;较弱的有洋白蜡、毛白杨、玉兰、玫瑰、太平花、樱花、野蔷薇、迎春及萱草。

不同植物对不同细菌的杀灭或抑制作用各异。中南林学院吴章文和吴楚材教授研究认为马尾松、湿地松、云南松的针叶精气相对含量中,单萜烯含量在 90% 以上;杉科树木的木材单萜烯含量达 81.84%。

（三）净化土壤和水质

植物的种植能有效净化土壤和水质，众多植物能减少污水中的细菌数量，能吸收污水及土壤中的有机氯、氰、硫化物、磷酸盐等，这主要得益于植物体内的酶。

图 1-1　凤仙花能修复石油污染的土地

水生植物在净化污水方面，具有显著的成效，水生植物能通过根有效吸收与运转受污染水域中的氮、磷、钾、铁、锰、镁等元素，并且还能吸收有机物质。同时，也能通过密集的茎秆过滤与吸收污染物（图 1-1），如最普通、也最常见的美人蕉、绿萝、风眼莲、马丽安、鸢尾、菖蒲、石菖蒲、芦苇、莎草等许多湿地植物都可以在富营养化或受金属污染的水体中正常生长，同时受污染的水质也得到了净化。试验表明，芦苇能使水中的悬浮物、氯化物、有机氮、磷酸盐、氨、总硬度分别减少 30%、90%、60%、20%、66%、33%。另外，植物吸收污染物后，可以转化成其他物质，如植物从水中吸收丁酚，酚进入植物体后，就能与其他物质形成复杂的化合物，而失去毒性。各地都有自己的乡土湿地植物，通过选育栽培，可以用本地的植物来治理污染，而不必合近求远地引进物种来净化水域。

（四）降低噪声

城市的噪音污染已成为一大公害，是城市应解决的问题。声波的振动可以被树的枝叶、嫩枝所吸收，尤其是那些有许多又厚又新鲜叶子的树木。长着细叶柄，具有较大的弹性和振动程度的植物，可以反射声音。在阻隔噪声方面，植物的存在可使噪声减弱，其噪声控制效果受到植物高度、种类、种植密度、音源、听者相对位置的影响。大体而言,常绿树较落叶树效果为佳,若与地形、软质建材、硬面材料配合,会得到良好的隔音效果。一般来说,噪音通过林带后比空地上同距离的自然衰减量多10 ~ 15dB。

(五)防火

植物用来防火,主要是由于该植物个体不易燃烧或燃烧难于维持,从而具有阻滞林火蔓延的特性。防火树种的形态特征主要有表现为:皮厚、叶厚、材质紧密甚至坚硬、含水率高、常绿、树冠浓密。在园林中,选择防火树种时,尽量选用既能防火,还可阻滞、抵抗林火蔓延、同时还具有景观、水土保持、涵养水源等多用途植物。当然在树种选择时还应虑种适应性强、生长快、种源丰富、栽植容易、成活率高等树种特性。

防火林带的营造以采取混交林方式为好,形成立体层次丰富的混交防火林带。实践证明在云南等地森林防火重点地段常采用乔灌结合的复层林或阔叶乔木混交林,采用杨梅＋茶树,杨梅＋油茶,木荷＋油茶,木荷＋枫香,木荷＋女贞等,女贞＋茶树等具有较好的防火功能。

优良防火树种主要有木荷、杜英、油茶、构树、甜槠栲、枫香、杨梅、猴栗、钩栲、含笑、木莲、女贞、高山杜鹃、麻栎、冬青、青冈栎、石栎、楠木、桂花、大叶黄杨、十大功劳、小白花杜鹃、南烛、大白花杜鹃、野八角、米饭花、尼泊尔桤木、岗柃、马蹄荷、厚皮香、云南松、黑荆、华山松、茶树、云南野山茶、元江栲、滇青冈、光叶石栎、滇润楠、柑橘等。我国南方采用最多的树种是木荷,木荷树叶含水量高达45％,在烈火的烧烤下焦而不燃,叶片浓密,覆盖面大,树下又没有杂草滋生,既能阻止树冠上部火势蔓延,又能防止地面火焰延伸。主要难燃草本植物有草玉梅、木贼、水金凤、黄花酢浆草、白三叶、魔芋、砂仁、黄连、车前草、马蹄金、常春藤、火绒草、月见草等。各地都可在实践中选择当地优良的乡土防火树种。

(六)保持水土

树木和草地对保持水土有非常显著的功能。当自然降雨时,约有15％ ~ 40％的水量被树冠截留或蒸发,5％ ~ 10％的水量被地表蒸发,地表的径流量仅占0 ~ 1％,即50％ ~ 80％的水量被林地上一层厚而松的枯枝落叶所吸收,然后逐步渗入到土壤中,变成地下径流,因此植物具有涵养水源、保持水土的作用。坡地上铺草能有效防止土壤被冲刷流失,这是由于植物的根系形成纤维网络,从而加固土壤。

（七）环境监测与指示植物

许多植物对大气中毒害物质具有较强的抗性和吸毒净化能力，但有一些植物对某种毒害物质没有抗性，其反应敏感，另外，有些植物与当地条件密切相关，环境变化了，植物也发生相应变化，如苔藓、地衣就是对环境是否受污染的典型例子，这些植物就成为环境的指示器。从植物材料上，设计者可以推断出土壤水分、排水、可利用水资源、侵蚀、空气污染、沉积和小气候等。

植物的这种监测特征主要表现在其存活与否以及在叶片上是否有症状，从而揭示环境是否受污染，有些症状是某种污染物的特征，如悬铃木树木变浅红色，叶子变黄，就是煤气中毒的症状，在其地下往往能找到煤气露点。

二、精神层面

植物的精神特征，也可以称之为质，就是植物的内在品性，生物学特征被称之为形，质是建立在形的基础上的。对花木的色、香、形、姿的描述，以及对其生长过程的集中、概括、提炼乃至咏诗、拟对等，就是从物质到精神上进行一系列的加工、美化，就是对植物的精神特征进行提炼的过程。

中国人在欣赏植物的时候，不单是要看植物的生物学与生态学特征，更看中的是植物所蕴涵的能体现中国文化或民族的那种心理或精神享受，因而，园林中的植物承担着一种承载中国民族文化精神或心理的载体作用。这都赋予了中国古典园林中特有的以植物为主题的园林主题的建设。

园林中利用植物的精神特征美进行造景的方法主要有以下一些特征：首先是以某种常见的植物为主景，构筑一个有主题的空间，根据植物所蕴含的特有含义，极力渲染空间气氛，并结合所在环境构筑某种诗情画意的意境，从而表达一定的主题含义，最终利用人们对这种植物与其富含的文化含义拉近人们对园林景观的欣赏，使人们对景观留有深厚的印象。然后在景观构筑完成后，取一个画龙点睛富有意蕴的景名，有的是使用植物名称的谐音，如"玉堂春富贵"，使用的是玉兰、海棠、牡丹表达春天的植物景观；有的是使用典故、传说等，如"兰桂齐芳"，使用兰草、桂花比喻对后世子孙有出息的期望；有的是使用植物的生物特征与环境结合的景名，如拙政园"远香堂""梧竹幽居""海棠春坞"等。

还有的是对植物的姿态有特殊的喜好，因此在种植的时候，特别讲究树木的姿态,如梅要疏影横斜、竹则枝叶扶疏,形成了特殊的喜好。

在民间,有些民族及地方对植物的栽植有一些习俗与禁忌,如"前不栽桑,后不植柳",是因为"桑"谐音"丧",柳树不结籽,房后植柳意味会没后代等。另外有的地方在庭院内也不种植榆树、葡萄等。这些说法虽然是迷信,但是我们可换一种角度解释这种观点存在的合理性,可从植物的生物学特征、生态习性,以及它们对周边房子的通风、采光等方面进行考虑。如柳树的柳絮、榆树的榆钱在散落时,量大且持续时间长,对我们的生活产生影响,而葡萄在庭院中种植要搭棚架,在夏季夜晚,棚架及地面上的影子会让胆小的人害怕,所以这些植物种植在庭院中的时候,就不为人们所接受。

三、美学欣赏

植物种类繁多,呈现丰富多样的色彩、形体及质地等的差异;而且植物在不同的生长时期具有差异极大的时序变化,呈现不同的外观形貌。如植物在叶色变化上有春色叶、秋色叶的季相变化;花色、果色更是丰富多彩。即使同一种植物,在不同生长时期及不同的立地条件下也会有形态和色彩的变化。在论述自然美之前,还有必要对人们认识植物的感官先后顺序进行阐述。

(一)视觉要素

1. 线条

此处的线条有两个含义:一是指植物(单株植物或植物群落)在平面上的投影,这个投影一般是自然曲线的,多种多样的植物自然组合在一起,就会形成更加优美的自然曲线;植物若按一定要求等距离种植,就会形成笔直的几何线条。二是指植物的树冠在立面上呈现的林冠线,林冠线往往是自然起伏的曲线(图1-2),无论是曲线线条,还是直线线条,都会使人对该区域场地形成第一印象,对以后的进一步欣赏会有影响。

2. 树形

树形是植物整体的外轮廓形态。这里重点论述木本类植物的树形。

(1)圆束状

枝干整体紧凑丰满,枝叶密集,树身呈柱状,但树冠顶部呈圆锥状,该类型强调竖直,这种植物一般在设计中作为焦点使用。常见的典型植物是圆柏属与刺柏属植物。

图 1-2　拙政园内大树形成的天际线、爬藤植物的轮廓线、墙的转折直线与苏州博物
馆内的水景组成的线条对比

（2）圆柱状

圆柱状与圆束状相似，但树冠顶部呈圆形，设计用途与圆束状相同。如黑杨、加杨、青年期的银杏等。

（3）球状

把卵圆形、广卵形、倒卵形等球形或近似球形的植物概括为球状植物，这种类型的植物中央领导干一般较短，主枝向上斜伸，树冠丰满，枝叶密集，这种类型的植物没有方位性，常以群植、丛植等方式作背景使用，在植物群体中起协调统一作用；也可孤植，表现亭亭如盖的大树之美。如深山含笑、千头柏、槐树、樟树、广玉兰、黄刺玫、玫瑰、小叶黄杨、西府海棠、木槿等。

（4）扩散状

植物枝干着重向水平方向生长，中央领导干不明显，或主干直立但至一定高度即分枝，枝干较开张，与主枝夹角较大，枝叶不密集紧凑。这类树在水平空间上能拉近人与景物间的距离。如悬铃木、桃树、栾树、合欢、刺槐等。

（5）金字塔状

植物主干明显，主枝从主干基部向上逐渐变短变细，各分枝多轮生排列,使得树冠整体丰满,成圆锥状向上,这种形态在植物群落中显得强硬持久。这类树既可作背景,也可作主景树,如雪松、冷杉、落羽杉、南洋杉等。

（6）图画式

图画式主要是指该形态不常见,或是成长不健全,姿态虬曲,比较优美、潇洒的树形。植物生长于自然动态作用力较强的环境中,常年受外力,如风、雨、雪等的影响形成偏冠或老态等姿态奇特的树形,或生长于竞争采光的植物群落中层或边缘外围,受竞争影响形成的一些偏冠或老态树形。每种植物由于生长环境或老龄的缘故,都有形成图画式树形的可能。这种树形可作主景,常在空间内或道路边种植,吸引人的视线。

（7）垂枝形或拱枝形

垂枝形主要是指主枝弯曲下垂,其他分支也弯曲下垂或向下斜伸。如垂柳、龙爪槐、龙爪柳、垂枝碧桃等为垂枝形,连翘、金钟花、迎春等为拱枝形。

（8）棕榈形

棕榈形主要是指主干挺拔、无分支、树叶随着主干的生长逐步脱落,树叶多在枝顶轮生或聚集,树叶脱落的痕迹比较明显,在中国主要存在于南部地区,如棕榈、椰子、槟榔、海枣、芭蕉、苏铁等。

（9）匍匐形

该形态主要是指植株整体在地面趴伸,可作地被栽植,但是如果有直立支架的话,也可顺着支架直立生长,如砂地柏、铺地柏(图1-3)等。

图 1-3　铺地柏

（10）攀缘形

该形态是指植株可顺着墙、支架等依靠自身力量攀爬上去,如无支架时,可匍匐生长。这种类型的植物有特殊的攀缘器官,如金银花、爬藤月季、蔷薇、紫藤、葡萄、凌霄等。

（11）整形式

整形式主要是指植株在人为修剪下形成的形状，如绿篱、绿雕、盆景等。对可塑性好、树叶密集、不定芽萌发力强、细枝与嫩叶装饰性强的树种，可采用修剪整形，将树冠修整成人们所需要的形态，如小叶黄杨、小叶女贞、毛叶丁香、桧柏、大叶黄杨、檵木等许多植物都可修剪成各种造型、各种形状。

植物的形态，主要由遗传性决定，但也受外界环境因素的影响，在园林中，整形修剪则起着决定性的作用。树木在生命长河里，随着树龄的增加，它的形态会发生变化，这是其他造景元素所不具备的特殊之美。

3. 叶

（1）叶色

植物色彩，主要是叶色，叶色在一年中的变化表现为：在色调上由浅变暗，在色彩上由黄绿到蓝绿再到铜绿、锈色和紫色，落叶时的颜色多种多样。落叶树的色彩表现较常绿树优越，更容易表现季节之美。

在每一种色系上，由于色阶的差异，会表现出深浅不同的差异，带给我们心理上奇妙的感受，如浅绿色会令人感觉轻快，黄绿色使人愉快，深绿色给人稳重厚实感，而铜绿色可能使人沉重或抑郁。

（2）叶型

对叶型的欣赏，感受的是叶子的形状、大小与质地。植物的叶子千奇百态，按植物分类学特征，首先将叶分为单叶与复叶，其次再对叶序进行分类，如对生、轮生、互生三种类型，第三再对叶形进行辨别。

（3）质地

对叶子的质地，从纸质或革质、厚或薄、光亮或晦暗等方面欣赏。叶的质地不同，观赏效果也不同。叶子分革质、纸质、膜质之分，革质的叶片，具有光影闪烁的效果；纸喷、膜质的叶片常给人恬静之感；粗糙多毛的叶片，则富于野趣。叶子表面还会有蜡、有腺毛等附属物，这些也会带来奇异的感受。光亮能带来反射，远远地就能感受到树冠表面的光影变化，透光的话，更能感受到那种树影婆娑，树冠内部光怪陆离的明暗斑驳变化。晦暗，是指叶子吸光好，反光差，对我们不会造成兴奋的感受。叶子若不透光，那么树体内部光影变化较少，比较乏味，但是给人以稳重的感觉。

4. 花

植物的花，我们从远处看到的首先是花色，然后是花相，最后是花型，同时也与设计时的考虑顺序相一致。时也与设计时的考虑顺序相一致。

（1）花色

植物的花色在自然界是丰富多彩的,有纯色花与复色花之分。不同的色彩带给人不同的视觉冲突,不同的性情感受,形成了不同的观赏效果。我们的性情受花色的影响非常大,喜悦、兴奋、沉重、烦躁等感受会伴随着我们赏花。早春开放的白玉兰硕大洁白,有如白鸽群集枝头;初夏开放的珙桐、四照花,以其洁白硕大,如鸽似蝶的苞片在风中飞舞;小小的桂花则带来了秋天的甜香;蜡梅和梅花的凌霜傲雪,坚定了我们等待春天的信念。

（2）花相

花或花序着生在树冠上的整体表现形貌,称为花相。从树木开花时有无叶簇,可分为纯式和衬式两种形式。纯式指在开花时,叶片尚未展开,全树只见花不见叶的一类,一般是花落后再展叶,可称为先花后叶型;衬式是指在展叶后开花,称为先叶后花,全树花叶相衬,或是在花开放中后期,开始展叶,也称之为花叶同放型。

（3）花型与花序

植物的花型主要是指花冠的形状,呈现各种各样的形状和大小,有十字形花冠、蝶形花冠、石竹型花冠、蔷薇形花冠、钟形花冠、管状花、漏斗状花冠、高脚碟形花冠、坛状花冠、唇形花冠、具距的花冠、副花冠、假面状花冠、拖鞋状花冠等。

花序是一种可以形成花的特化的枝系,指花在植物体上的排列,花可能是单生或者组成明显的花序,花序主要有总状的和聚伞状的。

5. 果

植物的果实,在园林造景中,一般不被重视。在考虑树的时候,果实总是被放到最后来考虑,因为果实不是四季都有,在有限的季节里才会有果实,但是,独特的果实又能带给我们奇特的记忆,增加园林的趣味性与独特性。

果实形状则是最独特的,如佛手柑的果实像佛手一样奇特,石榴则是开口笑,海南铁西瓜则像一个大西瓜一样吊在树上,而蚊母树的果实非常奇特,且叶子常有虫瘿伴随。

6. 树干

大多数的树干没什么特色,主要起的就是支撑稳固树冠的作用,但有些种类,其树干有很高的欣赏价值。对树干的欣赏,首先是树皮,从树皮的颜色、树皮的光滑与否、树皮是否剥落等三方面去欣赏,植物枝干,幼时为绿色,随年龄递增,色调逐渐改变,树皮的颜色一般多呈灰色或褐色,愈老愈显古色,在这个色阶范围内变化,但有些植物的树皮是特殊颜色的,园林中比较有特点的是竹为翠绿,梧桐色青,紫薇茶灰色,马尾松褐色,银杏灰褐色,白桦的白色树皮,红桦的红色树皮。树皮剥落有块状剥落,也有条状剥落等,常作为鉴别植物的依据,如悬铃木的灰白色剥落树皮,木瓜的灰绿色的光滑剥落树皮,榔榆的乌褐色的剥落树皮。对树干的欣赏,还要注意树干是独干还是多干的形态。另外,还要考虑树干是否扭曲,扭曲的树干会呈苍劲虬曲之感,会有独特的美。在园林中,应在无意之中安排几株树干有特点的树来吸引人,增加趣味性。

图 1-4　佛手柑

7. 纹理

纹理指植物表面的纹理或粗糙程度,也叫质感,它受叶子大小、叶缘特征、树枝或树杈大小、树干形态、生长习惯和观看距离的影响。

纹理粗糙的植物特点为叶大、枝大、分枝少、生长习惯宽松,与中等纹理或纹理细腻的植物组合时,它们占主导地位,可作为焦点。纹理粗糙的植物往往向观赏者扩展,使内部空间看起来小一些,所以在设计中,如空间小或紧缺时,不应使用这种植物。中等纹理的常作为背景反衬那些纹理细腻或纹理粗糙的植物。纹理细腻的植物,叶小、多,生长紧密、饱满,近看效果更好,空间小也不要紧,因为纹理小使得植物看起来也缩小了,扩展了空间,吸引观赏者将空间看得更深入。纹理细腻的植物看起来柔和精巧,使得纹理粗糙的植物更显粗糙,形成强烈对比。

纹理也随观赏者的位置而有所变化,近看时,植物纹理由枝、叶和树干的特性决定,远观时,生长习惯和枝杈模式成为它们的相关特性。因此近看时认为是纹理粗糙的植物,而远观时又被认为是中等纹理的植物,或者相反。

（二）嗅觉美

植物散发的气味能作用于人的神经,可对人的情绪产生一定的影响,有的使人精神松弛,可缓解疲劳;有的使人头脑清醒,可振奋精神;有的使人心情平和,可消除不安;有的则可导致头晕恍惚。所以在植物选择时一定要了解其气味。

植物散发的气味主要是单萜、倍半萜、烯醇、芳香环等类成分,由于化合物的种类和含量的不同,植物的气味是不同的,有梅花的清香、桂花的浓香、含笑的甜香等类别。能持续散发香味,并能被人感受到的,主要是植物的花与果,叶在不揉碎的情况下,其气味不是很浓。

在园林中栽植几株芳香植物,沁人心脾的香气会给人以别样的感受和回味。由于香味的浓与淡不同,在应用芳香植物时,要注意如何突出植物的香味。气味清淡的,可成片集中种植,甚至建立专类园,用围墙围起来或选择在比较幽闭的场所中,使得气味集中。沧浪亭园里的清香馆庭院内植桂树多株,北筑高墙,回合封闭,以求桂子飘香时节清香凝聚不散。馆内对联"月中有客曾分种,世上无花敢斗香",将桂花的神韵飘然于满园,既符合空间的景观,又令人回味无穷。但是气味浓烈的一定要少。芳香植物也可在路边、林缘使用,一路伴随着行人,但这种香味一定要清淡或中性,不使大多数人过敏,如桂花。选择枝干大、气味浓的芳香树木,作为一个引导树,在远处散发香味,未见其花,先闻其香,吸引游人前行,如槐、桂花、含笑等。

（三）听觉美

植物是不会发声的,但是在外力的作用下,它会发出千奇百怪的声音,需要我们去感知。叶片在风、雨、雪等作用下,可发出声音,如松涛阵阵、雨打芭蕉,响叶杨的叶片互相拍打,犹如拍手一样清脆,有的地方称为鬼拍手。明代陈继儒《小窗幽记》把芭蕉雨声评为"天地之清籁";拙政园的听雨轩,轩外庭院植有芭蕉翠竹,阴翳如盖,清池的黄石假山叠岸,参差垒块,凹凸自如,每当雨声疏滴,蕉叶竹叶皆响,清脆圆润,如听《雨打芭蕉》,动人诗情,兴人乐感(图1-5)。

可以植物的响声为主题,构建一个具有浓厚中国古典意境的园林景观或场所,唐代李商隐的"留得枯荷听雨声"众口相传,在拙政园内就建有"留听阁",而在避暑山庄有"万壑松风"等。也可使用"蝉噪林愈静,鸟鸣山更幽"的对比突出植物的安静本色。

图1-5　雨打芭蕉

(四)运动与光影美

风可吹动树枝颤动,甚至再微弱的风也能吹动树叶摇摆,在炎热的天气里,加快空气流动,增加了人的舒适感,在寒冷的天气里,这一运动给死气沉沉的空间带来一丝生气。

由于光线的投影,植物的影子会随着太阳一天中的移动产生奇妙的变化,给园林带来奇妙的感觉。夏天,我们在树木阴影处,可以休息乘凉,同时,看着地面光怪陆离的影子,会有很多的趣味产生。

图1-6　充分利用树冠、树冠的影子

四、空间构筑功能

（一）空间类型

1. 虚实空间

植物可以用于空间中的任何一个平面,植物材料可以在地平面上以不同高度和不同种类的地被植物或矮灌木来暗示空间的边界,从而形成实空间或虚空间(图 1-7)。

图 1-7　树干构成徐空间的边缘

在垂直面上,树干如同直立于外部空间的柱子,以暗示的方式形成空间的分隔,其空间封闭程度随树干的大小、疏密,以及种植形式而不同。树干越多,空间围合感就越强,如自然界的森林、行道树、绿篱和绿墙等形成的空间感。

2. 开闭空间

在运用植物构成室外空间时,设计者应首先明确设计目的和空间性质给人的感受,如开敞、闭合、隐秘、公共、紧张及轻松等,然后才能相应地选取和组织设计所要求的植物,营造不同闭合度的空间。借助于植物材料作为空间开闭的限制因素,根据闭合度的不同,大致可分为以下几类空间。

（1）开敞空间

所谓开敞空间就是人的视线高于四周植物的空间,具有充分的延展性,也无私密性的一种空间（图1-8）。

图1-8　大草坪形成的开敞空间

（2）半开敞空间

所谓半开敞空间就是人的视线一面或多面的受到植物的遮挡。这种空间具有增加向心和焦点作用（见图1-9）。

图1-9　半开敞空间

（3）封闭空间

封闭空间是指人处于的区域范围内,四周均被大中小型植物所封闭,这时人的视距缩短,视线受到制约,近景的感染力加强,容易产生亲切感和宁静感,如空间封闭程度极高,空间方向性消失,那么此类空间又将具有很强的隐秘性和隔离感。

这种空间类型在风景名胜区、森林公园或植物园中最为常见。一般不作为人的游览活动范围。

3. 方向空间

不同形态的植物对空间的方向性有着不同的影响。设计师在营造特殊类型空间的过程中,可以根据植物形态的特性,对水平方向和垂直方向加以控制,从而形成具有明确方向导向性的空间。

（1）水平空间

所谓水平空间就是常见的覆盖空间及廊道空间,人的视线不被限定,当然会具有一定的覆盖感及隐蔽感。水平空间形成的具有较好方向性和运动感的空间,由于有较强的方向性,常用于引导性种植和行道树种植。

图 1-10 水平空间

（2）垂直空间

所谓垂直空间就是植物的种植形成树列,能讲人们视线导向空中。

（二）空间组织

在植物造景的设计过程中,设计师除能用植物材料造出各种有特色的空间外,还应具备利用植物构成互有联系的空间序列和利用植物解决现状条件带来设计影响的能力,通过与其他设计要素的相互配合共同构成空间轮廓,营造出变化多样、类型丰富的外部空间。

1. 利用植物营造空间序列

植物如同建筑中的门、墙、窗,合理的使用和发挥各要素的功能,就能为人们创造一个个"房间",并引导人们进出和穿越一个个空间。设计师在不变动地形的情况下,利用植物调节空间范围内的所有方面,植物一方面改变空间顶平面的遮盖,一方面有选择性地引导和阻止空间序列的视线,从而达到"缩地扩基"的效果,形成欲扬先抑的空间序列。

2. 利用植物强调(弱化)地形变化所形成的空间

对于较小面积且地貌普通的区域,增加种植能使其看起来有不同的空间感。如通过梯状种植的方式,使堤坎看起来抬高或者降低(图1-11)。

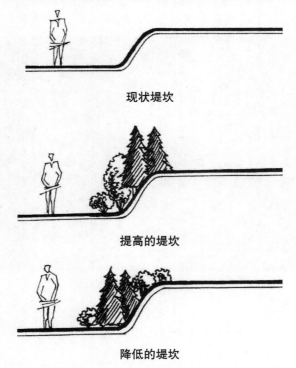

现状堤坎

提高的堤坎

降低的堤坎

图1-11　梯状种植改变地貌

同样的方法用于丘陵上,植物种植也能增强或减弱地势。在丘陵顶部种植半高或高大型树木,视线能从树下—空隙透出,可以大致判断真实地貌情况,不仅提高了地势,而且增加了丘陵的灵动感;如果顺着丘陵的地形种植封闭的植物组团(如数层乔木与灌木),植物与丘体混为一体,丘陵本来的地形难以辨认,整个地形得以提升,使丘陵看起来更"高"更

"大"（图1-12）。

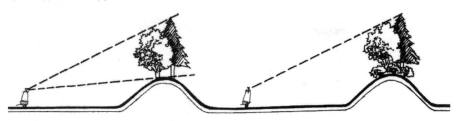

图1-12　种植提升地形

　　另一方面,如果植物种植于丘陵边,丘陵的地形会变得模糊,弱化地形的变化;如果植物种植于丘陵前,丘陵的地形被植物遮挡使地形趋向于平坦,从而消减地势(图1-13)。

图1-13　种植弱化地形

　　在较大的坡地上种植植物,如高大植物位于坡底,而低矮浓密的植物种植于坡上,这样能使陡峭的斜坡在视觉上趋于平坦;反之,高大植物种于坡上,而低矮植物种于坡底,视觉上的效果会变为斜坡更陡峭(图1-14)。

图1-14　种植强调或弱化斜坡地形

　　综上所述,植物与地形相结合可以强调或弱化甚至消除由于地平面上地形的变化所形成的空间。植物若被植于凹地或谷地内的底部或周围斜坡上,它们将弱化和消除最初由地形所形成的空间,削弱地形的变化感受(图1-15)。

植物减弱和消除由地形所构成的空间

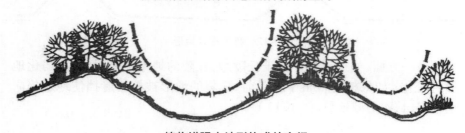

植物增强由地形构成的空间

图 1-15　植物增强由地形所构成的空间

3.利用植物分割空间

城市环境中,如果只有由人工构筑物形成的空间场所,无疑会显得呆板、冷酷、单调、缺乏生气,因此,植物的出现能改变空间构成,完善、柔化、丰富这些空间的范围、布局及空间感受。如建筑物所围合的大空间,经过植物材料的分割,形成许多小空间,从而在硬质的主空间中,分割出了一系列亲切的、富有生命的次空间(图 1-16)。乡村风景中的植物,同样有类似的功能,林缘、小林地、灌木树篱等,通过围合、连接几种方式,将乡村分割成一系列的空间。

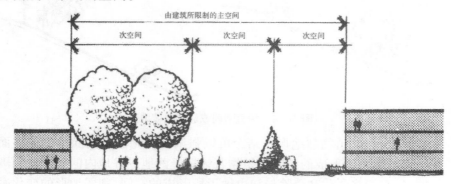

图 1-16　植物的空间分割作用

4.利用植物缩小空间

在外部空间设计中,通过对某一植物要素的重复使用,使视觉产生空间错位,从而取得缩小空间的效果。

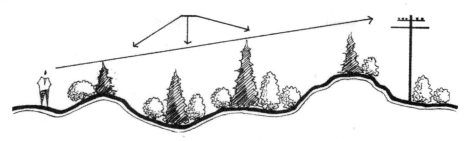

图1-17　植物的空间缩小作用

（三）空间拓展

在景观设计时,可借助植物运用大小、明暗对比的方式,创建室内外过渡型空间,使室内空间得以延续和拓展。例如利用植物具有与天花板同等高度的树冠,形成覆盖性的方向空间,使建筑室内空间向室外延续和渗透,并在视觉和功能上协调统一（图1-18）。

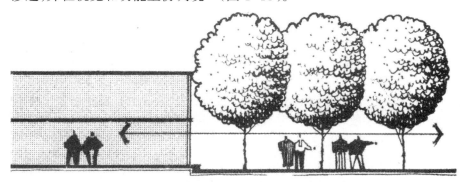

图1-18　树冠构筑的"屋顶"拓展了建筑空间

第三节　园林植物的形态识别与分类方法

一、园林植物的形态识别

园林植物种类繁多,形态各异。不同园林植物器官的形态千差万别。为了应用方便,我们通常根据园林植物器官的形态特征进行识别。园林植物有根、茎、叶、花、果实、种子六大器官。

（一）园林植物的根

园林植物的根通常呈圆柱形,愈向下愈细,向四周分枝,形成复杂的根系。我们把一株植物所有的根称为根系。

1. 根的类型

（1）定根

植物最初生长出来的根,是由种子的胚根直接发育来的,它不断向下生长,这种根称主根。在主根上通常能形成若干分枝,称为侧根。在主根或侧根上还能形成小分枝,称纤维根。主根、侧根和纤维根都是直接或间接由胚根生长出来的,有固定的生长部位,所以称定根,如松类的根。

（2）不定根

有些植物的根并不是直接或间接由胚根所形成,而是从茎、叶或其他部位生长出来的,这些根的产生没有一定的位置,故称不定根,如菊、桑的枝条插入土中后所生出的根都是不定根。在栽培上常利用此特性进行扦插繁殖。

2. 根系的类型

根系常有一定的形态,按其形态的不同可分为直根系和须根系两类。

（1）直根系

主根发达,主根和侧根的界限非常明显的根系称直根系。它的主根通常较粗大,一般垂直向下生长,上面产生的侧根较小。多数双子叶植物和裸子植物根系属此类。

（2）须根系

主根不发达,或早期死亡,而从茎的基部节上生长出许多大小、长短相仿的不定根,簇生呈胡须状,没有主次之分。大部分单子叶植物根系属此类。

（二）园林植物的茎

茎是植物的重要营养器官,也是运输养料的重要通道。通常植物的茎根据质地或生长习性的不同,可分为下列几种类型。

1. 依茎的质地分

（1）木质茎

茎中木质化细胞较多,质地坚硬。具木质茎的植物称木本植物,依形态的不同可分为乔木、灌木和木质藤本。

（2）草质茎

茎中木质化细胞较少,质地较柔软,植物体较矮小。具草质茎的植物称草本植物。由于生长期的长短及生长状态的不同草本植物又可分为一年生、二年生和多年生。

（3）肉质茎

茎的质地柔软多汁,呈肥厚肉质状态,如仙人掌、芦荟、景天等。

2.依茎的生长习性分

（1）直立茎

直立茎为常见的茎。茎直立生长于地面,如松、杉、女贞、向日葵、紫苏等。

（2）缠绕茎

茎一般细长,自身不能直立,必须缠绕他物作螺旋状向上生长,如牵牛花、笃萝等。根据缠绕方向,又分为左旋缠绕茎和右旋缠绕茎。

（3）攀缘茎

茎细长,不能直立,以卷须、不定根、吸盘或其他特有的攀附物攀缘他物向上生长,如爬山虎、葡萄等。

（4）匍匐茎

茎细长平卧地面,沿水平方向蔓延生长,节上有不定根,如甘薯、草莓、狗牙根;节上不产生不定根,则称平卧茎,如地锦、蒺藜等。

（三）叶的组成及类型

1.叶的组成

叶的大小相差很大,但它们的组成部分基本是一致的。叶可分为叶片、叶柄和托叶三部分。具备此三部分的叶称完全叶,如桃、梨、柳、桑的叶。但也有不少植物的叶缺少叶柄和托叶,如龙胆、石竹的叶;或有叶柄而无托叶,如女贞、连翘的叶;这些缺少一个部分或两个部分的叶,都称为不完全叶。

2.叶的类型

（1）单叶。一个叶柄上只生一个叶片的叶称为单叶,多数植物的叶是单叶。

（2）复叶。一个叶柄上生两个以上叶片的叶,称为复叶。

复叶根据小叶数目和在叶轴上排列的方式不同,可分为四种类型:

（1）三出复叶。叶轴上着生有三片小叶的复叶,如刺桐、酢浆草。

（2）掌状复叶。叶轴短缩，在其顶端集生三片以上小叶，呈掌状展开，如鹅掌柴、七叶树、瓜栗、大麻叶等。

（3）羽状复叶。叶轴长，小叶片在叶轴两侧排成羽毛状，如刺槐、合欢、黄柴、含羞草等。若顶生一片小叶，小叶数目为单数，称奇数羽状复叶，如刺槐、月季等；若顶生两片小叶，小叶数目为偶数，称偶数羽状复叶，如皂荚、决明等。在羽状复叶中，如果总叶柄不分枝，称一回羽状复叶；总叶柄分枝一次，称二回羽状复叶；总叶柄分枝两次，称三回羽状复叶。

（4）单身复叶。总叶柄顶端只有一片发达的小叶，两侧小叶已退化，叶柄常作叶状或翼状，在柄端有关节与叶片相连，如金橘、柑橘、柚等。

（四）花的组成及类型

1.花的组成

典型被子植物的花一般是由花梗、花托、花萼、花冠、雄蕊群和雌蕊群几部分组成的。其中雄蕊和雌蕊是花中最重要的生殖部分，有时合称花蕊；花萼和花冠合称花被，有保护花蕊和引诱昆虫传粉的作用；花梗和花托起支持花各部的作用。

2.花的类型

被子植物的花，在长期的演化过程中，它的大小、数目，形状，内部构造等方面，都会发生不同程度的变化。花的类型多种多样，通常按照花部组成情况等将花分为下列几种类型。

（1）完全花和不完全花

一朵花中凡具有花萼、花冠、雄蕊和雌蕊四部分的花称完全花，如桃、桔梗等的花；若缺少其中一部分或几部分的花称为不完全花，如南瓜、桑等的花。

（2）重被花、单被花和无被花

一朵花中凡具有花萼和花冠的称重被花或两被花，如桃、杏、豌豆等的花；若只有花萼或花冠的花称单被花，单被花的花被常具鲜艳的颜色如花瓣状，但仍称为无瓣花，如桑、芫花等。不具花被的花称无被花或裸花。无被花常有苞片，如柳树、杨树的花。

（3）两性花、单性花和无性花

一朵花中具有雄蕊和雌蕊的称两性花，如柑橘、桔梗、桃花等的花。仅具雄蕊或雌蕊的称单性花，如南瓜、四季秋海棠的花；具有雄蕊而缺少雌蕊，或仅有退化雌蕊的花称雄花；具有雌蕊而缺少雄蕊，或仅有退化雄蕊的花称雌花。单性花中雌花和雄花同生于一植株上称雌雄同株，如四季秋海棠等；雌花和雄花分别生于不同植株上的称雌雄异株，如银杏、苏铁。花中既无雄蕊又无雌蕊或雌雄蕊退化的，称无性花或中性花，如八仙花。

（4）辐射对称花、两侧对称花和不对称花

通过一朵花的中心可作几个对称面的花，称辐射对称花或整齐花，如桃、牡丹的花。若通过一朵花的中心只可作一个对称面的花，称两侧对称花或不整齐花，如益母草的唇形花、菊科植物的舌状花等。若通过花的中心不能作出对称面的花称不对称花，如缬草的花。

二、园林植物的分类

在园林中以观赏性植物居多，从观赏角度来分，园林中的花木大致可分为以下几类。

（一）观叶类

观叶类，以植物的叶形、叶态、叶姿为观赏对象，如黄杨、棕榈、枫、柳、芭蕉等。江南园林中种植芭蕉，可形成充满诗情画意的植物景观。芭蕉茎修叶大，叶片呈长圆形，长达 3m，顶部钝圆，基部圆形，叶形不对称，叶脉粗大明显，色泽青翠如洗，多植于窗前墙角（图 1-19）。每有细雨披落，可于窗前檐下聆听雨打芭蕉的美妙旋律，而修长纤弱的柳叶则另具一番风情。微风轻送，倒垂拂地，风情万种。"虽无香艳，而微风摇荡，每当黄莺交语之香，鸣蝉托息之所，人皆取以悦耳娱目，乃园林必需之木也"。

图 1-19　园林中的芭蕉

柳树生命力极强,南北园林都可栽植,尤其适宜水边(图1-20)。园中有水的地方几乎椭它袅娜的身姿,"河边杨柳百丈枝,别有长条宛地垂",的确,烟花三月,漫步湖堤,柔柔嫩嫩的柳枝轻拂水面,与粼粼水波相依相偎,如绿纱佛水。

图1-20 颐和园——柳枝

(二)观花类

观花类植物的应用主要以植物的花朵为观赏对象,如梅花、菊花、桃花、桂花、山茶花、迎春花、海棠花、牡丹、芍药、丁香花、杜鹃花等,这些植物具有自然的色彩、美艳的姿态、美妙的芳香或是美洁的品性。观花类植物适宜成片种植,形成园中特定的观赏区;或植于厅前堂后的空地上供人观赏。

例如,扬州瘦西湖玲珑花界专设花圃种植芍药,每年仲春时节,细雨过后,一朵朵一丛丛姿容艳艳,体态轻盈,或浓或淡的花朵美艳动人,竞相开放,把瘦西湖的春天装扮得分外妖娆(图1-21)。苏州网师园的殿春簃也是一处以芍药为主题的园林小景(图1-22)。

(三)观果类

观果类,以植物果实为观赏对象。观果类植物在时令上也与观花类、观叶类植物相交错。园林中常见的观果类植物有枇杷、橘子、无花果、南天竹、石榴等。灼灼绽放的花朵展现出生命横溢之美,而嘉实累累的硕果则让人感觉到生命的充实。植物的果实不仅可观、可嗅,还可以品尝,真正做到了色、香、味俱全。岭南地区是四季飘香的花地,也是水果之乡,因此栽种果树便成了岭南园林的一大将点。东莞可园"擘红小榭"前庭院就是以荔枝、龙眼等果木作为主要景物,枝杆粗壮的荔枝浓阴蔽日,创造出幽邃宁静的庭院氛围。夏日炎炎之时,又可于绿荫下乘凉小憩,品尝新荔,其甜润清凉的味觉沁人心脾,于口于心都是一种享受。

图 1-21　瘦西湖——芍药

图 1-22　苏州网师园——芍药

（四）荫木类

荫木类植物是指生长繁茂又浓荫的植物，如梧桐、香樟、银杏、合欢、皂荚、枫杨、槐树等。有时园林为营造清幽静谧的空间氛围常常借助一些枝繁叶茂的树木来加强这种景意。这类树木的基本特征是树干高大粗壮、枝叶繁茂，以巨大的树冠遮出成片的浓荫。

无锡寄畅园阴翳幽深的园林空间得益于园内几棵老香樟树，尤其是园中部和北部的绿色空间结构中香樟起着举足轻重的作用。它以浓绿的色调渲染了沿池亭榭的生机活力，而且彼此呼应，共同荫庇园内中北部的生态空间。

又如嘉兴烟雨楼月台前的两棵银杏树，树体虬枝苍干，伟岸挺拔，一年四季都有景可赏。据说这两棵古银杏树已有四百多年的历史，至今虬枝劲干，枝叶婆娑，风韵盎然，成为烟雨楼几百年沧桑风雨的历史见证。

（五）松针类

松针类，如马尾松、白皮松、罗汉松、黑松等。松树，常绿或落叶乔木，少数为灌木，因生长期长而受到皇家园林的青睐，表达了封建帝王以企江山永固的愿望。颐和园东部山地上自然随意地点种着各种松树，气势森然，让人一进园就有苍山深林的感觉。避暑山庄松云峡、松林峪植以茂密苍劲的松林，构成莽莽的林海景观，长风过处，松涛彭湃犹如千军万马组成的绿色方阵，声威浩大，于是园林中衍生出许许多多的"听松处"（图1-23）。

图 1-23　颐和园——松树

（六）竹类

竹类如象竹、紫竹、斑竹、寿星竹、观音竹、金镶玉竹、石竹等。中国古人向来喜欢竹，它修长飘逸，有翩翩君子之风；干直而中空，秉性正直，品性谦虚；竹节毕露，竹梢拔高，比喻高风亮节。这些都是古人崇尚的品质，与文人士大夫的审美趣味、伦理道德意识契合。古人爱竹，爱得真诚，爱得坦然，是个人品性的一种自然流露。魏晋时期，有因竹而盟的竹林七贤。宋代苏轼在《于潜僧绿筠轩》中说："可使食无肉，不可居无竹。无肉令人瘦，无竹令人俗。"

苏州沧浪亭也以竹胜，园内有各种竹子 20 多种。看山楼北部曲尺形的小屋翠玲珑前后，绿竹成林，枝叶萦绕，是园中颇具山林野趣之景（图1-24）。

图 1-24　苏州沧浪亭——竹

（七）藤蔓类

藤蔓类如紫藤、蔷薇、金银花、爬山虎、常春藤等。藤蔓类基本上是攀缘植物，必须有所依附，或缘墙，或依山，形成一种牵牵连连的纠缠之美。

（八）水生植物

水生植物如莲、荷、芦苇等。池中种植莲荷是中国古典园林的传统，所以常把中心水池称为荷花池。荷花出淤泥而不染，花洁叶圆，清雅脱俗，与水淡远的气质相通相宜,是与水配景的最佳植物。

例如南京玄武湖的荷花池,大多成片栽植,形成"接天莲叶无穷碧"的景象(图 1-25)。

图 1-25　南京玄武湖荷花

第二章　园林植物应用的历史溯源

第一节　中国古典园林的植物应用

20 世纪 70 年代,考古学家在浙江余姚河姆渡新石器文化遗址(约公元前 4800 多年)的发掘中,获得一块刻有盆栽花纹的陶块,由此推断,早在 7000 多年前我国就有了花卉栽培。《诗经》中也记载了对桃、李、杏、梅、榛、板栗等植物的栽培。2000 多年前汉武帝时期,中亚的葡萄、核桃、石榴等植物已经被引入中国,并用于宫苑的装饰,如上林苑设葡萄宫,专门种植引自西域的葡萄,扶荔宫则栽植南方的奇花异木,如菖蒲、山姜、桂花、龙眼、荔枝、槟榔、橄榄、柑橘类等植物。随着社会的发展,人们对于植物的使用也越来越广泛,从室内到室外,从王孙贵族到平常百姓,从节日庆典到宗教祭祀,无论何时、何地、何种园林形式,植物都成为其中不可或缺的要素,而植物配置的技法也随着中国园林的发展而逐步地完善。

一、中国古典园林植物景观的特点

(一)自然

"师法自然"是中国古典园林的立足之本,也是植物造景的基本原则之一。首先,从植物选用及景观布局方面看,中国古典园林是以植物的自然生长习性、季相变化为基础,模拟自然景致,创造人工自然。清代陈淏子《花镜》中曾论述:"如花之喜阳者,引东旭而纳西辉;花之喜阴者,植北囿而领南薰……梅花标清,常宜疏篱、竹坞、曲栏、暖阁,红、白间植,古干横施。兰花品逸,花叶俱美,宜磁斗、文石,置之卧室、幽窗,可以朝、夕领其芳馥。桃花夭冶,宜别墅、山隈、小桥、溪畔……"陈淏子认为"即使是药苗、野卉,皆可点缀,务使四时有不谢之花"。宋代文人欧阳修在守牧滁阳期间,筑醒心、醉翁两亭于琅瑞幽谷,他命其幕客"杂植花卉其间",

使园能够"浅深红白宜相间,先后仍须次第栽;我欲四时携酒去,莫教一日不花开"! 可见当时的植物景观已经充分考虑了植物的季相变化。

另外,在景观的组织方面古人也总结出一套行之有效的方法,如利用借景将自然山川纳入园中,或者利用欲扬先抑、以小见大等手法,造成视觉错觉,即使是在很小空间中,也可以利用"三五成林",创造"咫尺山林"的效果。如图2-1沧浪亭周围均衡配置有五六株大乔木,更显山林之清幽,古亭之韵味。如图2-2庭院中3株大乔木即可打造"山林"的景观意境,这种"本于自然,高于自然"的造景手法确实是精妙。

图2-1

图2-2

（二）含蓄

对于园林景观，古人最忌开门见山、一览无余，讲究的是藏而不露、峰回路转，运用植物进行藏景、障景、引景等是古典园林中最为常用的手法，如图 2-3 洞门前翠竹掩映，似障似引。

图 2-3

中国古代植物景观的含蓄不仅限于视觉上，更体现在景观内涵的表达方面——古人赋予了植物拟人的品格，在造景时，"借植物言志"也就比较常见了。比如扬州的个园，是清嘉庆年间两淮盐总黄至筠的私园，是在明代寿芝园旧址基础上重建而成，因园主爱竹，所以园中"植竹千竿"，清袁枚有"月映竹成千个字"之句，故名"个园"。在这成丛翠竹、优美景致之间，园主人也借竹表达了自己"挺直不弯，虚心向上"的处世态度。可见，在古人眼中，植物不仅仅是为了创造优美的景致，在其中还蕴含着丰富的哲理和深刻的内涵，这也是中国古典园林与众不同之处——意境的创造，正所谓"景有尽而意无尽"。

植物景观的意境源自于植物的外形、色彩，加之古人的想象，如杨柳依依表示对故土的眷恋，常常种在水边桥头，供人折柳相赠以示惜别之情；几杆翠竹则是文人雅士的理想化身，谦卑有节之意，更有宁折不弯、高风亮节之寄托。这种含蓄的表达方式使得一处园景不仅仅停留于表面的视觉效果，而是具有了深层次的文化内涵，当人们游赏其间，可以慢慢体会、回味，每一次都会有新的发现，这也正是中国古典园林为何经久不衰、愈久弥珍的重要原因之一。

（三）精巧

无论是气势宏大的皇家园林，还是精致小巧的私家园林，在造园者缜密的构思下，每一处景致都做到了精致和巧妙。

"精"体现在用材选料和景观的组织上——精在体宜。中国古典园林中植物的选择是"少而精"，主体景观精选三两株大乔木进行点置，或者一株孤植，而植物品种方面精选观赏价值高的乡土植物，较少种植引种植物，一方面保证了植物的生长，可以获得最佳的景观效果；另一方面也体现了地方特色。在景观的组织方面，按照观赏角度配置以不同体量、质感、色泽的植物，形成丰富的景观层次，如图2-4所示，高大乔木作为前景，保证视线的通透，竹丛作为中景，与园洞门搭配，洞门另一侧茂密的树丛作为背景，将视线引向远方。

图 2-4

"巧"则体现在景观布局和构思上——巧夺天工。中国古典园林中，造园者对于每一株、每一组植物的布置都是巧妙的——有枫林遍布、温彩流丹，有梨园落英、轻纱素裹，有苍松翠柏、峰峦滴翠，有杨柳依依、婀娜多姿——植物花色、叶色的变化以及花形、叶形差异被巧妙地加以利用，力求与周围的建筑、水体、山石巧妙地结合，看似随意点置，实则独具匠心。可以说，造园者对园林景观中的每一细节都作了细致的推敲，如图2-5是苏州留园的石林小院，透过漏窗可以看到"湖石倚墙，芭蕉映窗"的景象，令人惊叹造园者是如何构思的，能够刻画出如此绝妙的景致。再如扬州何园片石山房中的"水中月、镜中花",利用山石叠出孔洞,借助光学原理在水中形成"月影",景墙上设镜面,相对处栽植紫薇等植物,镜中影像似真似幻,虚实难辨,如图2-6所示,这一处景观无论是在景观布置上还是组景构思上都巧妙绝伦,不仅令人赏心悦目,而且富于哲理,耐人寻味。

图2-5

图2-6

中国古典园林植物配置的特点及其深层次的文化内涵,都值得我们进行深入的思考和研究,以便更好地理解古人的设计方法,做到古为今用。

二、中国古典园林中植物的文化内涵

长久以来,植物不仅仅是观赏的对象,还成为古人表达情感、祈求幸福的一种载体。借物言志是古人含蓄表达的一种方式,许多植物也被赋予了一定的寓意,其间有人们的好恶,有人们的追求和梦想。看似简单的植物材料也蕴含着深层次的内涵。比如古人将花卉人格化,以朋友看待,就有了花中十二友:芳友——兰花,清友——梅花,奇友——蜡梅,殊友——瑞香,佳友——菊花,仙友——桂花,名友——海棠,韵友——茶花,净友——莲花,雅友——茉莉,禅友——栀子,艳友——芍药。正如古人所说的:"与菊同野,与梅同疏,与莲同洁,与兰同芳,与海棠同韵,定自称花里神仙。"

古人根据植物的生长习性,再加上丰富的想象,赋予植物以人的品格,这使得植物景观不仅仅停留于表面,而且具有深层次的内涵,为植物配置提供了一个依据,也为游人提供了一个想象的空间。

古典园林中常用植物及其象征寓意如下:

(1)梅花——冰肌玉骨、凌寒留香,象征高洁、坚强、谦虚的品格,给人以立志奋发的激励。

(2)竹——"未曾出土先有节,纵凌云处也虚心",被喻为有气节的君子,象征坚贞,高风亮节,虚心向上。

(3)松——生命力极强的常青树,象征意志刚强,坚贞不屈的品格,也是长寿的象征。

(4)兰花——幽香清远,一枝在室,满屋飘香,象征高洁、清雅的品格。

(5)水仙——冰肌玉骨,清秀优雅,仪态超俗,雅称"凌波仙子",象征吉祥。

(6)菊花——凌霜盛开,一身傲骨,象征高尚坚强的情操。

(7)莲花——"出淤泥而不染,濯清涟而不妖,中通外直",把莲花喻为君子,象征圣洁。

(8)牡丹——端丽妩媚,雍容华贵,兼有色、香、韵三者之美,象征繁荣昌盛、幸福和平。

(9)蔓草——蔓即蔓生植物的枝茎,由于它滋长延伸、蔓蔓不断,因此人们寄予它有茂盛、长久的吉祥寓意,蔓草纹在隋唐时期最为流行,后人称它为"唐草"。

(10)藻纹——藻是水草的总称,藻纹是水草和火焰之形,古时用作服饰,古代帝王皇冠上盘玉的五彩丝绳亦谓之藻,象征美丽和高贵。

第二节　外国古典园林的植物应用

一、古埃及园林

在古埃及人的眼中,树木是奉献给神灵的祭祀品,他们在圣殿、神庙的周围种植了大片的林木,称为圣林,古埃及人引尼罗河水细心浇灌这些植物,用以表达对神灵的崇敬,这样的园林形式被称为圣苑。另一种与宗教有关的园林形式是古埃及的墓园(Cemetery garden),其以金字塔为中心,以祭道为轴线,规则对称地栽植椰枣、棕榈、无花果等树木,形成庄重、肃穆的氛围。

古埃及的王孙贵族还为自己建造了奢华的私人宅园,随着岁月流逝,很多实物已不复存在,但从古埃及墓画中可见一斑,图2-7是古埃及阿米诺三世时期石刻壁画,画中描绘的是某大臣宅园的平面图,图2-8是根据壁画绘制的效果图,可见庭院临水而建,平面方正对称,中央设葡萄架,两侧对称布置矩形水池,周围整齐地栽种着棕榈、柏树或者果树,直线形的花坛中混植虞美人、牵牛花、黄雏菊、玫瑰、茉莉等花卉,边缘栽植由夹竹桃、桃金娘组成的绿篱,这可以看作是世界上最早的规则式园林。

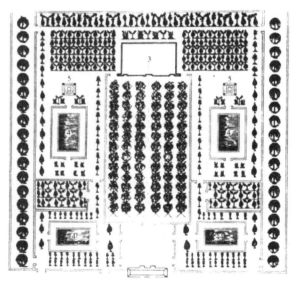

图2-7

图 2-8

古埃及的植物种类、栽植方式多种多样,如行道树、庭荫树、水生植物、盆栽植物(桶栽植物)、藤本植物等。初期多以树木为主,后期受古希腊园林的影响,引进大量的花卉品种。植物栽植都采用规则式,强调人工的处理,表现出古埃及人对自然的征服。在功能方面,植物不仅用于遮阴,减少水分蒸发,也用来划分空间,这与伊斯兰园林不谋而合。

二、古巴比伦的空中花园

古巴比伦王国位于幼发拉底河和底格里斯河之间的美索不达米亚平原,是人类文明的发源地之一。古巴比伦王国的园林形式包括猎苑、圣苑、宫苑三种类型。猎苑与中国最初的园林形式——比较相似,除了原始的森林之外,苑中还种植意大利柏、石榴、葡萄等植物以及放养各种动物。圣苑是由庙宇和圣林构成,与古埃及相同,古巴比伦人同样认为树木是神圣的,所在庙宇的周围行列式栽植树木,即圣林。古巴比伦宫苑中最为经典的就是被誉为世界七大奇迹之一的空中花园。

公元前 614 年,国王尼布甲尼撒二世(Nebudchadrezzar Ⅱ 1,公元前604—公元前 562)为缓解王后安美依迪丝(Amyitis)的思乡之情,特地在地势平坦的巴比伦城建了一座边长 120m,高 25m 的高台,高台分为上、中、下三层,一层一层地培上肥沃的泥土,种植许多奇花异草,并利用水利设施引水灌溉。种植的花木、藤本植物遮挡住了承重柱、墙,远看花园好像悬在空中,如同仙境一般,因此被称为"空中花园",或者"悬园"。空中花园与现代园林中的屋顶花园类似,在植物选择、栽植、灌溉以及建筑物的防水、承重等方面都有着较高的技术要求,由此可见当时的建筑、园林、园艺、水利等方面已具有较高的水平。

三、古罗马园林

古罗马园林最初以生产为主,栽植果树、蔬菜、香料和调料等,后期继承古希腊、古埃及的园林艺术和西亚园林的布局特点,发展形成独具特色的别墅花园。古罗马的别墅花园常选在山坡上和海岸边,利用自然地形,以便借景,布局采取规则式,庭院中设置木格棚架、藤架、草地覆被的露台等;同希腊人一样,罗马人热衷于花卉装饰,庭院中除了几何形花台、花坛,还出现了蔷薇专类园和迷园等形式。

古罗马的园艺技术也大为提高,果树按五点式、梅花形或"V"形种植,起装饰作用,植物(常用黄杨、紫杉和柏树等)常常被修剪成绿色雕塑(Topiary)等。著名诗人维吉尔在诗歌中描述理想中的田园世界,还告诫人们种植树木应考虑其生态习性及土壤要求,如白柳宜种河边,赤杨宜种沼泽地,石山上宜植糁,桃金娘宜种岸边,紫杉可抗严寒的北风等。著名作家老普林尼(Pliny,公元23—89)在他的《博物志》中描述了约1000种植物。古罗马园林中常用植物品种有悬铃木、桃金娘、月桂、黄杨、刺老鼠霸、地中海柏木、洋常春藤、柠檬、薰衣草、薄荷、百里香等。

罗马人将希腊园林传统和西亚园林的影响融合到罗马园林之中,对后世欧洲园林的影响更为直接,此后欧洲园林就一直沿袭着几何式园林的发展道路,大多数古典园林是方方正正,整齐一律,均衡对称,通过人工处理追求几何图案美,即使是植物景观,也要按照人的意志塑造树形,让其具有明显的人工痕迹,这也成为欧式园林植物景观的典型特征。

四、法国的平面图案式园林

17世纪,意大利园林传入法国,法国人结合本国地势平坦的特点将中轴线对称的园林布局手法运用于平地造园。17世纪后半叶,造园大师勒·诺特(Andre Le Notre,1613—1700)的出现,标志着勒·诺特园林,即平面图案式园林(Flat Parterre Garden)的开始。随着1661年路易十四(Louis XIV,1638—1715)凡尔赛宫苑的兴建,这种几何式的欧洲古典园林达到了巅峰。

凡尔赛宫苑是欧洲最大的皇家花园,占地 1600 公顷,耗时 26 年之久,宫苑包括"宫"和"苑"两部分。广大的林苑区在宫殿建筑的西面,由著名的造园家勒·诺特设计规划。作为法国园林的典范,凡尔赛宫苑通过巨大的尺度体现了皇家恢宏的气势,如图 2-9 中平面图所示,宫苑的中轴线长达 2km,两侧大片的树林把中轴线衬托成为一条宽阔的林荫大道。苑内大运河长 1650m,宽 62m,横臂长 1013m……除了一系列大尺度的运用,勒·诺特还在宫苑中设置了 14 个主题、风格各不相同的小林园,他在林荫道两侧的树林里开辟出许多笔直交叉的小林荫路,它们的尽端都有对景,因此形成一系列的视景线(Vista),故此种园林又叫作视景园(Vista Garden)。尽管都属于几何式图案化园林形式,法国园林的植物景观比意大利园林更为复杂、丰富,气势更为磅礴。

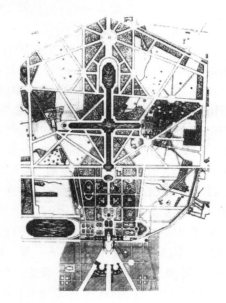

图 2-9

法国园林中主要的植物景观类型有以下几种。

(1)丛林:由于法国雨量适中,气候温和,落叶阔叶树种较多,故常以落叶密林为背景,使规则式植物景观与自然山林相互融合,这是法国园林艺术中固有的传统。

(2)植坛:法国园林中广泛采用黄杨或紫杉组成复杂的图案,并点缀以整形的常绿植物,如图 2-31 所示。

(3)花坛:法国园林中花卉的运用比意大利园林丰富,前者常利用鲜艳的花卉材料组成图案花坛,并以大面积草坪和浓密的树丛衬托华丽的花坛。法国园林中花坛的种类繁多,其中刺绣花坛(Parterre)最为经典——这种瑰丽的模纹花坛像在大地上做刺绣一样,所以当时把这种模纹花坛叫作刺绣花坛。其开创者是法国的克洛德·莫莱(Claude·Mollet,1535—1604),他模仿衣服上的刺绣花边设计花坛,花坛除了使用花草、黄杨外,还大胆使用彩色页岩或沙子作底衬,装饰效果更强烈。

除此之外,还有其他多种类型,如草坪植坛,由草坪或修剪出形状的草坪组成,在其周围设有 0.5 ~ 0.6m 宽的小径,边缘镶有花带;柑橘花坛是由柑橘等灌木组成的几何形植坛;水花坛是由水池、喷泉加上花卉、草坪、植坛组合而成;分区花坛是由对称式的造型黄杨树构成,花坛中不进行草坪或刺绣图案的栽植。

(4)树篱:在花坛和丛林的边缘种植树篱,其宽度为 0.5 ~ 0.6m,高度是 1 ~ 10m,树种多用欧洲黄杨、紫杉、山毛榉等。

五、英国的风景式园林

英伦三岛起伏的丘陵、如茵的草地、茂密的森林,促进了风景画和田园诗的兴盛,使英国人对天然风致之美产生了深厚的感情。18 世纪初期,在这种思潮影响下,封闭的"城堡园林"和规整严谨的"勒·诺特式"园林逐渐被人们所厌弃,而形成了另一种近乎自然、返璞归真的新园林风格——风景式园林。

英国的风景式园林始于布里奇曼(Charles Bridgeman,1690—1738),为了保证园内外景观互通,布里奇曼还首创了"隐垣"(Sunk Fence 或 Ha-ha),即在深沟中修筑的园墙。到了肯特(Willianm Kent,1686—1748)及"可为布朗 R"(Capability Brown,1715—1783)时期,英国园林完全摒弃了一切几何形状和对称均齐的布局,代之以弯曲的道路、蜿蜒的河流、自然式的树丛和草地,整个园景充满了宁静、深邃之美。

18 世纪中叶,曾经两度游历中国的英国皇家建筑师钱伯斯(William Chambers,1723—1796)著文盛谈中国园林,并在他所设计的邱园 R(Kew Garden,图 2-10)中首次运用了所谓"中国式"的手法,虽然不过是一些肤浅和不伦不类的点缀,也形成一个流派,称之为"中英式"园林,在欧洲曾经盛行一时。

图 2-10

虽然同样是自然式园林,但由于地域、历史、文化等的差异,英国风景式园林与中国写意山水园林有着本质的区别,英国风景式园林仅仅是单纯的模仿自然,而中国园林不仅模仿自然,更主要的是在此基础上进行创造,即本于自然,高于自然,整个景观具有丰富的内涵和深厚的文化底蕴。

六、日本古典园林

日本园林属于东方园林体系,6世纪时中国园林随佛教传入日本,此后日本园林大多都借鉴了中国园林的设计手法。比如日本的"池泉筑山庭"就是仿照中国"一池三山"的园林格局形成的庭园形式,具有明显的中国印迹。在模仿中国园林的同时,日本园林还结合本民族的文化特征不断进行创新,经过多年的发展,已形成其独有的自然式山水园。

日本古典园林主要有平庭、池泉园、筑山庭、枯山水和茶庭等形式。

平庭是在平坦的园地上利用岩石、植物和溪流等表现山谷或原野的风光,模拟的是自然山川景致,一般规模较大,园中有山有水,水体以自然形态湖面为主,湖中堆置岛屿,并用桥梁相连接,在山岛上到处可见自然式的石组和植物。

池泉园是以池泉为中心,布置岛、瀑布、土山、溪流、桥、亭、榭等景观元素。

筑山庭则是在庭园内堆土筑山,点缀以石组、树木、飞石、石灯笼等园林元素,往往规模较大,常利用自然地形加以人工美化,达到幽深丰富的景观效果。

在中国禅宗思想传入日本后,禅宗寺院兴起了一种象征性的山水式庭园,造园者采用了对自然高度概括的手法,以立石表示群山,用白沙象征宽广的大海,其间散置的石组象征海岛,这种无水之"山水"庭园被称为"枯山水",如图2-11所示。

图2-11

茶庭是15世纪出现的一种小型庭院,常以园中之园的形式设在平庭或筑山庭之中,茶庭四周围以竹篱,宁静的庭园中营造一个或几个茶庭,宾主在此饮茶、聊天,进行文化社交活动,园中自然布设飞石、汀步、石灯笼以及洗手的蹲踞等,并以常绿植物为主,较少使用花木。

第三节 现代园林的植物应用

一、西方现代园林及植物造景

18世纪中叶,欧洲工业革命引发的城市化现象造成了城市人口密集、居住环境恶化。同时,科技的发展使得"人定胜天"的思想更加强烈,人类对自然无情的掠夺、开发,造成植被减少、水土流失,生态环境遭到严重的破坏。在这种状况下,人们重新审视植物在景观中的作用,尝试着从艺术、生态等多个角度去诠释植物造景,在植物景观设计理论和实践方面有了新的突破。

1853年,奥姆斯特德(Frederick Law Olmsted,1822—1903)及沃克思(Calvert Vaux)的纽约中央公园设计方案——"绿草地"方案在参赛的 30 多个设计方案中脱颖而出,成为中央公园最初的蓝本。中央公园的建设特别注意植物景观的创造,设计者尽可能广泛地选用树种和地被植物,并注重强调植物的季相变化。园内不同品种的乔木、灌木都经过刻意的安排,使它们的形式、色彩、姿态都能得到最好的展现,同时保证其能够健康地生长。建园初期,大片地区采取了密植方式,并以常绿植物为主,如速生的挪威云杉,沿水边种了很多柳树,还开辟了大片的草地和专门牧羊草地。后期,管理人员又把注意力转向植物品种的培养、植物配置以及动物保护,疏伐、更新原有的树林,对古树名木进行保养,引入外来树种,成片栽培露地花卉,保留利用野生花卉品种,加强专类园,如莎士比亚花园、草莓园等的建设和管理,还建立了封闭的自然保护区。

景观设计师们将自然与人工结合,植物与建筑结合,创造出一系列令观者动心、访者动情的园林景观。尤其是随着经济发展,欧美许多中产阶级逐步购置了拥有小花园的私人住宅,形成了许多风格各异的私人花园。

随着设计实践的推进,植物造景及其相关研究也逐步展开并深入,很多景观设计师针对植物景观设计实践著书立论。比如,英国园林设计师鲁滨孙(William Robinson 1838—1935)主张简化生繁琐的维多利亚花园,满足植物的生态习性,任其自然生长。1917 年,美国景观设计师弗莱克·阿尔伯特·沃(Wuahg Frank Albert1869—1943)提出了将本土物种同其他常见植物一起结合自然环境中的土壤、气候、湿度条件进行实际应用的理论。格特鲁德·杰基尔(Gertrude Jeky 'll,1843—1932)在《花园的色彩》中指出:"我认为只是拥有一定数量的植物,无论植物本身有多好,数量多充足,都不能成为园林……最重要的是精心的选择和有明确的意图……对我来说,我们造园和改善园林所做的就是用植物创造美丽的图画。"风景园林师南希—A·莱斯辛斯基在《植物景观设计(Planting the landscape)》专著中系统地回顾了植物造景的历史,对植物造景构成等方面进行了论述,将植物作为重要的设计元素来丰富外部空间设计。她认为风景园林设计的词汇主要有两大类:由植物材料形成的软质景观和由园林建筑及其他景观小品构成的硬质景观。植物景观设计与其他艺术设计比较,其最大的特点在于植物景观是最具有动态的艺术形式。植物造景的关键在于将植物元素合理地搭配,最终形成一个有序的整体。英国风景园林师 Brian Clouston 在《风景园林植物配置》中指出园林植物生态种植应体现在四个方面:"保存性、观赏性、多样性和经济性。保存性强调的是对于自然生态系统的保护与完善……观赏性是园林植物景观设计有别于其他绿化的显著性特征……多样性是形成植物群落结构稳定、景观形式多样的前提……经济性体现在对于人工绿化的后期维护与管理上。"他还强调了乡土植物可以真实地反映出当地季节变化所形成的真实的季相景观,乡土植物是体现地方景观风格特征的重要层面。1969年,景观设计师伊恩·麦克哈格(Ian McHarg,1920—2001)的著作《设计结合自然》中提出了综合性生态规划理论,诠释了景观、工程、科学和开发之间的关系。自此植物造景开始更多地关注保护和改善环境的问题。20世纪80年代以后,整个社会开始意识到科学与艺术结合的重要性与必要性,植物造景的创作和研究上也反映出更多"综合"的倾向。如《Planting Design:A Manual of Theory and Practice》(William R.Nelson)、《风景园林植物配置(Landscape Design With Plants)》、《Planting the Landscape》等著作的共同特点是强调功能、景观与生态环境相结合。

二、中国现代园林植物景观创造

新中国伊始,社会各个方面,包括园林绿化都深受苏联的影响。不分具体地区和情况,模式统一,构图追求严格对称、规则,尺度追求宏伟,气氛严谨肃穆,政治色彩浓厚;植物选用以常绿树种特别是松柏类为主,落叶树种、灌木、地被及草坪相对较少,多采用成排成行的规则种植,不仅色彩单一,形式单调,而且由于大量地使用绿篱形成空间的界定,所以绿地往往"拒人于千里之外",使人们无法亲近。

改革开放以后,园林绿化逐渐摆脱了单调和萧条,布局形式逐步丰富起来,植物材料的选择也越来越多,植物配置更因地制宜,绿化层次更为合理。花灌木、地被植物、草坪的大量应用,覆盖了裸露的土地,不仅增加了绿量,而且还扩大了绿地的可视范围,极大地丰富了园林景观。在没有绿篱阻挡的草坪绿地里,人们和花草树木和谐相处,自然亲密交流,园林因有人的参与而变得生动活泼,人们因和自然的亲近更加充满活力、充满生机。

我国现代园林的发展经历了两个极端的过程,一个极端是全盘仿古,照抄古典园林,园中亭台楼阁、假山水系,再加上零零散散的几株植物,古典园林的小巧精致确实令人赞叹,但仿古的成本太高,收效却不尽如人意,而且无法满足现代人对于户外休闲空间的需要;另一极端就是全盘西化,不加考虑地去模仿外国一些植物景观设计方法,植物品种单一,植物栽植以草坪和植物模纹为主,少栽或不栽乔木、灌木;或者过于突出植物对城市的装饰美化作用,而忽略了生态效果,为了马上见效,移植大树……经过实践证明,这些做法都是缺乏社会基础,缺乏科学依据的,有的甚至是违反自然规律的。

随着科学研究的发展,随着人们生态、环保意识的提高,人们对植物的认识也有所改变——它不是环境的点缀、建筑的配饰,而是景观的主体,植物景观设计应该是园林设计的核心。

20 世纪 70 年代后期,有关专家和决策部门提出了"植物造景"这一理念。随着相关研究的逐步深入,现代植物造景理念已经不同于传统的植物造景,园林景观创造不仅以植物材料为造景主体,同时还强调生物多样性、生态性、可持续利用等,既不仅强调景观的视觉效果,也注重植物景观的生态效益。

此外,起始于 1992 年的国家园林城市的评审针对城市绿化给出了一系列量化指标,促进了现代城市景观绿地,尤其是植物景观设计水平的提升。

第三章 园林植物造景的原理分析

第一节 园林植物造景的美学原理

植物造景是科学性与艺术性的统一。科学选择植物种类,并为这些植物提供适宜的环境条件,保证其健康生长,使其展示出独具的姿态、色彩、质地、线条的个性与风格,才能充分发挥园林植物的观赏作用;同时还要应用美学原理精心设计,在各种地域和不同环境中创造出一幅幅优美的画面。植物造景属于园林艺术的范畴,只有符合园林艺术规律,才能实现园林艺术的效果。

一、园林植物造景的美学表现

一般植物都是由根、干、冠、叶、花、果组成,但由于各自特点和组成方式的不同产生了千变万化的植物个体和群体,构成了乔、灌、藤、花卉等各种不同形态。具体来说,植物的形式美可以通过图形、线条、体形、光影等进行体现。

图形通常分为规则式和自然式两种类型。园林中,植物景观也常常采用这两种类型,既可以通过单一的植物体现,也可以运用植物组合的形式表达,根据不同环境的特点和要求,配合铺装、水体等,形成美丽的图案(图3-1)。

线条是构成景物外观的基本因素。就植物本身而言,线条美无处不在,如蓍草开展的水平线条花序,大花飞燕草、千屈菜、鼠尾草充满上升感的竖线条花序,蕨类植物排列整齐的新生叶片等。植物组合中,线条美也随处可见,采用直线组合的图案可表现简洁、现代、秩序、规则、理性,而自然曲线则代表优美、柔和、细腻、流畅、活泼、动感。

图 3-1　园林植物图形

　　园林植物的形态丰富多样,通过植物自身生长或人工修剪可以营造出各种体形美。

　　植物的色彩、质感等不同,产生的光影效果也不同。植物造景中,熟练掌握植物的特性,运用色彩和质感进行合理搭配可以塑造出不同的景观效果。

二、园林植物造景的美学规则

(一)对比与调和

　　对比与调和,即协调法则。对比是借两种或多种性状有差异的景物之间的对照,使彼此不同的特色更明显;调和是将性状相同或相似的景物配置在一起,使整体效果更和谐。

　　对比与调和是植物造景中最常用的法则,也是实现多样与统一的主要方法。要善于运用不同植物之间形态、体量、色彩、质感、风格的差异来表现艺术构思,运用得当可使植物景观或空间主体突出、丰富多彩、引人注目。但要特别注意的是,对比手法用得频繁等于不用。对比的作用一般是为了突出某个重点,引起的感觉往往是强烈、浓重、激动、兴奋、崇高、仰慕等,但如果同一视野范围内产生的对比太多,就会使人无暇反应,最终趋于平淡。

　　总之,对比(多样)是局部的,调和(统一)是整体的,在强调对比的同时必须把握好植物之间的联系和统一,从而使人得到舒适、愉快的美感。

1. 色彩对比与调和法则的应用

（1）色彩的对比

①补色的对比

红、黄、蓝三原色中任何一种原色与其他两种原色混合成的间色成为互补色，即红与绿、黄与紫、蓝与橙。互补色组合由于色相差异大，并列时一冷一热，对比强烈，容易给人以醒目、热烈、欢快之感，呈现跳跃新鲜的效果。补色用得好，可以突出主题、烘托气氛、引人注目。

②三色系的对比

即色环图中三个距离相等的色彩之间的组合，如红、黄、蓝三色，橙、绿、紫三色等。这种组合与补色效果近似。例如，公园中蓝天、绿树、红花的色彩搭配，只要红色面积不太大、不太突出，就可以给人清爽、悦目的感觉。

③冷暖色的对比

光谱中，红、橙、黄为暖色系，紫、蓝、绿为冷色系。暖色系给人以温暖、热烈、兴奋之感，以黄色、橙色最为突出；冷色系给人以清凉、宁静、安详之感，以蓝色最为突出。因此，春秋季应多用暖色花卉，严寒地带更是如此；夏季则应多用冷色花卉，尤其炎热地带使用冷色花卉可以引起凉爽的联想。

冷暖色还可使人们对视觉空间产生差异。面积、形状相同的两个色块，暖色系有膨大感，冷色系有收缩感，以暖色系做背景时前面的物体显小，用冷色系则显大。因此，园林中的一些纪念性构筑物、雕像等常以青绿甚至蓝绿色树群为背景，以突出其形象。暖色系有向前及接近感，冷色系则有后退及远离感。因此，如果实际的园林空间深度感染力不足，为加强深远的效果，背景树木宜选用灰绿色或灰蓝色树种，如毛白杨、银白杨、桂香柳、雪松等。暖色系引人注目，使人目光久留，冷色系则易分散视线。了解了冷暖色的视觉和情感效果，可用于实现树丛、树群、花坛、花境的季相设计。

（2）色彩的调和

①同色系的调和

同色系的调和即同一色系内不同色相的组合，既有统一的基调，又有冷暖、明暗、浓淡的微弱变化。

花卉设计中，将深红、浅红、橙红、粉红的花卉组合在一起，呈现出渐变褪晕的美丽色彩，这种组合最容易取得协调。

需要注意的是，单色方案也属于同色系调和的应用，感觉单纯、大方、宁静而有气魄,但容易使人很快丧失兴趣,转移注意力,因此要求植物材料在体量、姿态上具有变化。例如,杭州花港观鱼公园的雪松大草坪,为单色组景,但雪松组群体量上有所变化,又精心安排林缘线、林冠线,使得此处极受人青睐。

②近似色的调和

近似色的调和即原色与相邻间色的组合,如红与橙、红与紫、黄与绿、蓝与紫等。这种组合由于色相、明度、饱和度都比较接近,因此也容易取得协调,有高雅、柔和之美,在实际案例中运用较多。相对于同色系的调和,近似色的调和更容易被人接受,并且由于色差较为明显,景观色彩较为活泼,长时间观赏不会产生沉闷的感受。

③对比色相调和

在花坛及花境的配色中,可以把同一花期的花卉以对比色安排,增加颜色的强度,使整个花群的气氛活泼向上,提高其注目性。

2. 形态的对比与调和

(1)体量的对比与调和

体量指一个物体所占空间的大小和体积。植物的体量决定于植物的种类,是植物的主要观赏特性之一。根据植物成熟期的高度,大致可分为大型、大中型、中型、中小型及小型等五种类型。

通过植物体量的对比突出重点,在植物造景中经常用到。例如,蜿蜒曲折的园路两侧,一侧种植一株高大的雪松,另一侧种植数量多但单株体量较小的成丛花灌木,既均衡又主次分明。值得注意的是,植物的体量会随着植物的生长发生变化,这对设计者而言是必须面对的难题。因此,设计之初除了了解植物的生态习性外,还必须了解植物的生物学特性,尤其是生长速度与美学构图,必须正确处理好慢生树、中生树与速生树的关系。

(2)树形的对比与调和

不同的植物具有不同的树形,对人的视觉影响很大,或高耸入云,或波浪起伏,或平和,或悠然等,是植物的主要观赏特性之一,对景观营造起着重要的作用。

①垂直方向类

垂直方向类代表性植物如雪松、圆柏、水杉、钻天杨等。这类植物具有强烈的垂直向上性,通过引导视线向上的方式,突出空间的垂直感和高度感,既可给人以高洁、权威、庄严、肃穆的积极感受,也可产生傲慢、孤独、寂寞的消极情绪。这类植物犹如一个个"惊叹号"惹人注目,像地平线上的教堂塔尖(图3-3),在植物造景中要谨慎使用,使用过多,会形成过多的视觉焦点而使构图跳跃破碎。大量、连片使用,尤其种植在水边时,垂直线条和水平线条对比极其强烈,艺术效果很是突出。

图3-2　体量对比

图3-3　雪松

②水平方向类

水平方向类代表性植物如矮紫衫、沙地柏、平枝枸子等。这类植物具有强烈的水平方向性,既可给人以平和、舒展、恒定的积极感受,也可产生疲劳、死亡、空旷的消极气氛。空间上,水平开展的植物具有极为明显的平面效果,可以增加景观的宽广度,由植物产生的外延动势引导视线沿水平方向前进,使构图产生宽阔感和延伸感。

③无方向类

以圆、椭圆或者以弧形、曲线为轮廓的构图在几何学中被称为无方向性构图,大多数植物,包括圆形、卵圆形、倒卵形、钟形、扁球形、馒头形、伞形、丛生形的植物均属于此类。除了自然树形以外,人工整形而成的绿篱球也是无方向性。无方向类植物对视线的引导没有方向性和倾向性,柔和、平静,因此,植物造景时最容易与其他类型的植物或其他园林要素相搭配,保持景观的整体性和一致性。

④其他类

其他类代表性植物如垂枝类的绦柳、垂枝榆、龙爪槐等;曲枝类的龙桑、龙游梅等;棕榈形的椰树、棕榈等。这类植物种类很多,大多具有特殊的外形特点,由于不便分类故归为其他类。

3. 质地的对比与调和

质地是由植物的分枝方式,枝条的粗细、长短、密度,叶片的大小、数量、排列方式等因素决定而给人的综合感受,可以通过视觉欣赏,也可以通过触觉感受。例如,纸质、膜质叶片呈半透明状,给人以恬静之感;革质叶片厚而浓暗,给人以光影闪烁之感;粗糙多毛的叶片给人以粗野之感。质地虽不如色彩、树形、体量等特征引人注目,但在景观协调性、多样性、视距感、空间感等方面也有着重要的影响。一般来说,可以把植物分为粗质地、中质地、细质地三种类型,要均衡使用三种不同类型的植物,质感种类少,景观单调乏味,种类太多,景观则会显得杂乱。

4. 虚实的对比与调和

虚给人空透、轻松之感,实则让人感到密实、厚重,植物造景中常运用虚实对比的手法增强艺术感染力。从宏观层面上,公园的空间处理,实有茂密的树林,虚有空旷的草坪空间,还有虚实结合的疏林草地,这样,大空间和小空间,开敞空间和封闭空间,一开一合,一收一放,相互对比,相互衬托。从微观层面上,树丛的配植强调常绿、落叶树种相结合,前者枝叶紧密、叶色较暗、冬季不落叶,给人以沉着稳重之感;而落叶树枝叶松散、叶色较浅、冬季落叶,给人以轻巧空透之感,虚实对比,引人入胜。又如,柳树轻盈下垂、松散飘逸,与周围的植物景观形成鲜明的虚实对比,加之背景远山若隐若现,整体空间趣味盎然,生动有趣。

(二)稳定与均衡

均衡意味着稳定,是体现物体形式美的重要特征,指物体各个部分在上下、左右、前后等对应方面的布局,要求质量、大小、距离、价值等要素的总和处于相对平衡的状态。植物造景中影响均衡的主要因素有植物体量的大小、质感的粗细、色彩的明暗等因素。体量庞大、数量繁多、色彩浓重、质地粗厚、枝叶茂密的植物给人以沉重的感觉；体量小巧、数量简少、色彩素淡、质地细柔、枝叶疏朗的植物给人以轻盈的感觉。

均衡在园林的整体、局部空间中都十分常见，主要有规则式均衡和自然式均衡两种形式。

1. 规则式均衡

规则式均衡也称对称式均衡，是指轴线（轴线规则）两侧布置完全相同的造景要素，形式上与轴线等距。这种造景手法最为简单实用，常见于各类园林绿地的规则式构图中，如主入口处）、规则式建筑周围、整形广场等，给人以庄重、严整之感。

2. 自然式均衡

自然式均衡也称不对称式均衡，是指轴线（轴线通常较自然曲折）两侧布置的要素不追求形式上的严格对称，而是通过体量、形态、色彩、质感等多方面的相互平衡，达到心理上的均衡效果。例如，蜿蜒曲折的园路两侧，一侧种植一株高大的雪松，另一侧种植数量多但体量小的成丛花灌木，既均衡又主次分明。这种造景手法常见于各类园林绿地的自然式构图中，给人以轻松、活泼之感。另外，均衡还可用于景深，设计时强调近景、中景和背景，如果某一部分的景物很突出，但缺少其他构图部分，整体的风景就是不均衡的。

值得注意的是，造景中有时也会在一些观赏重点有意造成不均衡的态势，赋予景物以动态的情趣，如图3-4。

图3-4　迎客松

（三）比例与尺度

比例是指园林中各景物之间的比例关系，而尺度是指景物与人之间的比例关系。比例能用严格的数学关系表达，而尺度是属于人们感觉上、经验上的审美概念，无法用准确的数字表示。

由古希腊毕达格拉斯学派创立的"黄金分割点"理论，即无论长度或面积上相互比较的两个因素，比值近似 $1：0.618$，是世界公认的最完美的比例关系，在植物造景中也有广泛的应用。园林中具有美感的比例是构成园林协调性美感的要素之一，如各类花坛的设计、草坪空间的划分、建筑与植物组合的立面设计，凡是能给人以美感的，无不遵循恰当的比例关系。

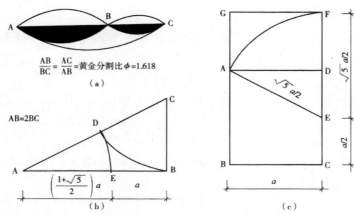

（a）黄金分割化；（b）黄金比的几何作法；（c）黄金比矩形及其作法

图 3-5　黄金比例及黄金比例矩形

在比例恰当的基础上，还应根据环境为植物景观或空间确定一个合适的尺度。人们总是习惯于在看到的物体上寻找与自己有关的形象联系并加以比较，因此，或高大雄伟、或庄严肃穆、或亲切适宜、或轻松活泼的植物景观或空间，都必须通过相应的比例与尺度关系才能营造出来。画论中"丈山尺树，寸马分人"，很好地体现了绘画中的比例和尺度关系，园林中也同样适用，必须重视植物景观与周围环境的体量关系。例如，公园中的黄杨球直径一般为 1～1.5m，绿篱宽 0.5～0.8m，但天安门前花坛中的黄杨球直径 4m，绿篱宽 7m，这种大体量的应用是与周边环境相适应的。一般而言，空间小，多栽小体量植物，反之，则需要使用大体量植物构成骨架。不同的场合采用不同的尺度设计，带给人们的艺术感受也会截然不同。

在园林中栽植树木的时候,要注意场地内不同植物之间的数量、团块、种植图案等比例,以及局部与整体的比例,同时还要注意树木高度的比例,树木与周围建筑、山石、水面等的比例大小对比问题,还要注意种植地块与周围整个空间的比例,争取达到和谐的比例。

（四）节奏与韵律

节奏与韵律本属于音乐术语,指音乐中声音有规律的重复和变化。把它移用到园林艺术创作中,指某种因素或一组因素做有规律的重复和有组织的变化。有规律的重复,称为节奏,节奏的变化中产生韵律,良好的排列是产生节奏和韵律的基础。植物造景中韵律与节奏无处不在,使人产生愉悦的审美感受。例如,人工修剪的绿篱;乔、灌木有规律地交叉种植,产生形态、高低、色彩及季节的变化韵律;花境中植物高低错落不规则布置,花色块状交替变化,花期按季节此起彼落,韵律感也十分丰富。

1. 连续韵律

连续韵律是指将造景要素等距离、连续地排列。这种形式属于简单机械地重复,多用于道路或河流的简单绿化和美化,整齐壮观,节奏明显,但是统一有余而变化不足,容易产生单调、乏味之感,行道树就是最常见的富于连续韵律的植物景观。

2. 交错韵律

交错韵律是指将两组或两组以上的造景要素相间等距离连续排列。这种形式也属于简单机械地重复,不过较前一种形式有变化,韵律感增强,较活泼,同时要注意纵向的立体轮廓线,做到高低搭配,起伏有致,避免布局呆板。例如,杭州西湖白堤上"间株杨柳间株桃"就是典型的一例。白堤平舒坦荡,堤上两边各有一行垂柳与碧桃间种,每到春季,翩翩柳丝泛绿,树树桃颜如脂,犹如湖中一条飘动的锦带。

3. 渐变韵律

渐变韵律是指将造景要素按照一定的规律变化连续排列,如逐渐加大或变小,逐渐加宽或变窄,逐渐加长或缩短,形状或色彩逐渐演变等。

4. 自由韵律

自由韵律是指将要素以自然流畅的方式,不规则但有一定规律的婉转流动,反复延续,从而出现优美的韵律感。这种韵律不强调形式上的规整,追求的是心理上的节奏韵律感,就形式而言最自然,最易营造出轻松活泼的气氛,情趣十足。又如,大面积的树丛、树林,平面上有进有退的林缘线加上高低错落的林冠线,突出表现了曲折起伏的韵律美。

图 3-6　西湖白堤

(五)多样与统一

多样与统一,即变化与统一法则,基本要求是统一中求变化,变化中求统一。任何造型艺术都由不同的局部所组成,这些部分之间既有联系又有区别,按照一定的规律有机地组合成一个整体,既有变化又有秩序,这就是多样与统一。

多样与统一是植物造景最基本的形式美法则,它要求在艺术形式的多样变化中,首先要有内在的和谐统一关系,要有整体性,同时又要显示出各要素的独特性。因此,植物造景时,植物的形态、体量、色彩、质感、风格等既要有一定程度的相似性或一致性,给人统一的感觉,同时又要表现出一定的变化。

1. 形式的统一

形式的统一,可理解为就是在树种、树形、高低、色彩、布局方式、种植方式等方面寻求一些方面的相似性,但是在其他方面有差异求变化,这样,显得既生动活泼,又和谐统一。运用重复的手法最能体现植物景观形式的统一感。

植物与其他元素搭配的时候,也要寻求植物与其他元素的相似性,在保持较大相似性的基础上,求得一定的变化。

2. 线条的统一

线条的统一,着重在树木的树形上,以及树木与花卉等自然种植在一起时形成的林缘线,另外,树池等笔直的线条,都可看作是统一。用方形、长方形组合的庭园绿地,显得总体调和统一,又有大小、高低、色彩的变化。

3. 材料的统一

材料的统一,就是植物种类要有一定的相似性,如是常绿植物,就都是常绿,但是形态、高低有差异;如是彩叶花卉,就都是彩叶,但是在叶色斑点方面有差异;同时,在其他元素的材料上,也要做到同类景观材料的一致性,如场地的铺装材料、建筑材料等的一致。

4. 局部与整体的统一

园林中,整体规划与局部设计是变化统一的,在整体风格、布局、形式、主题等方面统一,而在局部寻求每一个空间的特异的主题,共同表现整体的和谐与联系。在植物造景方面表现为全园整体的基调树与各局部的主调树之间的关系,全园基调树应该是规定好的几种树木,以行道树、树群、树林等方式表现,但是在各局部,可以孤植、丛植,或不同地被等方式表现某几种特殊的植物,如此达到局部与整体的统一。

第二节　园林植物造景的生态学原理

一、影响植物生长的生态因子

(一)光照

1. 光照对植物的影响

植物依靠叶绿素吸收太阳光能,并利用光能进行物质生产,把二氧化碳和水转化为有机物,并释放出氧气,这就是光合作用。

光照对植物的影响可以从日照、强度、光质等方面来展开。

光照时间的长短对植物花芽的分化和开花具有显著影响。根据植物对光照时间要求的不同,通常将植物分为短日照植物、中日照植物、长日照植物三种。短日照植物生长过程中的某段时间需要白天短、黑夜长的条件才能形成花芽,如一品红和菊花就是典型的短日照植物。中日照植物对日照时间不敏感,只要发育成熟,温度适合,一年四季都能开花。长日照植物生长过程中的某段时间需要白天长、黑夜短的条件,如唐菖蒲就是典型的长日照植物。

光照强度对植物的影响也是非常重要的,如人们把植物分为阴性植物、中性植物、阳性植物,这种对光照强度的要求是不同植物群落长期适应的结果,也形成了植物对光的不同生态习性。

光质主要影响植物的物质合成及生长发育。一般来说,蓝、紫光和青光对植物的伸长生长及幼芽的形成有很大作用,通过消除控制细胞分裂和增大的植物生长素或通过影响植物对生长素的正常感应能力,抑制植物的伸长而形成矮态;它们还能促进花青素的形成,使花朵色彩艳丽。

2. 光照与植物造景的关系

（1）划分植物的耐荫等级,为植物造景提供科学依据

植物造景时,只有深入了解各种植物的耐荫幅度,才能在顺应自然的基础上进行科学的配置,组成既美观又稳定的人工群落。目前,根据经验判断植物的耐荫性是植物造景的广泛依据,但很不精确,因此有必要对常用的观赏植物进行不同光照强度下生长发育、光合强度及光补偿点的测定,并根据数据划分其耐荫等级。同时也要注意,植物的耐荫性是相对的,其喜光程度与纬度、气候、土壤、年龄等因素都有密切关系。

（2）市区街道光照环境对植物造景的影响

市区街道不同地点的受光量与建筑物的大小、方向,街道的宽窄等密切相关。南北走向的街道,受光量基本相同;东西走向的街道,如果两侧都有较高大的建筑物,则北侧接受的阳光多于南侧。南北走向的楼房,东侧上午受光,西侧下午受光;东西走向的楼房,南侧受光量远多于北侧。树木由于受光方向和受光量的不同,常会形成偏冠,在受光量差异较大的地方,要选择耐荫性不同的树种。例如,在较窄的东西走向的楼群中,道路两侧的树木配置就不能一味地追求对称,北侧树木应选择阳性树种,南侧树木则应选较耐荫的种类,否则会造成一侧树木生长不良,要年复一年花费大量的人力物力进行养护补植,最终两侧的树种也不能对称。此外,市区夜晚许多地点的路灯、霓虹灯照射多,会造成灯区树木的微弱生长或延迟落叶,在选择树种时也要引起注意。

（3）加强耐荫地被植物在植物造景中的应用

耐荫地被植物通常在园林两旁进行种植,这样可以丰富园林空间层次,也能绿化和美化环境。特别在跟乔灌木进行搭配时,还增添了很多的自然情趣(图 3-7)。

图3-7　耐荫地被

（二）温度

1. 温度对植物的影响

（1）温度三基点

植物的各种生理活动都有最低、最高和最适温度,称为温度三基点。

大多数植物生长的适宜温度范围为 4 ~ 36℃,但因植物种类和发育阶段而不同。热带植物如椰子树、橡胶树、槟榔等要求日均气温 18℃以上才开始生长,王莲的种子需要在 30 ~ 35℃水温下才能发芽生长。亚热带植物如柑橘、樟树、油桐一般在 15℃开始生长,最适生长温度为 30 ~ 35℃。温带植物如桃树、国槐、紫叶李在 10℃或更低温度开始生长,芍药在 10℃左右就能萌发;而寒温带植物如白桦、云杉、紫杉在 5℃就开始生长,最适生长温度为 25 ~ 30℃左右。在其他条件适宜的情况下,生长在高山和极地的植物最适生长温度约在 10℃以内,不少原产北方高山的杜鹃花科小灌木,如长白山顶的牛皮杜鹃、冰凉花甚至都能在雪地里开花。

一般植物在 0 ~ 35℃的温度范围内,随温度上升生长加快,随温度降低生长减缓。植物生命活动的最高极限温度一般不超过 50 ~ 60℃,其中原产于热带干燥地区和沙漠地区的种类较耐高温,如沙棘、桂香柳等;而原产于寒温带和高山的植物则常在 35℃左右的气温下即发生生命活动受阻现象,如花楸、红松、高山龙胆类和报春花类等。植物对低温的忍耐力差别更大,如红松可耐 –50℃低温,紫竹可耐 –20℃低温,而不少热带植物在 0℃以上即受害,如轻木在 5℃死亡,椰子、橡胶树在 0℃前叶片变黄而脱落。热带干旱地区的某些植物能够忍受 50 ～ 60℃的极限高温,而原产于冷凉气候下的某些植物,如原产于北方高山的某些杜鹃花科小灌木在雪地里就可以开花。

此外,温度对花色也有一定的影响,温度适宜时,花色艳丽,反之,花色则淡而不艳。

（2）物候对植物的影响

自然界的生物与非生物所表现的季节性现象简称为物候。植物物候变化包括萌芽、抽枝展叶或开花、新芽形成或分化、果实成熟、叶变色及落叶的季相表现。就非生物而言,指结冰、封冻、解冻、融化、凝霜、降雪等自然现象。在不同地区这些物候现象显现的时期即为该地的物候期。

地球上除了南北回归线之间和极圈地区外,根据一年中温度因子的变化可分为四季。候均温度小于 10℃为冬季,大于 22℃为夏季,10 ～ 22℃之间属于春季和秋季。不同地区的四季长短差别很大,既取决于所处的纬度,也与地形、海拔、季风等其他因子有关。

（3）温周期对植物的影响

气温的日变化中,在接近日出时有最低值,在 13：00 ～ 14：00 时有最高值。一天中的最高值与最低值之差称为"日较差"或"气温昼夜变幅"。植物对昼夜温度变化的适应性称为"温周期"。总体上,昼夜变温对植物生长发育是有利的。在一定的日较差情况下,种子发芽、植物生长和开花结实均比恒温下为好。

（4）土壤温度对植物的影响

除了大气温度（气温）外,土壤温度也是影响植物生长和景观的重要因素。土壤温度是指土壤内部的温度,有时也把地面温度和不同深度的土地温度统称为土壤温度。其变幅依季节、昼夜、深度、位置、质地、颜色、结构和含水量而不同。表土变幅大,底土变幅小,在深 80 ～ 100cm 处昼夜温度变幅已不显著。

2. 温度与植物造景的关系

（1）利用城市中有利的小环境丰富植物种类

城市内部由于特殊的地表构造层,加之稠密人群日常生活释放出的大量热能,气温一般比郊区高出 0.5 ～ 1.5℃,冬季极端低温趋于缓和。由建筑物围合成的封闭空间,由于风力受阻,小气候条件就更加优越,许多机关单位内部由楼群围合成的四合院式的建筑庭园绿地,温度比许多建筑物的南侧还高,如果能够保证水分条件,可以种植一些在当地通常不能露地越冬的观赏植物。例如,沈阳地区建筑庭园绿地空间的南向就可以种植木槿、水杉、悬铃木、锦熟黄杨等多种在当地不能越冬的观赏树木。

（2）利用物候造景

物候是自然环境条件的综合反映，由于每年中气候变化有一定规律，所以物候期也有一定的规律。

古代诗人留下不少诗句反映物候、温度变化与植物景观的关系。南宋诗人陆游作《初冬》诗："平生诗句领流光，绝爱初冬万瓦霜；枫叶欲残看愈好，梅花未动意先香……"由于我国地大物博，各地温度和物候差异很大，所以植物景观变化很大。唐朝诗人宋之问《寒食还陆浑别业》诗中有："洛阳城里花如雪，陆浑山中今始发。"白居易《游庐山大林寺》诗中有："人间四月芳菲尽，山寺桃花始盛开。"庐山植物园海拔在1100 ~ 1200m，平均温度比山下低5℃，春季的物候可相差20d之多。白居易还在《浔浦竹》诗中写道："浔阳十月天，天气仍湿焕，有霜不杀草，有风不落木……吾闻晋汾间，竹少重如玉。"白居易是北方人，看到南方竹林如此普遍，感到惊异。

所以在植物造景设计中不仅要考虑植物的物候期，也要掌握立地的非生物物候期，巧妙地运用物候创造富有生机和变换的园林景观，如北方"三季有花，四季常青"即是有机地搭配植物物候的应用。

（3）多用乡土树种，适地适树

植物造景之所以提倡尽量应用乡土树种，控制南树北移、北树南移，引用外来树种最好经过栽植试验后再应用，一个重要原因就是考虑到温度对植物的影响。

（4）调节温度而控制花期

在园林实践中，还可以通过调节温度而控制花期，满足造景需要。如桂花在北京通常于9月初开花，为满足国庆用花需要，可以通过调节温度，推迟到"十一"盛开。

（三）水分

1. 水分对植物的影响

（1）空气水分对植物的影响

植物吸收水分有两种途径：一种是通过地下部分的根从土壤中吸收水分，另一种是通过地上部分的枝、叶、干、花、果、气生根等各种器官从空气中吸收水分。绝大部分植物主要靠第一种途径，但也有少数植物例外，如多数岩生植物、高山植物、腐生植物和附生植物等。

岩生植物和高山植物的生长环境土层薄、含水量少，难以从土壤中吸收水分；腐生植物和附生植物多数附生于树干或岩石上，不与土壤接触，更不可能从土壤中吸收水分。因此，它们都只有在空气水分含量较大的情况下才能够存活。当然，在干旱时节，即使是靠地下根吸收水分的植物，也不得不转向依靠地上器官吸收雨、露、雪、雾、霜带来的空气水分来维持生命。因此，空气水分对植物的影响也是很大的。

（2）空气湿度对植物的影响

一般而言，一天中，午后出现最高气温，此时空气相对湿度最小，而在清晨空气相对湿度最大。但在山顶或沿海地区，一天内的空气相对湿度则变化较小。就季节变化而言，在内陆干燥地区，冬季空气相对湿度最大、夏季最小，但在季风地区，情况正好相反。花卉所需要的空气相对湿度大致在 65% ~ 70%，一般树木在空气相对湿度小于 50% 时则很难生长。不过，原产干旱沙漠气候的植物适宜于较小的空气湿度。

郝景盛教授认为："森林之能否形成，空气中之湿度亦可决定，大气中湿度小于 50% 之地，则无森林存在，反之空气中湿度大于 50% 时则可形成森林。"我国绝对湿度受风向的影响，均以偏东、偏南为大，偏北、偏西者为小。我国各地的相对湿度，一般而言，长江流域及以南地带均在 70% 以上；沿海及川西与黔东超过 80%，其湿润为全国之冠；华北及东北二区湿度平均在 60% 左右；西北及西藏高原在 50% 以下；内陆更低，甚至只有 40%，有的地方由于湿度过低，地面蒸发强度日盛，土壤盐碱严重，土地荒瘠不毛。

城市下垫面由于建筑物和人工铺砌成为不透水层，降雨后雨水流失很快，地面较干燥，再加上绿化面积小，其自然蒸发蒸腾量比较小。下垫面粗糙度大，在白天空气层结较不稳定，其机械湍流和热力湍流都比较强，通过湍流向上输送的水气量。

（3）土壤水分对植物的影响

①水生植物

那些生命里的全部或大部分时间都生活在水中，并且能够顺利繁殖下一代的植物类型。它们常年生活在水中，形成了一套适应水生环境的本领。

水生植物又可分为挺水植物、浮水植物（图 3-8）、沉水植物三种类型，形态多种多样。

王莲是水生有花植物中叶片最大的（图 3-9），叶缘直立，叶片圆形，像圆盘一样浮在水面；叶面光滑，背面和叶柄有许多坚硬的刺，直径可达 2m 以上，每片叶可承重 40kg；花很大，直径 25 ~ 40cm，傍晚伸出水面开放，非常芳香，次日逐渐闭合，傍晚再次开放，第三天闭合并沉入水中。一般来说,浮水植物的叶有大有小,大叶者多呈盾状心形、圆形或卵圆状心形,如睡莲、凤眼莲、芡实、荇菜等,小叶者多为复叶,如槐叶萍、满江红等,整株植物漂浮在水面上,由于水下部分都能够吸收养料,所以大部分浮水植物的根都退化了;沉水植物的叶常为丝状(如金鱼藻)、线状或带状(如眼子菜),整株植物沉入水底,根生长在泥土中。

图 3-8　睡莲

图 3-9　王莲

②湿生植物

自然界中这类植物的根常没于浅水中或湿透了的土壤中,常见于水体的港湾或热带潮湿、荫蔽的森林里,是一类抗旱能力最小的陆生植物,喜生于空气湿度较大的环境中,不适应空气湿度有较大的变动,在干燥或中生的环境中常导致死亡或生长不良。大多数是草本植物,木本的也有少数。根据实际的环境,湿生植物又可分为阳性湿生植物和阴性湿生植物两种类型。

阳性湿生植物生活在阳光充足、土壤水分饱和的地区,如沼泽化草甸、河湖沿岸低地生长的半枝莲、黄菖蒲、落羽杉、池杉、水松等。由于土壤潮湿,通气不良,根系多较浅,无根毛,根部有通气组织,木本植物多有板根或膝根,以保证取得充足的氧气。同时,由于要适应阳光直射和空气湿度较低的环境,叶片上常有防止蒸腾的角质层,输导组织也较发达。

阴性湿生植物生长在光线不足、空气湿度较高、土壤潮湿的环境中,如热带或亚热带雨林中、下层的多种蕨类、苔藓类、附生兰类、喜林芋类、万年青类、秋海棠类、观叶凤梨和多种附生植物等。由于蒸腾作用弱,容易保持水分,根系亦不发达,叶片中的栅栏组织和机械组织也不发达,抗旱能力极差,可谓典型的湿生植物。

③中生植物

大多数植物均属于中生植物,不能忍受过干和过湿的环境。但由于此类植物种类众多,因而在对干与湿的忍耐程度上也有很大差异,耐旱或耐湿能力较强的种类分别具有旱生植物或湿生植物的倾向,但仍以在干湿适度的条件下生长最佳。以中生植物中的木本植物而言,油松、侧柏、牡荆、酸枣等具有较强的耐旱性,而桑、垂柳、枫杨、乌桕、白蜡、三角枫、丝绵木等则具有较强的耐水湿能力。值得注意的是,不少植物既抗旱又耐湿,如旱柳、紫穗槐、夹竹桃、山里红等,适应性很强。

④旱生植物

旱生植物是能够长期忍受干旱而正常生长发育的植物类型。在黄土高原、荒漠、沙漠等干旱地带生长着很多抗旱植物,根据它们的形态和适应环境的生理特性,又可分为少浆或硬叶旱生植物、多浆或肉质旱生植物、冷生或干矮旱生植物三种类型。

A. 少浆或硬叶旱生植物

这类植物体内的含水量很少,并且在丧失 1/2 含水量时仍然能够生存,不会死亡。

B. 多浆或肉质旱生植物

多浆植物又称多肉植物,具有肥厚多汁的茎叶,内有由薄壁细胞形成的储水组织,能够贮存大量水分,如仙人掌科、景天科以及部分百合科、龙舌兰科、夹竹桃科、菊科植物(图 3-10)。由于具有特殊的新陈代谢方式,生长缓慢,体内又储有充足的水分,因此在热带、亚热带沙漠这些其他植物难以生存的环境中,这类植物却能够生长良好,有的种类甚至能够长到20m 高。

图 3-10　龙舌兰

C. 冷生或干矮旱生植物

这类植物具有旱生少浆植物的特征,但又有自己的特点,一般体形矮小,呈团丛状或垫状,又可分为干冷生植物(常见于高山地区)和湿冷生植物(常见于寒带、亚寒带地区),可谓温度与水分因子综合影响所致。

2. 水分与植物造景的关系

(1)水体与植物结合

水体是造园的四大要素之一,各类水体在园林中屡见不鲜。优美的水体离不开植物景观,尤其以突出野趣为特征的土驳岸式的水体,从水面到水边再到水岸,模拟自然水体自然生长的水生植物种类及其在水中的分部位置,设计层次丰富的植物景观,可以使水体大为增色。

(2)利用空气湿度造景

在自然界中,常可看到由于高的空气湿度形成的独特景观,如较高温度和湿度的附生植物。

附生植物种类极其繁多,全世界约有 65 科 850 属 3 万种,包括藻类、苔藓、地衣、蕨类以及种子植物中的兰科、天南星科、凤梨科等,其中最有造景价值的是兰科、凤梨科、天南星科以及蕨类植物。只要创造空气相对湿度 80% 以上,就可以在展览温室中表现附生植物景观,一段朽木上就可以附生很多开花艳丽的气生兰、花叶俱美的凤梨科植物以及各种蕨类植物。

图 3-11　附生植物

（3）专类园

专类园中的一个重要类型就是把生态习性具有共同点的同一个科或不同科的植物种植在一起，它们往往在水分、光照等方面具有特定需求，栽培管理上要求较特殊的条件。常见的有水生植物专类园、仙人掌及多浆植物专类园、岩生或高山植物专类园、蕨类及附生植物专类园、热带植物专类园、药用植物园等。开辟专类园不仅可以宣传普及植物知识，也是组织风情旅游的好题材。这里以水生植物景观、湿生植物景观、旱生植物景观三种进行说明。

①水生植物景观

水生植物专类园也可分为综合性及单一性两类。例如，鸢尾属作为一类种质资源极为丰富的花卉，在世界各国被作为单一性水生专类园的理想对象而广泛采用。鸢尾类植物对土壤水分的要求，依种类不同而有较大的差异，大体可分为三类：喜生于排水良好、适度湿润土壤的，如鸢尾、德国鸢尾、银苞鸢尾、蝴蝶花等；喜生于湿润土壤至浅水的，如溪荪、花菖蒲、马蔺等；喜生于浅水中的，如黄菖蒲、燕子花等。设计中，通常把后两类鸢尾按着水位深浅进行设计，还可与岸边的山石搭配，从而收到良好的景观效果。

综合性水生植物专类园在进行种植设计时，除了按照各自的生态习性选择适当的位置，竖向上也要有一定的起伏，高低错落，疏密有致。

表 3-1 将园林中常用的水生观赏植物的特性和适宜的水位深度进行了列举。

表 3-1　常用水生观赏植物的特性和适宜的水位深度

植物名	科别	特性	水深度
芦苇	禾本科	多年生大型挺水禾草	0.3 ~ lm
蒲草	香蒲科	多年生宿根挺水草本	30 ~ 50 cm
水葱	莎草科	多年生挺水草本	30 ~ 40 cm
千屈菜	千屈菜科	多年生挺水草本	30 ~ 40 cm
黄菖蒲	鸢尾科	多年生挺水宿根草本	30 ~ 50 cm
菖蒲	天南星科	多年生挺水草本	lO ~ 30 cm
慈姑	泽泻科	多年生宿根挺水草本	10 ~ 15cm
芡实	睡莲科	一年生浮水草本	1 ~ 1.5m
荷花	睡莲科	多年生浮水草本	0.3 ~ 1m
睡莲	睡莲科	多年生浮水草本	30 ~ 60 cm
凤眼莲	雨久花科	多年生浮水草本	10 ~ 30 cm
萍蓬	睡莲科	多年生浮水草本	10 ~ 30 cm
荇菜	荇菜科	多年生浮水草本	10 ~ 30 cm
金鱼藻	金鱼藻科	多年生沉水草本	
苦草	水鳖科	多年生沉水草本	

②湿生植物景观

在湿生植物景观营造中可以选择的植物,除了真正的湿生植物外,还可选用一些耐湿力强的中生植物以及部分水生植物。常用的有落羽杉、墨西哥落羽杉、池杉、水松、水椰、红树、白柳、垂柳、枫杨、二花紫树、小箬棕、沼生海枣、假槟榔、乌桕、白蜡、赤杨、三角枫、丝棉木、柽柳、夹竹桃、水翁等木本植物,红蓼、两栖蓼、水蓼、芦苇、千屈菜、黄花鸢尾、驴蹄草、三白草、木贼等草本植物。阴性的湿生环境则可选用天南星科和凤梨科植物。

③旱生植物景观

在黄土高原、荒漠、沙漠等干旱地带生长着很多耐旱植物。如海南岛荒漠及沙滩上的光棍树、木麻黄的叶都退化成很小的鳞片,伴随着龙血树、仙人掌等植物生长。一些多浆的肉质植物,在叶和茎中贮存大量水分,可以忍耐极度干旱,如西非的猴面包树、南美洲中部的瓶子树、北美沙漠中的仙人掌类。

适于营造旱生景观的植物有仙人掌类、景天科、马齿苋科、番杏科、百合科等的肉质多浆植物,多数半日花科、藜科、苋科植物,以及其他各种耐旱植物,如沙冬青、柽柳、大王椰子、荆条、酸枣、夹竹桃、樟子松、旱柳、构树、黄檀、白榆、胡颓子、皂角、侧柏、臭椿、黄连木、君迁子、白栎、栓皮栎、石栎、苦槠、合欢、紫穗槐等。

(四)土壤

1. 土壤对植物的影响

(1)土壤质地和结构对植物的影响

①土壤质地对植物的影响

土壤是由固体、液体、气体组成的三相系统,矿物质、有机质、水分、空气这四种基本成分的比例决定着土壤的性状和肥力。土壤矿物质是土壤组成的最基本物质,其含量不同、颗粒大小不同,土壤的质地也不同。根据矿物质颗粒粒径的大小,通常将土壤分为砂土类、黏土类、壤土类三种类型。

砂土类土壤松散,黏性小,通气透水性强,但蓄水保肥力差,有机质含量低,养料水分流失快,肥力不高,易遭受旱灾,土温昼夜温差大。

黏土类土壤保肥性强,但通透性差,排水不良,土温昼夜温差小但早春土温上升慢,对幼苗生长不利,常与其他土类配合使用。

壤土类土粒大小居中,性状介于砂土和黏土之间,适合大部分植物种类的生长。

②土壤结构对植物的影响

土壤结构是指土壤颗粒排列的方式、孔隙的数量和大小、团聚体的数量和大小等,据此可将土壤分为团粒结构、块状结构、核状结构、片状结构等几种。其中具有团粒结构的土壤能够协调土壤中水、气、养分的矛盾,改善土壤的理化性质,最适宜植物的生长。

(2)土壤的含盐量对植物的影响

我国的海岸线很长,在沿海地区有相当大面积的盐碱土地区,在西北内陆干旱地区内陆湖附近及地下水位过高处也有相当面积的盐碱化土壤,这些盐土、碱土以及各种盐化、碱化的土壤统称为盐碱土。其中,盐土的 pH 值属于中性土,土壤结构未被破坏;碱土的 pH 值一般在 8.5 以上,土壤结构被破坏,变坚硬。就我国而言,盐土面积很大,碱土面积较小。

按照植物在盐碱土上生长发育的类型,通常将植物分为四种类型:

喜盐植物、抗盐植物、耐盐植物、碱土植物。在园林绿化建设中，不同程度的盐碱土地区较常用的耐盐碱树种有柽柳、黑松、皂荚、杜梨、桂香柳、乌桕、杏、钻天杨、侧柏、黑松等。

图 3-12　柽柳

（3）土壤的水分对植物的影响

土壤水分是植物所需水分的主要来源，各种养分只有溶解在水中才能被植物吸收利用，同时，土壤中进行的许多物质转化过程，也都要在水分存在的条件下才能够进行。土壤水分的适量增加有利于各种营养物质的溶解和移动，有利于磷酸盐的水解和有机态磷的矿化，这些都有助于改善植物的营养状况。当然，土壤水分也不宜长期过大或长期过小。长期过大，除水生植物外，会造成大多数植物因水滞阻空气流通而窒息或中毒死亡；长期过小，除沙漠植物、岩生植物、高山植物外，会造成大多数植物因缺水而旱死。

（4）土壤空气对植物的影响

土壤空气是植物根系呼吸活动不可缺少的物质，它对植物养分的转化、养分和水分的吸收、土温的变化等都有重要影响。土壤空气来源于大气，但由于土壤中动植物和微生物呼吸作用消耗氧气而放出二氧化碳，又没有光合作用来调节气体平衡，所以两者空气的组成量和比例显著不同。土壤空气中氧气的含量较大气中少，二氧化碳的含量则比大气中增加 5 ~ 20 倍。土壤空气组成有两个相反的动态化过程：一是生物生命活动不断消耗氧气并产生二氧化碳及其他有害气体的过程，称为土壤空气的浊化过程；二是从土壤中排出二氧化碳和其他有毒气体，与大气互相交换，进入含氧气较多的新鲜空气的过程，称为土壤空气的更新过程。

土壤中动植物和微生物的呼吸作用是浊化过程的主要原因,而土壤通气性的好坏则是决定土壤空气更新过程的主要因素,与土壤空隙的数量、大小、连通程度等密切相关,它们又决定于土壤的质地、结构、松紧度、含水量等。因此,要保证植物健康生长必须从改善这几个方面入手。

（5）土壤温度对植物的影响

土壤温度对植物的影响也很大,一般来说,植物生长的最适土温在20 ～ 30℃之间,超出这个范围则生长逐渐减慢。低温时,根系生长受到限制,呼吸作用降低,吸收水分和养分的能力减弱;特别是土温低于气温时,植物地上部分进行蒸腾作用而失去水分,根系因土壤结冰而无法补充水分,就会发生生理干旱,时间长了甚至会引起枝条的干枯死亡。高温时,根系呼吸作用旺盛,消耗碳水化合物多,不利于有机物积累,并使根系栓质化部位延至根尖,根的吸收表面减少,也降低了吸收水分和养分的能力。土温过低时根系冻死,过高时则烧根死亡。另外,土温还影响土壤肥力,因为温度的变化与矿物质的风化作用有密切关系,影响速效养分的含量,也影响根际微生物的生长与活动,从而影响有机物的矿化作用。

（6）土壤厚度对植物的影响

土壤厚度主要影响土壤水分和养分的总储量,尤其和植物根系分布的深浅有很大关系。疏松、深厚的土壤植物根系分布也深,有利于吸收较多的水分和养分,从而生长良好,抗逆性增强。

（7）土壤的酸碱度对植物的影响

土壤 pH 值通过影响矿物质盐分的溶解度而影响养分的有效性。一般来说,土壤 pH 值在 6 ～ 7 的微酸性条件下,养分的有效性最高。强酸或强碱性土壤都容易引起不同矿物质元素的短缺,从而影响植物的正常生长。

根据植物对土壤酸碱度的要求,通常将植物分为以下三种类型。

酸性土植物在轻、中度的酸性土壤中生长最好的种类,土壤 pH 值在6.5 以下,如杜鹃、乌饭树、山茶、油茶、栀子花、吊钟花、秋海棠、朱顶红、茉莉、柑橘类、白兰、含笑、檵木、枸骨、八仙花、肉桂、石楠、棕榈、印度橡皮树等,种类较多。

中性土植物在中性土壤中生长最好的种类,土壤 pH 值在 6.5 ～ 7.5,绝大多数的园林植物属于此类。

碱性土植物在轻、中度的碱性土壤中生长最好的种类,土壤 pH 值在7.5 以上,如新疆杨、合欢、文冠果、黄栌、木槿、油橄榄、木麻黄、仙人掌、玫瑰、柽柳、白蜡、紫穗槐等。

图 3-13 檵木

2. 土壤与植物造景的关系

（1）城市土壤条件下的植物选择与种植

土壤的质地与结构对树木生长的影响最大，理想的土壤是疏松、保水保肥力强、有机质丰富、有团粒结构的壤土。市区土壤同当地地带性土壤相比，首先在组成上差异很大，由于人为原因，土壤中含有大量的破瓦残砖、石灰、水泥等建筑垃圾和煤灰、塑料等生活垃圾，对树木的生长非常不利，经常需要换土，不然树木就会生长不良甚至死亡。

（2）大范围景观规划的植物选择和种植

进行大范围的植物景观规划时，由于土地条件复杂多样，必须首先通过采集实验的方法准确测定并掌握规划范围内各种土壤的类型及特点。

（3）城市土壤条件下的植物选择和种植

在废弃的土地上实施园林建造和种植计划遇到的最大困难之一，就是土壤的内含物质会限制植物的生长。废弃地的共同特点就是由于废弃沉积物、矿物渗出物、污染物和其他干扰物的存在，使土壤缺少自然土中的营养物质，多数情况下缺少腐殖质，基质肥力很低；同时，有毒性化学物质的存在，又导致土壤的物理条件很不适宜植物的生长。

（五）空气

1. 空气对植物的影响

（1）氧气和二氧化碳对植物的影响

空气是植物生存的必要条件之一，但植物仅利用其中的氧气和二氧化碳,这两种气体的浓度直接影响植物的生长与开花状况。植物生长发育的各个时期都需要氧气进行呼吸作用,大气中供植物呼吸的氧气是足够的,但土壤中由于含水量过高或结构不良等原因可能使氧气供应不足,植物根系呼吸缺氧,抑制根的伸长并影响全株的生长发育,甚至会引起植物中毒死亡。二氧化碳在空气中的含量虽然很少,但却是植物进行光合作用合成有机质的原料之一,其含量与光合强度密切相关,在一定范围内(0.03%~0.1%),其浓度的增加有利于光合作用强度的提高,但过多对植物也有害,如土壤中二氧化碳含量过高会导致植物根系窒息或中毒死亡。

(2)有害气体对植物的影响

随着工业发展,工厂排放的有毒气体无论在种类还是数量上都愈来愈多,对身体健康和植物生长都有严重影响。目前已引起注意的大气污染物约有 100 多种,危害较大的有粉尘、二氧化硫(SO_2)、氟化氢(HF)、氯气(Cl_2)、一氧化碳(CO)、氯化氢(HCl)、硫化氢(SH_2)、氮化物、氧化物等。

粉尘以自然方式降落后黏附在树体上,通过细雨和雾的作用还会淤积在叶片上,尤其是质软或被茸毛的叶片更容易积尘,尘埃中的化学物质在潮湿的条件下变成了伤害叶片组织的溶液。

氟化氢进入叶片后,常在叶片先端和边缘积累,当空气中的氟化氢浓度达到十亿分之三就会在叶尖和叶缘首先出现受害症状:浓度再高时可使叶肉细胞产生质壁分离而死亡。故氟化氢所引起的伤斑多半集中在叶片的先端和边缘,成环带状分布,然后逐渐向内发展,严重时叶片枯焦脱落。

聚氯乙烯塑料厂生产过程中排放的废气中含有较多的氯和氯化氢,对叶肉细胞有很强的杀伤力,能很快破坏叶绿素,产生褐色伤斑,严重时全叶漂白脱落。其伤斑与健康组织之间没有明显界限。

汽车排出气体中的二氧化氮经紫外线照射后产生一氧化氮和氧原子,后者立即与空气中的氧气化合成臭氧;氧原子还与二氧化硫化合成三氧化硫,三氧化硫又与空气中的水蒸气化合生成硫酸烟雾;此外,氧原子和臭氧又可与汽车尾气中的碳氢化合物化合成乙醛。尾气中以臭氧量最大,占90%,可以使叶片表皮细胞及叶肉中海绵细胞发生质壁分离,并破坏其叶绿素,从而使叶片背面变成银白色、棕色、方铜色或玻璃状,叶片正面会出现一道横贯全叶的坏死带。受害严重时会使整片叶变色,但很少发生点、块状伤斑。

大气污染对植物的伤害程度受污染物浓度和作用时间的影响,高浓度在短时间内就会造成毒害,低浓度在长时间内才会表现出毒害。

（3）风对植物的影响

空气的流动形成风,风对植物的有利作用表现在帮助植物授粉和传播种子,有害作用则表现在台风、焚风、海潮风、冬春早风、高山强劲的大风等造成的伤害。海潮风常把海中的盐分带给植物体,造成植物死亡;北京早春的干风是植物枝梢干枯的主要原因;强劲的大风常在高山、海边、草原上遇到,是形成旗形树冠景观的主要原因;为适应高山的生态环境,很多植物生长低矮,株形变成与风摩擦力最小的流线形,成为垫状植物。

2. 空气与植物造景的关系

空气污染是制约园林绿化的一个重要因素,而园林绿化又是改善生态环境、降低空气污染程度的根本途径。为实现两者之间的良性循环,首先要解决好树种的选择问题。

表3-3、表3-4和表3-5列举了各大行政区划的一些主要抗污树种,这些树种在工矿企业的园林绿化建设中发挥着重要作用。同时,还要避免在污染相对严重的区域种植对有毒气体反应敏感的树种。例如,对二氧化硫反应敏感的树种有悬铃木、雪松、贴根海棠、梅花、玫瑰、月季等,对氯气反应敏感的树种有枫杨、樟子松等,对氟化氢反应敏感的树种有葡萄、杏、梅、山桃、榆叶梅等。

表3-2　我国北部地区（包括华北、东北、西北）的抗污树种

有毒气体	抗性	树种
二氧化硫（SO_2）	强	构树、皂荚、华北卫矛、榆树、白蜡、沙枣、柽柳、臭椿、旱柳、侧柏、小叶黄杨、紫穗槐、加杨、枣、刺槐
	较强	梧桐、丝绵木、槐、合欢、麻栎、紫藤、板栗、杉松、柿、山楂、白皮松、华山松、云杉、杜松
氯气（Cl_2）	强	构树、皂荚、榆树、白蜡、沙枣、柽柳、臭椿、侧柏、杜松、枣、五叶地锦、地锦、紫藤
	较强	梧桐、丝绵木、国槐、合欢、板栗、刺槐、银杏、华北卫矛、杉松、云杉
氟化氢（HF）	强	构树、皂荚、华北卫矛、榆树、白蜡、沙枣、柽柳、臭椿、云杉、侧柏、杜松、枣、五叶地锦
	较强	梧桐、丝绵木、国槐、刺槐、杉松、山楂、紫藤、掏树、臭椿、华北卫矛、沙枣、柽柳

表 3-3　我国中部地区（包括华东、华中、西南部分地区）的抗污树种

有毒气体	抗性	树种
二氧化硫（SO_2）	强	大叶黄杨、海桐、蚊母、棕榈、青冈栎、夹竹桃、小叶黄杨、构树、无花果、凤尾兰、枸橘、柑橘、金橘、大叶冬青、山茶、厚皮香、冬青、枸骨、胡颓子、樟叶槭、女贞、小叶女贞、丝绵木、广玉兰
	较强	珊瑚树、梧桐、臭椿、朴树、桑树、国槐、玉兰、木槿、鹅掌楸、紫穗槐、刺槐、紫藤、麻栎、合欢、泡桐、樟树、梓、紫藤、板栗、石楠、石榴、柿、罗汉松、侧柏、白蜡、乌桕、榆、桂花、栀子、龙柏、皂荚、枣
氯气（Cl_2）	强	大叶黄杨、青冈栎、龙柏、蚊母、棕榈、枸橘、夹竹桃、小叶黄杨、山茶、木槿、海桐、凤尾兰、构树、无花果、丝绵木、柑橘、胡颓子、枸骨、广玉兰
	较强	珊瑚树、梧桐、臭椿、女贞、小叶女贞、泡桐、桑、麻栎、板栗、玉兰、紫藤、朴、楸、梓、石榴、合欢、罗汉松、榆、皂荚、刺槐、栀子、国槐
氟化氢（HF1）	强	大叶黄杨、蚊母、海桐、棕榈、构树、夹竹桃、枸橘、广玉兰、青冈栎、无花果、柑橘、凤尾兰、小叶黄杨、山茶、油茶、丝绵木
	较强	珊瑚树、女贞、小叶女贞、紫藤、臭椿、皂荚、朴、桑、龙柏、樟、楸、梓、玉兰、刺槐、泡桐、梧桐、垂柳、罗汉松、乌桕、石榴、榆、白蜡
氯化氢（HCl）	较强	小叶黄杨、无花果、大叶黄杨、构树、凤尾兰
二氧化氮（No2）	较强	构树、桑、无花果、泡桐、石榴

表 3-4　我国南部地区（包括华南及西南部分地区）的抗污树种

有毒气体	抗性	树种
二氧化硫（SO_2）	强	夹竹佻、棕榈、构树、印度榕、樟叶槭、扁桃、盆架树、红背桂、松叶牡丹、小叶驳骨丹、广玉兰、细叶榕
	较强	菩提榕、桑、鹰爪、番石榴、银桦、人心果、蝴蝶果、蓝桉、木麻黄、黄槿、蒲桃、阿珍榄仁、黄葛榕、红果仔、米仔兰、树菠萝、香樟、海桐
氯气（Cl_2）	强	夹竹桃、构树、棕榈、樟叶槭、盆架树、印度榕、松叶牡丹、小叶驳骨丹、广玉兰
	较强	高山榕、细叶榕、菩提榕、桑、黄槿、蒲桃、人心果、番石榴、木麻黄、米仔兰、蓝桉、蒲葵、蝴蝶果、黄葛榕、鹰爪、扁桃、芒果、银桦、桂花

续表

有毒气体	抗性	树种
氟化氢（HF）	较强	夹竹桃、棕榈、构树、广玉兰、桑、银桦、蓝桉

　　生产环境较差的工矿企业进行园林绿化要以保证生产的正常进行和卫生防护为主,同时要为职工工间休息提供必要的场所。设计前要充分了解工矿企业可供绿化的面积、生产特点、污染情况及绿化要求等,如高温车间、噪声车间、产生粉尘及有害气体的车间、生产精密或光学仪器的车间、棉纺织厂的车间等,园林绿化的要求都各有侧重。例如,对于产生粉尘及有害气体的车间,必须考虑绿化对有害物质的降解和扩散,要有利于污染物质的排放,通过最适宜的植物、最有效的方式以及最佳的种植技术,获得控制空气污染的最大效益。

　　由特殊污染源散发出来的污染物,根据经验,在离污染源下风相当于14个烟囱高度的地方,地面污染物的浓度最大,之后与距离成反比。工业区和居住区之间要有安全防护距离,其大小可根据企业对有害物质的治理状况、污染程度以及当地的自然、气象、地形条件等,通过烟尘扩散或风洞实验确定。无上述条件时,也可按照我国有关部门制定的工业卫生防护距离的标准确定。在防护距离内要设置贯通的卫生防护林,作为工业区和住宅区之间的屏障,一条30m宽的林带就可以大大降低气体污染物的浓度,即使是一排树木,边沿种植绿篱,都可以显著减少污染物的含量。卫生防护林可结合农田防护林和水土保持林综合确定,越是接近工业区越要选择抗性强的树种。林带的走向宜与从工业区向居民区的非采暖季节的主导方向垂直,受条件限制时偏角不宜超过30°,在丘陵或地形起伏地区应沿分水岭或高地而置。林带的结构从厂区到居住区依次应为透风结构、疏透结构、紧密结构,越接近工业区疏透度越大。如果污染严重可设置多条林带,林带间距一般为成林树高的15～25倍,越接近工业区间距应越大。

二、生态位原理

　　生态位(niche)是生态学中的核心概念之一,最早由格林内尔在1917年提出。按照格林内尔的定义,生态位是栖息地再划分的空间单位,表示某物种在栖息地中具体居住的区域。埃尔顿给生态位下的定义是,物种在生物群落或生态系统中的地位和角色,强调该物种与其他物种之间的营养关系。例如,草食动物、肉食动物在生态系统中的营养关系上各占不同的地位,生态位各不相同;草食动物中,有的食叶,有的食种子,有的采蜜,生态位又有不同;食虫鸟类中,还可按所食虫子的大小和鸟嘴长短划分生态位。

哈钦森以生态位空间对生态位进行了定量描述,使生态位理论得到更进一步的发展。哈钦森将生态位定义为:在 n 维空间中一个物种能够存活和繁殖的范围。图 3-14 以温度和湿度两个环境变量描绘出两个物种能够存活和繁殖的范围,重叠部分表示它们生态位重叠,重叠程度可用数学模型进行定量。环境变量可以增加到 3—4 个,甚至更多,虽然对超过 3 维的生态位空间难以用图解表示,但数学上是可以解决的,因此,哈钦森的生态位概念叫做超体积生态位或多维生态位。他还进一步提出了基础生态位和实际生态位的概念。所谓基础生态位是指一个物种理论上所能栖息的最大空间,即图 3-14 中两条抛物线围合所表示的空间,但实际上很少有一个物种能全部占据基础生态位。由于竞争的存在,该物种只能占据基础生态位的一部分,即实际栖息空间要小得多,称为实际生态位;竞争的种类越多,某物种占有的实际生态位就越小。

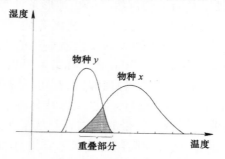

图 3-14　物种的生态位空间模式图

从生态位概念的发展来看,格林内尔强调的是空间生态位,而埃尔顿强调的是营养生态位,哈钦森的定义既包括生物占有的物理空间,也包括它在生物群落中的功能、地位和角色,是一个在多维空间中的综合概念。现在,一般按照哈钦森的定义来理解生态位,它的优点是能对生态位进行定量描述。

奥德姆在总结了前人对生态位的解释后认为,生态位不仅包括生物占有的物理空间,还包括它在生物群落中的地位和角色(如营养位置等)以及它们在温度、湿度、pH、土壤和其他生活条件的环境变化梯度中的位置。这样,生态位不仅决定了物种在哪里生活,还决定了它们如何受到其他生物的约束。

由于生态位接近的两个物种不能长期共存,因此能够长期生活在一起的物种必然伴随着生态位的分化。那么对于共存的两个物种,其生态位允许重叠的程度到底有多大? 现以一个简单的模型加以回答,如图3-15所示。

图3-15a、b中三条曲线分别表示三个物种的生态位,相邻两个物种在生态位最适点之间的距离以 d 表示,称为平均分离度,每一个物种散布在最适点周围的宽度 w 叫做变异度,用以表示种内的变异。d/w 值用来描述相似性的极限。

图3-15a 中,d>w,各物种的生态位狭,相互重叠少,表示种内竞争强度大于种间竞争强度,允许三物种共存。但由于这种情况下种内竞争激烈,因此共存并不稳定,不大可能在进化过程中持久;同时,激烈的种内竞争将更加促进其扩展资源利用范围,从而导致各物种的生态位靠近,重叠增加,种间竞争加剧。如果物种的资源利用曲线完全分开,就说明资源未充分利用,扩充利用范围的物种将在进化过程中获得好处。

图3-15b 中,d<w,各物种的生态位宽,相互重叠多,表示种间竞争强度大于种内竞争强度,三物种共存的稳定性很弱,在自然界同样难以维持长久。生态位越接近,重叠越多,种间竞争就越激烈,按竞争排斥原理将导致某一物种灭亡,或通过生态位分化得以共存。

由此可见,种内竞争将促使不同物种的生态位接近,而种间竞争则促使竞争物种的生态位分开,这是两个相反的进化方向。但利用上述方法研究共存极限时候要十分注意,因为仅考虑两维生态位时重叠的可能性很大,如果同时考虑其他维数,则有可能出现生态位分化。例如,动物之间取食时间的不同,必将降低两物种因食物大小相似而出现的激烈的种间竞争,只以一个维度进行的分析可能会导致误解。

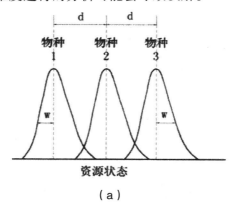

（a）

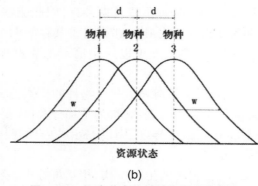

(b)

图 3-15　三个共存物种的资源利用曲线

　　自然界稳定的生物群落中,每个物种都有自己独特的生态位,一个群落就是一个种间相互作用、生态位分化的机能系统。明确这个概念,对认识物种在自然选择进化过程中的作用以及运用生态位理论指导建立人工群落,尤其是园林植物的选择配置方面具有很重要的意义。

三、植物造景的生态途径

(一)自然优先,保护原生植物景观

　　根据生态学理论一个稳定的自然群落是由多个种群组成的,各个种群占据各自的生态位,如果没有人工的干预,自然群落会由低级向高级演替,逐步形成一个低耗能、相对稳定的顶级群落。要达到这一阶段需要经过几年、几十年,甚至上百年的时间,如果不注意保护,以现在人类所拥有的实力,很容易将其毁灭,更不要说那些处于演替中或者正在恢复的自然群落了。现在人们正在通过设立自然保护区、风景区等形式保护自然植物群落、阻止物种的灭绝、维护生物的多样性。而对于人工干预非常强的园林景观而言,保护环境,尤其是保护原有的、已经存在的植物群落尤为重要。面对原有的生态系统、原有的植被,我们首先需要考虑的是保留什么,而不是去除什么,也就是说要从生态学角度去分析研究原有的体系,尤其是已经存在的植物群落,保证原有的自然环境不受或尽量少受人类的干扰。下面的案例就是从这些方面加以设计的。

(二)尊重自然,最小化的人工干预

　　自然界中的植物在长期的进化过程中,形成对于某一环境的适应性,也就形成了与此相对应的生态习性,如耐寒性、耐旱性、耐阴性等。植物

的生态习性与环境因子构成了一种内在的对应关系，这就是一种我们必须遵循的自然规律，正如道家"人法地，地法天，天法道，道法自然"的哲学思想，自然规律是世间万物的根本，必须遵循。

在植物景观设计中，尊重自然体现在尊重植物的"选择"，即植物对环境的选择，如垂柳耐水湿，宜水边栽植；红枫耐半阴，易植于林缘；冷杉耐阴冷，宜栽植在荫庇的环境中……只有这样植物才能够正常地生长，才能形成最佳的景观效果。其次是要尊重环境的选择，环境由一系列生态因子构成，而生态因子又与植物对应，两者之间的关系是不容忽视的。某一地域特有的自然植物种群，其景观效果最为自然，群落结构最为稳定，维护成本最低，因此人工植物群落的设计应遵循自然群落的发展规律，借鉴自然群落的结构组成，并结合美学原理进行植物的选择和景观的创造，这种景观对于自然的干预是最小的，但促进作用却是最大的。另外还要尊重植物对植物的选择，利用植物之间的互惠共生的关系，保证植物的生长，促进植物景观的形成。

第四章　园林植物造景技术分析

第一节　园林植物造景的原则

一、园林植物选择的原则

（一）以乡土植物为主，适当引种外来植物

乡土植物（Native Plant 或 Local Plant）指原产于本地区或通过长期引种、栽培和繁殖已经非常适应本地区的气候和生态环境、生长良好的一类植物。与其他植物相比，乡土植物具有很多的优点。

（1）实用性强。乡土植物可食用、药用，可提取香料，可作为化工、造纸、建筑原材料以及绿化观赏。

（2）适应性强。乡土植物适应本地区的自然环境条件，抗污染、抗病虫害能力强，在涵养水分、保持水土、降温增湿、吸尘杀菌、绿化观赏等环境保护和美化中发挥了主导作用。

（3）代表性强。乡土植物，尤其是乡土树种，能够体现当地植物区系特色，代表当地的自然风貌。

（4）文化性强。乡土植物的应用历史较长，许多植物被赋予一些民间传说和典故，具有丰富的文化底蕴。

此外，乡土植物具有繁殖容易、生产快、应用范围广，安全、廉价、养护成本低等特点，具有较高的推广意义和实际应用价值，因此在设计中，乡土植物的使用比例应该不小于70%。

在植物品种的选择中，以乡土植物为主，可以适当引入外来的或者新的植物品种，丰富当地的植物景观。比如我国北方高寒地带有着极其丰富的早春抗寒野生花卉种质资源，据统计，大、小兴安岭林区有1300多种耐寒、观赏价值高的植物，如冰凉花（又称冰里花、侧金盏花）在哈尔滨3

月中旬开花,遇雪更加艳丽,毫无冻害。另外大花杓兰、白头翁、楼斗菜、翠南报春、荷青花等从 3 月中旬也开始陆续开花。尽管在东北地区无法达到四季有花,但这些野生花卉材料的引入却可将观花期提前 2 个月,延长植物的观花期和绿色期。应该注意的是,在引种过程中,不能盲目跟风,应该以不违背自然规律为前提,另外应该注意慎重引种,避免将一些入侵植物引入当地,危害当地植物的生存。

(二)以基地条件为依据,选择适合的园林绿化植物

北魏贾思勰著《齐民要术》曾阐述:"地势有良薄,山、泽有异宜。顺天时,量地利,则用力少而成功多,任情返道,劳而无获。"这说明植物的选择应以基地条件为依据,即"适地适树"原则,这是选择园林植物的一项基本原则。要做到这一点必须从两方面入手,其一是对当地的立地条件进行深入细致的调查分析,包括当地的温度、湿度、水文、地质、植被、土壤等条件;其二是对植物的生物学、生态学特性进行深入的调查研究,确定植物正常生长所需的环境因子。一般来讲,乡土植物比较容易适应当地的立地条件,但对于引种植物则不然,所以引种植物在大面积应用之前一定要做引种试验,确保万无一失才可以加以推广。

另外,现状条件还包括一些非自然条件,如人工设施、使用人群、绿地性质等,在选择植物的时候还要结合这些具体的要求选择植物种类,例如行道树应选择分枝点高、易成活、生长快、适应城市环境、耐修剪、耐烟尘的树种,除此之外还应该满足行人遮阴的需要;再如纪念性园林的植物应选择具有某种象征意义的树种或者与纪念主题有关的树种等。

(三)以落叶乔木为主,合理搭配常绿植物和灌木

在我国,大部分地区都有酷热漫长的夏季,冬季虽然比较寒冷,但阳光较充足,因此我国的园林绿化树种应该在夏季能够遮阴降温,在冬季要透光增温。落叶乔木必然是首选,加之落叶乔木还兼有绿量大、寿命长、生态效益高等优点,城市绿化树种规划中,落叶乔木往往占有较大的比例。比如沈阳市现有的园林树木中落叶乔木占 40% 以上,不仅季相变化明显,而且生态效益也非常显著。

当然,为了创造多彩的园林景观,除了落叶乔木之外,还应适量地选择一定数量的常绿乔木和灌木,尤其对于冬季景观常绿植物的作用更为重要,但是常绿乔木所占比例应控制在 20% 以下,否则,不利于绿化功能和效益的发挥。

（四）以速生树种为主,慢生、长寿树种相结合

速生树种短期内就可以成形、见绿,甚至开花结果,对于追求高效的现代园林来说无疑是不错的选择,但是速生树种也存在着一些不足,如寿命短、衰退快等。而与之相反,慢生树种寿命较长,但生长缓慢,短期内不能形成绿化效果。两者正好形成"优势互补",所以在园林绿地中,因地制宜地选择不同类型的树种是非常必要的。比如我们希望行道树能够快速形成遮阴效果,所以行道树一般选择速生、耐修剪、易移植的树种;而在游园、公园、庭院的绿地中,可以适当地选择长寿慢生树种。

二、园林植物景观的配置原则

（一）自然原则

在植物的选择方面,尽量以自然生长状态为主,在配置中要以自然植物群落构成为依据,模仿自然群落组合方式和配置形式,合理选择配置植物,避免单一物种、整齐划一的配置形式,做到"师法自然"、"虽由人作,宛自天开"。

（二）生态原则

在植物材料的选择、树种的搭配等方面必须最大限度地以改善生态环境、提高生态质量为出发点,也应该尽量多地选择和使用乡土树种,创造出稳定的植物群落;以生态学理论为基础,在充分掌握植物的生物学、生态学特性的基础上,合理布局,科学搭配,使各种植物和谐共存,植物群落稳定发展,从而发挥出最大的生态效益。

（三）文化原则

在植物配置中坚持文化原则,把反映某种人文内涵、象征某种精神品格的植物,科学合理地进行配置,可以使城市园林向充满人文内涵的高品位方向发展,使不断演变的城市历史文脉在园林景观中得到延续和显现,形成具有特色的城市园林景观。

（四）美学原则

植物景观不是植物的简单组合,也不是对自然的简单模仿,而是在审美基础上的艺术创作,是园林艺术的进一步发展和提高。在植物景观配

置中,植物的形态、色彩、质地及比例应遵循统一、调和、均衡、韵律四大艺术法则,既要突出植物的个体美,同时又要注重植物的群体美,从而获得整体与局部的协调统一。

综上所述,植物景观是艺术与科学的结合,是在熟练掌握植物的美学、生态学特性及其功能用途的基础上,对于植物及由其构成的景观系统的统筹安排。

第二节　园林植物的配置方式

一、规则式种植

成行成排或按几何图形种植植物,形成前后、左右或前后左右对称的规整式植物景观,植物有时还被修剪成几何形体,甚至人和动物造型,体现人工美(图 4-1)。

图 4-1　规则式种植的树木景观

二、自然式种植

模拟自然界植物群落结构和视觉效果,形成富有自然气息的植物景观。我国传统园林和英国自然风景园中常采用这种种植形式(图 4-2)。

图 4-2 自然式种植景观

三、混合式种植

混合式种植指规则与自然相结合的种植形式（图 4-3）。

图 4-3 混合式种植景观

四、图案式种植

在园林设计中的重要节点或地段，为提高观赏价值、视觉效果，常对植物要素进行艺术组合，形成具有特殊视觉效果的抽象图案（图 4-4）。

图4-4 北京紫竹桥魅力的竹叶图案

第三节 园林植物景观设计方法

一、树木的设计方法

(一)孤植

1.孤植的概念

孤植,通常是指乔木或灌木孤立种植的形式。值得注意的是,孤植并不绝对意味着只能栽植一株树,有时为了构图的需要,增强其雄伟感,可以将两株或两株以上的同种树木紧密栽植在一起,形成一个单元,远观效果如同单株栽植一样。

2.孤植的作用和树种的选择

(1)孤植的作用

孤植景观在植物造景中的比例虽然不大,作用却非常突出,一个是构图上的骨架和主景作用,另一个是为人们提供理想的休憩空间。

(2)孤植的树种选择

孤植树要能够充分体现植物突出的个体美,或挺拔的树姿、或优美的树形、或丰满的枝条、或迷人的秋色叶、或浓艳的花朵、或醒目的果实、或独特的干皮等。因此,那些体量高大、姿态优美、枝条开展、轮廓鲜明、生长旺盛,可赏形、赏叶、赏花、赏果、赏枝干的树木就成为孤植树的首选,如雪松、白皮松、榕树、香樟、国槐、悬铃木、无患子、枫杨、七叶树、枫香、三角枫、元宝枫、鸡爪槭、乌桕、丝绵木、柿树、白玉兰、广玉兰、红枫、红叶李子、海棠、合欢、碧桃、紫薇、樱花、梅花、丁香等。

有些园林中也有选用小乔木或花灌木的,在种类上以珍稀品种,有特别的纪念意义,或树姿独特,或开花特别繁茂、鲜艳,特别有观赏价值者。有的庭园中特意把一些常绿植物修剪成特定形状以作为独立树,也有栽植一株爬藤植物形成一座花架者,一般也有独立树的意义。也有单株散植的对应灌木,常常在林缘株距比较远,以丰富树林的层次。

种植在草坪、河湖、树林边缘,四周开阔,视线通透的地方。也有在路口、桥头、门前、山上、院内栽植的。独立树是为了表现树木的姿态、色彩,使之构成园林中的标志,丰富空间层次;有时为了陪衬景物;有时是特意保留,具有历史文化价值(图4-5)。

图4-5　纪晓岚手植紫藤

欣赏兼庇荫是设计中最常见到和使用的形式。俗话说得好:"大树底下好乘凉。"当对孤植树有庇荫要求时,必须选择乔木树种,不仅要求极高的观赏价值,同时还要求体形雄伟、树冠开展、分枝点较高、生长迅速等,北方最好选择落叶树种。

对应栽植是一株、两株树木对应栽植的形式,在建筑物前或是院落门前栽植，以加强对称，突出建筑或院落的轴线。树木的选择和单株树相同。在我国北方门前栽植四株槐树成为一种传统。在北京大宅门前大都如此。在建筑物前栽植小乔木或花灌木是一种院落中内部空间的配植，尺度小，不妨碍建筑物的光照和通风，也比较亲切，例如北京颐和园乐寿堂院中栽植海棠、玉兰，有取金玉满堂之意。

3.孤植的种植环境和设计要点

孤植树的设计环境要求必须开阔，在主要观赏面2～3倍于树高的范围内不能有其他立体遮挡视线，并最好有草地、水面、天空、粉墙等作背景。这样，不仅可以衬托孤植树独特的个体美，还有利于为人们提供理想的休憩空间。

（1）开阔的草坪

以开阔的草坪和天空为背景（图4-6）。但要注意，自然式草坪孤植树不宜种在草坪的几何中心，而要选择构图的自然重心，从而与周围的景物取得均衡与呼应。

图4-6　以草坪为背景的孤植

（2）开阔的水边、湖畔

以明朗的水色为背景，斜出的枝干还可以成为人们眺望远景的天然画框。

（3）开阔的高地或山岗

以纯净的天空为背景，在展示个体美的同时也使高地或山冈的天际线更加优美。

（4）园路的入口、转折、交叉处

充当游人游赏时的导游树或标志树，具有点缀景观、增加层次、引导游人前行、加深游人印象的作用。

（5）观赏

通常以观赏为主，不考虑游人的活动。

需要注意的是，孤植树作为园林景观或空间的重要组成部分（往往起到骨架的作用）并不是孤立的，必须要与周围的环境相协调，统一于整体的构图之中。例如，尺度要协调，在面积较大的草坪或宽广水面的岸边，孤植树也应该是巨大的；而在小型的林中草坪和空地、小水面的水滨或小的空间院落中，孤植物则应该选择体量小巧的小乔木或灌木。又如，风格要协调，开阔浪漫的大草坪搭配高大、细腻的香樟树甚是迷人，而假山或蹬道的入口处，则以姿态盘曲、苍劲有力的树种为上选。

另外，建造园林应该珍惜和充分利用原有的成年大树，古树名木更应该采取有力措施加以保护，即使没有成年大树，也应该善于发现和利用中年树。尽可能将整体的设计思路与现有的有利条件相结合，逐步创造理想的孤植景观（包括背景的设计、周围环境的设计、赏景点的设计等），这样既可以大大节约建设成本，还可以缩短成景时间，事半功倍。

（二）对植

1. 对植的概念

对植是指两株相同或品种相同的植物，按照一定的轴线关系，以完全对称或相对均衡的位置进行种植的一种植物配置方式。该方式主要用于出入口及建筑、道路、广场两侧，起到一种强调作用，若成列对植则可增强空间的透视纵深感；有时还可在空间构图中作为主景的烘托配景使用。

图4-7 对置树框景下的憩亭

2.对植的作用和树种的选择

（1）对植的作用

对植主要用于强调公园、建筑、道路、广场的出入口，起到构图和景观美化的作用。同孤植景观不同，对植景观一般作配景，也可作框景用。

（2）对置的树种选择

树种的选择同样要求具有突出的特征和较高的观赏性，从而实现强调或衬托主体景观（通常为建筑或道路）的目的，一般不考虑游人在树下的活动。

3.对植的种植形式和设计要点

（1）对植的种植形式

对植的配置形式分为对称式和非对称式两种。

对称式对植是指一种多运用于规则式种植环境之中的配置方式，即将品种相同、大小相衬、树形规整的两株植物按园中主景的中轴线作对称布置，但要注意所植植物要留有足够的生长空间。

非对称式对植是指一种多运用于自然式种植环境之中的配置方式，即将大小形态相差较大的两株植物以园中主景的中轴线为基准，在左柄侧作非对称均衡布置，位于中轴线两侧的植物既可以有数量上的不对称，也可以有品种上的不对称，但要求树木形态应较为接近。

（2）对置的设计要点

常见的种植形式主要有以下几种：树种相同或不同，数量相同，体量、姿态有差异，种植点与中线的距离大树近、小树远；树种相同或不同，体量、数量不同；树种不同，数量相同，通过各方面观赏特性或结合其他造景要素取得均衡。总之，不对称对植的形式灵活多样，但也要注意整体的协调，不使两侧树种的差别过于悬殊。

孤植中提到的注意问题，对植同样需要注意。例如，对植树和整个园林空间的尺度感也要求统一，当然，在衬托主体建筑时，有时为了实现主体建筑的宏伟、高大，也会故意选择小体量的灌木树种，这属于对比、衬托手法的应用（图4—16）。又如，寺庙园林、纪念性园林和一般的公园绿地，选择对植树种的要求也应有所区别。

（三）列植

1.列植的概念

列植，通常是指乔木或灌木按照一定的株、行距整齐排列的种植形式

（图 4-8）。

图 4-8　列植（一）

2. 列植的作用和树种的选择

列植形成的植物景观整齐、单纯、气势壮观，在规则式或自然式构图中都经常用到，如道路和广场的两侧、水体的岸边等，起构图和美化的作用，也有分隔空间的作用。列植景观一般作配景，也可作夹景，最能够体现节奏与韵律的形式美法则。

列植在园林中往往是比较突出的形象，列植的株距是否完全等距离，要看情况而定。

列植主要体现整体的观赏性。树种选择同样要求具有突出的特征和较高的观赏性，当考虑游人在树下活动时，还要注意选择那些体形雄伟、枝叶开展、分枝点较高、生长迅速的树种。

3. 列植的设计要点

成行列的种植，一般与环境密切相关，如在建筑、河湖、广场的边缘形成直线或曲线的列植。

株距也是一个必须注意的问题。要结合树种的特点和苗木的规格，既要防止过密，影响树木的正常生长，又要考虑成景的时间。一般来说，选择规格较大的速生树种时，可以按照成年树冠的大小定植；选择规格较小或生长较慢的树种时，可以采用先适当密植几年后再间隔移殖的方法。

列植形成的植物景观整齐、壮观，但连续使用易产生单调乏味之感。

为了尽可能地扬长避短,首先要选择观赏性较高的树种,至少一季有景可观(图4-11),那些两季甚至三季都特色明显的优良树种,更要充分发掘加以应用。其次,可以在一行内将两种树种交替种植以增强变化。再次,也可以将两种树种前后分层列植,通常后行高于前行,且后行宜选择常绿树种,起到背景的作用,前行则宜选择常色叶或是花色、果色鲜艳的树种。需要注意的是,不论是一行内交替种植还是多行分层种植,都要合理、轮流安排不同树种的观赏期,这样既可以延长整体的观赏时间,又能够保证每个观赏期内都主体突出、特色明显。

图4-9　列植(二)

(四)丛植

1.丛植的概念

丛植,通常是指2～15株以内的同种或异种的乔、灌木成丛种植的种植形式。

2.丛植的作用和树种选择

(1)丛植的作用

树丛的作用非常多,有作庇荫用的,有作主景用的,有作诱导用的,有作配景用的。庇荫树丛多用单纯树种,以冠大荫浓的高大乔木为宜,一般不用或少用灌木和草本植物。主景、配景和诱导树丛可以乔、灌木混植或配以置石和花卉。主景树丛可配置在大草坪、水边、河湾、岛屿、山坡、高岗等,四周宜空旷。诱导树丛可配置在出入口、蹬山口、道路交叉口或转折处等,作为标志引导游人按照设计路线前行,甚至能获得峰回路转又一景的效果。

（2）丛植的树种选择

树丛在树种组成上可分为单纯树丛和混交树丛，在构图上要求既有调和（通相）又有对比（殊相），并且必须先求同然后才能存异。

树丛在艺术性方面的要求很高，展现群体美的同时还要求单株树木也要在统一的构图中展现其独立的个体美。

3. 丛植的种植形式

由几株或十几株，一般不超过 20 株的乔、灌木组合在一起，在高度、体形、姿态或色彩上互相衬托或对比，形成一定的景观，这种景观更能显示出园林植物的艳丽、苍翠、刚直或柔美。

（1）两株丛植

因所植树木数量较少，首先应注意树种的选择，两株植物最好选用姿态、高低、大小上有明显差异的同种树木；在相对关系上应遵循变化统一原则，既有对比，又相协调；且种植间距应合理适当，若间距过大，就脱离了树丛的概念，变成两株孤植树了。

（2）三株丛植

树种选择也以选择同种为宜，或是选择在外观形态上较为接近的异种。在配置方式上，可将三株植物组合为不等边三角形。同时注意高低关系和疏密关系，一般情况下，体态较大或较小的树木靠的较近，体态中等的树木则稍稍远离。

（3）四株丛植

在树种选择上宜选用姿态不同、大小各异的同种或不超过两种的异种四株植物，将其排列成不等边三角形或分比例组织高低疏密排列成不等边四角形。

（4）五株、六株及其以上

丛植选择姿态不同、大小各异的同一树种或是不超过两个种类的树种，其中可以以三株或四株合成一个大组，且保证最大株应在其内，剩余的作为一组。

无论采用的是以上何种植物配置方式，都应当注意一定的方法。如：植株个体之间既要协调一致，同时也应存在差异；树木整体的平面构图疏密有致、立面构图参差错落；植物四周要留有一定的植物生长空间，同时也可以为游人创造一个舒适的观赏视距。

4. 丛植配置的运用

树丛在园林中可以成为"对景"或是"视线的焦点"，在园路、河道的尽头,或转弯处,建筑物的前面或转角处运用得当,能提高整个园林的景观质量。

5.丛植配置应注意的事项

树丛的种植种类要搭配好,不要把喜阳的灌木种在乔木下,耐旱和喜湿润的树种也要分开。自然式的树丛要疏密得当。株距密则中间树木生长又高又瘦,稀植则平展,设计者可以以稀密来调节高低,但不可过分,否则影响树木寿命。

(五)群植

1.群植的概念

按照树丛的配植原则增加株数,扩大种植面积,形成树林与树丛的一种中间形式,比树丛的尺度大,层次感更丰富。

2.群植的作用和树种选择

(1)群植的作用

丛植在艺术性方面要求能够展现每株树的个体美,树群所表现的则主要为群体美。树群也往往作为构图的主景布置在有足够距离的开阔场地上,如空旷的草坪、空旷的林中空地、水中的小岛屿、宽阔水面的水滨、山坡土丘等地方。树群主立面的前方至少要在树群高度的四倍、宽度的一倍半范围内留出空地,以便游人欣赏和休息(图4-10)。

图4-10　丛植

(2)树种选择

树群的规模比树丛大得多,整体结构较密实,各植物体间有明显的相互作用,可以形成小气候和小环境,因此,要充分考虑植物群落组合的生物学特性。例如,华北碧桃、木槿、紫薇等喜阳植物单独个体栽植会因寒害而生长不足,但如果栽植在规模较大的树群的东南向则生长良好,夏季还可以防西晒,而玉簪、铃兰等宿根花卉在树群的阴面栽植生长则格外繁茂。

3. 群植的配置方法

（1）从平面构图来讲

通常将高大的常绿树布置在中央作背景,亚乔木在其周围,落叶树在外缘,以花、叶为主要观赏优势的布置在最外缘,同时注意平面构图中的疏密变化。

（2）从立面构图来讲

最高处乔木层应趋向于选择树冠姿态丰富的树种,亚乔木层选用枝叶繁茂的树种,大灌木层及小灌木层选择不同种类的花木,草本层选择各类多年生草本花卉。总之,每一层都应本着显露植物的最佳观赏元素这一原则进行配置。

（3）从生态要求来讲

应特别注意树群内部植物间的生态关系。第一层大乔木应为阳性喜光树种,灌木层中分布在东、南、西三面外缘的宜为阳性喜光树种,北面的灌木和乔木下方为阴性或半阴性树木。

4. 群植的设计要点

树群常用在广场一侧、林缘、河岸,比树丛能产生更宽广的画面,能适应更大的空间。在较长的视线距离也能产生一定的效果。树群配植得当能产生很生动、自然、鲜丽、活泼的气氛。

（六）散植

同一品种或者两三个品种沿着林缘、道路或河边不等距地种植,使这个窄长地带的景观有韵律变化又有秩序,能够增加景观的层次,显得活泼自然。

（七）林植

1. 林植的概念

树林常常是园林中的基础,特别在大型园林中它的骨干作用十分重要。树林的结构可以是纯林,也可以是混交林。

2. 林植的种类

（1）密林

一般因林木密度较高而较少透入日光，因此林下土壤较为潮湿。密林又有纯林和混交林之分。

纯林由于树种单纯而缺乏一定的丰富植物景象，除在树种上应选用富于观赏价值的植物外，还应当充分借鉴起伏变化的地形因素进行种植，或于林下配置适当比例的阴性多年生草本花卉，如百合科、石蒜科等。

混交林较纯林具有季相变化的优势，同时呈现出多层结构。大面积混交密林可以采用常绿树与落叶树复层片状或带状混交形式呈现一定的景观供游人观赏和乘凉，也可在笔直的园路两侧混以单纯的乔木描绘一条风景透视线，创造一定的空间透视效果；小面积混交密林多采用小片状或点状混交，同时辅以草地、铺装场地以及简单的休息设施。

（2）疏林

疏林内所植林木密度较低，有时林木三五成群，疏密相间得当、前后错落有致，常与草地结合起来营造疏林草地，采用自然式配置方式将树丛、孤植树等疏散分布于草地之上。疏林草地为游人创造了一片休闲放松的好去处，林间疏密得当、景色变化多端，夏日可于林中庇荫乘凉，冬日亦可在此接受阳光的哺育。

疏林种植所选树种应具有较高的观赏价值，如姿态、树冠、枝叶、果实等观赏因素。常用树种如合欢、樱花、银杏、枫香、玉兰、马褂木等。

3. 林植的设计要点

在我国南方耐阴树种较多的地区，可以配植覆层混交林，以增加绿量和生物的多样。树林的种植可以是自然式：株行距不等，位置不整齐对应；也可以是整齐式株行距对齐，左右成行；也可以是"捣花式"种植，栽植位置互相错开。整形式的种植能产生庄重肃穆的气氛，例如北京的天坛内种植整齐的几千株侧柏，十分壮观，自然式的树林会感到自然活泼，特别是在地形有变化的情况下。

（八）树阵

树木栽植成方整的树林，周围是整齐的道路，形成平面上的横竖对比，是严整中的一种变化。

（九）背景树

在很多园林中为了衬托雕刻物、建筑、瀑布等景观或装饰,采用整齐的树木作背景,背景树是起陪衬作用的一种栽植形式,背景树有时采取列植式,也有时采取自然式,树种色泽最好能与被陪衬的物体有差别,枝叶较密,乔木的分枝点要低,在大多数的情况下以常绿树种为好。在荷兰以大乔木树林为背景,在林下配植郁金香,色彩十分艳丽,再有水面相衬,形成优美的景观。除可以以树木为背景外,以草地为背景或以天空为背景,使花木或树木更出色,绿色的草地衬出花朵更娇艳;蓝色的天空使树木的天际线更加清晰,别具特色。

（十）篱植

1. 篱植的概念

篱植是用乔木或灌木以相同且较近的株、行距及单行或双行的形式密植而成的篱垣,又称绿篱、绿墙或植篱。

绿篱是指经过修剪成行密集栽植的篱垣,绿篱高者在人的高度以上,以屏蔽人的视线,控制空间,在欧洲古典园林中用作绿化剧场的背景天幕;或是作绿龛,其中放雕像。30cm 至 1m 左右,可作为花卉的背景,也可作为保护绿地的界标,起到栏杆的作用。在欧洲古典园林中与花卉做成刺绣花坛。欧洲 15 世纪开始把植物修剪成各种灯形、伞形的装饰物装点园林,以取其奇特的趣味。以后由于自然式园林的兴起逐渐稀少,近代也有把植物修剪成各种动物,甚至修剪成人形的做法。

2. 篱植的作用和树种的选择

（1）篱植的作用

篱植的作用较多,具体说来有以下五个方面。

①可以用来划分空间、屏障视线、遮挡景物,它能够有效的将各功能区分隔开来,减少相互间的干扰。发挥这种作用的篱植主要是绿墙和高绿篱。

②篱植可以组织游人的游览路线,起导游指引作用,使游人按照指定的范围进行参观游览,而将需要防范的边界用刺篱、高篱加以分隔。

③修剪整齐有序的篱植可作为雕像、花境、喷泉和园林小品的背景,起到丰富景观层次、映衬主景的作用。作为背景的绿篱,一般多为常绿的高篱及中篱,且篱植可以富于不同形式的变化。

④篱植可以用来起装饰作用。这一点主要是针对矮绿篱来讲,如作为花境的边缘、花坛和观赏性草坪的一种图案花纹来应用。

⑤更好的美化园林建筑的挡土墙。这主要是为了避免墙面的枯燥而特别设立的。

（2）篱植的树种选择

作为整形植物一般用常绿树种,如桧柏、侧柏、紫杉、黄杨、冬青、珊瑚树等,也可以用分枝、分蘖很密的色叶树修剪成绿篱,或用长枝条的开花灌木编织成花篱,都有特殊的效果。在国外也有少量的城市中把乔木修剪成柱形或方形者,成为一种标志。

宽体花篱由不同颜色的花灌木组成。比较宽厚的植篱,富有装饰性,又有建筑感。

篱植的种植密度也是一个值得注意的问题。通常来讲,其种植密度是由不同树种的体量规格和种植场地的宽度决定的。绿墙的种植密度,可将株距控制在 1 ～ 1.5m 之间、行距控制在 1.5 ～ 2m 这个范围内;而一般的矮绿篱等可采用株距为 30 ～ 50cm、行足巨为 40 ～ 60cm。

3. 篱植的种植形式

（1）按照高度划分

①绿墙

高度在成年人的视线(约 1.6m)以上,能够阻挡人的视线和行动,对空间的围合感极强(图 4-11)。

图 4-11　绿墙

②高绿篱

高度在 1.6m 以下、1.2m 以上,人的视线可以通过但人不能越过,对空间的围合感较强。

③中绿篱

中绿篱高度在 1.2m 以下、0.5m 以上,人的视线可以通过并且付出一定的努力可以越过,有一定的空间围合感(图 4-12)。

图 4-12　中绿篱

④矮绿篱

高度在 0.5m 以下,对人只能产生一种心理上的隔断,一般起镶边和明确空间范围的作用,空间围合感弱。

(2)按照观赏要求与功能划分

①常绿篱

由常绿植物组成,是最常见的绿篱形式。常用树种如冬青、珊瑚、石楠、大叶黄杨、锦熟黄杨、雀舌黄杨、海桐、十大功劳、小叶女贞、小蜡、月桂、蚊母、山茶等。

②果篱

秋冬硕果累累,颜色鲜艳,结果期观赏性很强。常用树种如紫珠、枸骨、火棘、南天竹、十大功劳、枸橘等。

③色叶篱

由常色叶植物组成,不少是常绿植物的变种或栽培品种,观赏价值较常绿篱高。常用树种如金心大叶黄杨、撒金千头柏、金叶小叶女贞、紫叶小檗、红叶石楠、胡颓子、红背桂、变叶木、洒金东瀛珊瑚、地肤等。

④花篱

一年中某个季节开花繁茂,开花期观赏性很强。常用树种如桂花、栀子、茉莉、杜鹃、贴梗海棠、六月雪、叶子花、麻叶绣球、日本绣线菊、珍珠梅、棣棠、金丝桃、木槿、连翘、迎春、黄素馨、锦带花、金钟花、金银花、溲疏、郁李等。

图 4-13　果篱

⑤刺篱

因植株有刺而具有防护效果。常用树种如月季、黄刺梅、锦鸡儿、贴梗海棠、枸骨、枸橘、花椒、枳、小檗、杞柳、胡颓子等。

实际应用中，很多植物可兼做花篱、果篱或刺篱，不少还是常绿树种，观赏价值极高，应多加应用。落叶植物组成的花篱通常枝条开展，与常绿篱相比不易成形，但更显自然，具有野趣。

4.篱植的设计要点

篱植可以在一行内使用两种或多种树种以增强变化，或者将两种甚至多种树种前后并列种植，后排最高，向前依次降低高度，每行内的树种保持单纯。

另外，篱植通常是按固定的株、行距沿直线或曲线排列，但也可打破固定的株、行距，尤其是作为隔离树和背景树，在自然式构图中划分空间或衬托前景时，但仍要遵循树种相对单纯、结构相对紧密的原则，林缘线可以自由流畅，但不要过于繁琐曲折，以防喧宾夺主，造成杂乱之感。例如，杭州花港观鱼公园的柳林草坪和主干道之间，以高低不等的多个树种组成多层次的隔离带，总宽 5～7m，展开面达 40 多米，隔离和观赏效果都特别好，具体配置为：第一层蕉藕，高 1.2m，间距 0.5m，宿根草本，红色花;第二层海桐,高 1.5m,间距 1 ~ 1.5m,常绿灌木,白花清香;第三层桧柏,高 3m 左右,间距 2m,常绿乔木,分枝点低;第四层樱花,高 3m,间距 2.5 ~ 3m,落叶乔木,红色花,树丛的行距为 1 ~ 2m,结构紧密,隔离效果好。从草坪空间看去,开红花的蕉藕以翠绿的海桐和暗绿的桧柏为背景,从主干道看去,春季的樱花仍以桧柏为背景,高耸密植的桧柏起到两边衬托的作用,观赏效果很好。

（十一）垂直绿化

利用攀缘植物从根部垂直向上缠绕或吸附于墙壁、栏杆、棚架、杆柱及陡直山体的方式生长,简称垂直绿化。垂直绿化只占用少量土地而获得更大的绿量。建筑物的墙面绿化以后,在夏季可以降低室温,减少降温所消耗的能源。攀缘植物的枝上有很鲜艳的花朵,也有彩叶和各种果实,能美化环境。

在一定环境中很有装饰效果。攀缘的方式有:以缠绕茎蔓缠绕在其他物体上,向高处延伸生长的,如紫藤、金银花、牵牛、茑萝、南蛇藤等;以枝的变态形式卷须缠绕在其他物体上的,如葡萄、乌敛莓;以叶变态缠绕在、其他物体上的,如香豌豆、葫芦、铁线莲;靠枝叶变态形成吸盘或茎上生气根吸附于它物上向高处生长的,如地锦、扶芳藤、凌霄、常春藤、络石等;还有是靠茎枝上的钩刺或分枝攀附在其他物体上向上方生长的,如蔓生月季、云实、木香等。以吸盘吸附于墙面上,墙面要有一定的粗糙度;对缠绕于物体上的藤蔓要能有格架供攀爬。

图 4-14　垂直绿化

（十二）水生植物

在园林里适当的水面中,种植一些在水中能生长的植物,既可以装点水面,又可以净化环境。特别是能开出鲜艳的花朵,放出淡雅的清香;或叶形奇特的水生植物,更能丰富水景。

种植水生植物要适应水流、水深的情况,有的植物适合在浅沼泽地上生长,如菖蒲、慈菇、香蒲、旱伞草等;有的适应在中等水深(0.5～1.5m)中生长,如荷花、王莲、莼菜;在水面上漂浮生长的,如凤眼莲、浮萍对水的深浅都可以适应;有的水生植物根生于水底泥中,叶多浮出水面生长,如睡莲、芡实、菱角等。

种植水生植物和陆地植物配植同样要考虑种植的面积,留出水面的范围;为了和岸上的景色相衬,要考虑水生植物的高度和线条,如浮萍和芦苇就完全不同,差别很大。

(十三)岩石植物

欧洲早期有岩石园。现代造园不拘泥于这种专类园,而是将山石与植物结合布置,取自然山野之趣,有的在山麓,有的在水边,有的在路旁,甚至有的还在室内。布置在岩石园中的植物适宜于生长在岩石缝隙,有的植物耐干旱,在瘠薄、少水的土壤中也能生长,如沙地柏、高山柏、偃松、景天、卷柏、瓦松、柽柳、荆条、小花溲疏、锦鸡儿。也有的植物着生于山体、山石的阴面,或靠近水体,多为苔藓类、龙胆科植物、报春花类、凤仙花类、秋海棠类、忍冬属、八仙花属,藤本的有虎耳草、常春藤、地锦、薜荔等。

种植在假山石中的植物要预留种植槽,土壤量要能使植物根系能发展、成活。也要避免大量雨水的冲刷或淹没。

二、花卉的设计方法

(一)花坛

1. 花坛的概念

花坛是指在一定的几何形形体植床之内,植以各种不同的观赏植物或花卉的一种植物配置方式。它是园林中装饰性极强的一种造园元素,常作为主景或配景使用,其中作为主景或配景的花坛是以表现植物的群体美为主。

在园林中由于花坛鲜艳夺目、娇美多姿而为众多人所关注。花坛起源于古代西方园林中,最初主要种植药材或香料。到16世纪末在意大利庭园中成为重要的观赏题材,通常以迷迭香或薰衣草镶边,其内种不同花卉中登峰造极,常以黄杨矮绿篱组成刺绣花坛,在近代园林中由于其栽植和管理费时费工已不多见。目前的做法是选用一年生草花、多年生花卉、或球根花卉、或与绿篱一起栽植是最简单、普遍的形式。平面布置成线形花阵,集中成大型花坛,或近年各城市中把花卉栽植成立体的塔形,伞形、柱形。有的把爬蔓的木本花卉支架成圆柱形、多角形。在草地中栽植不规则带形,如意形的花坛,颜色鲜明与草地相衬,简称色带,也可以算作花坛的一种。

现时花坛除了在固定范围内种植花卉外还有以各种盆钵临时堆摆成各式花坛,或是以带土的花株固定在网架上组成各种立体花坛。因而花坛的形式呈多样化发展。当然每处设置花坛应因地制宜、因时制宜选择形式。

2. 花坛的种类

(1)根据表现主题划分

以表现花卉植物色彩为主题的花丛花坛,又称盛花花坛,可选择花期较长且具有一致性、花朵鲜艳、花序高矮一致的 1 ~ 2 年生草本花卉,如一串红、郁金香、金鱼草、鸡冠花、金盏菊等。

以表现花卉植物整体所形成的图案的模纹花坛,又称图案式花坛,常采用不同色彩、不同形态的观赏性花卉植物组成各种丰富精美的图案纹样,图案纹样应具有一定的稳定性,能够维持较长时间。用于模纹花坛的植物有较高的要求,应特别选用耐修剪的植物。

以花丛花坛和模纹花坛相结合的混合花坛,既表现绚丽的植物色彩也展现精美的组合图案。

(2)根据规划方式划分

①独立花坛

常布置于出入口、广场中心及园路交叉口等处,作为一个单独的造景元素而存在。

②组群花坛

常布置于面积较大的中心广场,其组群构成元素是一定数量的独立花坛,各独立花坛之间有草坪和铺装场地连接为一个统一的整体。整个组群花坛及其相关元素形成的构图一般是对称的,中心位置常设置具有一定高度的小品景观,而周边的独立花坛可呈对称分布也可不对称。

③带状花坛

常布置于狭长的带状空地,如道路两侧或园林建筑的墙基处;另外,在较为连续的景观构图中,可以作为一个大体量但不占主要布景用地的辅助景观使用,能够以其自身的带状形态作有效的空间连接。

④立体花坛

在塑造平面花卉景观展现其色彩美、图案美之时,也注重立面的花卉配置造型和组合方式,为游人创造一个三维的立体观赏模式。

纵然有以上众多的花坛形式,然而在具体规划设计之时还是应当从整个园林环境出发,把握好比例尺度和外观形态,创造一个和谐舒适的游览环境。在此基础之上,充分发挥各类花坛的具体功能,如以色彩绚丽的花丛花坛或图案丰富的模纹花坛作为空间中的主景来突出和带动整个环境。

花坛中的花卉颜色多种多样,有的以鲜明为特色,有的以淡雅为基调,所要表现的主题也不一样。在北京节日时,街道、广场上常以红黄色为主调,有与国旗颜色相同的意思。在法国巴黎的香榭丽舍大道上和 99 昆明世博会上法国园区的花坛颜色搭配是蓝色的霍香蓟、白色的三色堇和红色的雏菊,也是为了与国旗色彩相同。

3. 花坛的发展趋势

（1）表现手法多样化

表现手法和特色单一的花坛已不能满足造景的需要,往往要综合运用盛花、模纹、立体、钵植等多种表现手法,并且越来越多地融入了花境的元素,这样不仅削弱了花坛的人工雕琢感,还极大地提升了景观效果。另外,过去的花坛通常是一种静态景观,随着人们求新求变以及科学技术的不断发展,现在的花坛融入了声、光、水、电,出现了动静结合的景观状态,更显生动自然,令人遐想无穷,情趣倍增。

（2）从平面走向立体

目前,单纯的平面花坛已经逐渐被淘汰,发展趋势从二维走向三维。当然,不要认为只有造价高、工艺复杂的大型主题花坛才是实现这种改变的唯一方式。当前,我国许多地区的经济正处于发展时期,一些经济尚欠发达的中、小城市仍应以大众绿化为主,即使是经济相对发达的沿海国际都市也要适度、健康地发展大型主题花坛。一定要开阔思路,坚持以植物为主体,融入各种造景材料和表现手段,不以"大"为目标,注重提高文化艺术品位,不仅造价较低、易维护,也有利于景观的多样性和表现主题的创造,这才是花坛健康发展的正确途径。

（3）不断丰富主题

主题和内涵是花坛的神之所在。不论作为主景的大型主题花坛,还是体量小、数量多、分布广的装饰性、点缀性花坛,都应充分发掘、不断创新,赋予它们积极向上、时代特色鲜明、接近群众生活的健康、新颖、有趣、多样的主题和内涵。

图 4-15　立体花坛

图 4-16　主题花坛

（二）花丛

花丛，通常是由三五株到十几株花卉采取自然式种植方式配置的一种花卉种植形式。组成花丛的花卉可以是同一或不同种，但一般不超过三种，块状混交。花丛是花卉自然式种植的最小单元，从平面轮廓到立面构图都是自然的，边缘没有镶边植物，与周围的草地、树木没有明显的界线。单纯花丛是花境的基本构成单位。

（三）花境

1. 花镜的概念

花境也称花缘、花径，是用比较自然的方式种植的小灌木、宿根花卉或多年生草本花卉,常呈带状布置于路旁、草坪、墙的边缘,或溪河或树林的一侧。

2. 花镜的种类

（1）灌木花境

由具有花、果、叶观赏价值的灌木组合而成的花境。常用植物花卉如月季、南天竹等。

（2）球根花卉花境

由各种球根类植物花卉组成的花境,观赏性较强。常用植物花卉如百合、水仙等。

（3）宿根花卉花境

由耐寒性较强、可在冬天露地生长的多年生宿根植物花卉构成的花境。常用植物花卉如芍药、萱草等。

（4）专类植物花境

由一类或一种植物花卉组成的花境。虽是专类花卉,但需在色彩、大小上有所区别,避免单调。常用植物花卉类别如芍药类、蕨类。

（5）混合花境

混合花镜可称作是灌木花境和宿根花卉花境的组合体,主要由灌木和宿根花卉混合构成,是运用较为普遍的一种花境形式。

3. 花镜的设计要点

花境不同于花坛需要经常更换品种,而是常年栽植,因而花期不一致,只要求花株的色彩、形态、高度、稀密都能协调匀称。花境选用的花卉以花期长、色彩鲜明、栽培简易的宿根花卉为主,适当搭配其他花木。

总体来讲,花境内部的植物花卉应以选用花期较长、花果叶等较具有观赏价值的植物花卉为主。对于花境观赏面种植床边缘的镶边植物也应当有所考虑,可以选用常绿矮灌木或是多年生的草本植物,如金叶女贞、葱兰、瓜子黄杨等。

在花境内部的植物配置方式上,则是以自然式花丛为基本单元,采用自然式种植方式。

（四）花池与花台

花池,是在边缘用砖石围护起来的种植床内灵活自然地种植花卉、灌木或小乔木,有时还配合置石以供观赏（图4-17）。花池内的土面高度一般与地面标高相差甚少,最高在40cm左右。当高度超过40cm,甚至脱离地面被其他物体所支撑就称之为花台,但最高不宜超过1m。

图4-17　花池

　　花池和花台是花卉造景设计中最能体现中国传统特色的花卉应用形式,在中国各类古典园林中都比较常见,是花木配置方式及其种植床的统称,面积一般不大,是在表现整体神韵的同时也着重突出单株花木和置石的微型种植形式。尤其花台距地面较高,缩短了观赏时的视线距离,最易获得清晰、明朗的观赏效果,便于人们仔细观赏花木、山石的形态和色彩,品味花香等。花池和花台内的植物首选小巧低矮、枝密叶微、树干古拙、形态别致、被赋予某种寓意的传统花木,点缀置石如笋石、斧劈石、钟乳石等,以创造诗情画意。

　　花池台座的外形轮廓通常自由灵活,变化有致,多采用自然山石叠砌而成,在我国古典园林中最为常见,常用材料有湖石、黄石、宜石、英石等,还可与假山、墙垣、水池等结合。花台台座的外形轮廓通常为规则的几何形,古代多用块石干砌,显得自然粗矿或典雅大方,现代多用砖砌,然后用水泥砂浆粉刷,也可用水磨石、马赛克、大理石、花岗岩、贴面砖等进行装饰。需要注意的是,虽然花池和花台的台座相比花坛的种植床要精美华丽,并属于欣赏的对象,但也不能喧宾夺主,偏离了花卉造景设计的主题。

三、草坪与地被的设计方法

（一）草坪的设计方法

　1.草坪植物分类

（1）按草叶宽度分类

①宽叶草类

叶宽4mm以上,茎粗壮,生长强健,适应性强,适于大面积种植,如结缕草、地毯草、假俭草、竹节草、高羊茅等。

②细叶草类

茎叶纤细,可形成致密草坪,但生长较弱,要求日光充足,土质良好。这类草有细叶结缕草、早熟禾、细叶羊茅、剪股颖、野牛草等。

（2）按照用途分类

①观赏草类

多用于观赏性草坪或缀花草坪,低矮平整,绿色期长,茎叶密集,一般以细叶草类为宜,或具有优美的叶丛,叶面具有美丽的斑点或条纹,或开花美丽。这类草有块茎燕麦草、白三叶、多变小冠花、百脉根、百里香、匍匐委陵菜等。

②运动草类

多用于各类运动场地,耐践踏性强,恢复容易,有一定的弹性,如狗牙根、结缕草、地毯草等。

③休闲草类

多用于一般绿地,适应性强,具有优良的生长势,管理粗放,允许人们入内游憩活动。这类草有南方的细叶结缕草、地毯草、狗牙根、马尼拉,北方的早熟禾、野牛草等。

④固土护坡草类

多用于护坡和坡地,根茎和匍匐茎十分发达,适应性强,具有很强的固土作用,如结缕草、假俭草、竹节草、无芒雀麦、根茎型偃麦草等。

（3）按草种高度分类

①低矮草类

株高 20cm 以下,这类草有地毯草、结缕草、细叶结缕草、狗牙根、野牛草、假俭草等。

②高型草类

株高 30 ~ 100cm,这类草有高羊茅、黑麦草、早熟禾、剪股颖类等。一般播种繁殖,生长快,能在短期内形成草坪,适于大面积草坪建植。缺点是这类草种不发生匍匐茎或根茎,种植和恢复较困难,并且必须经常修剪才能形成平整的草坪。

2. 优良草坪植物的选择标准

①植株低矮,茎叶密集、柔软、有弹性,叶片细,耐践踏。
②色泽美丽,整齐一致,绿叶期长。
③对环境适应性强,具有一定的抗寒性或耐热性。
④生长旺盛,再生能力强。
⑤耐割剪。

⑥对人畜无害。

（二）地被的设计方法

1. 地被的概念及种类

园林中使用地被植物是为覆盖地面；其茎及枝杈均在地面横向生长，一般高度在0.3m以下，主要为木本，也有宿根草本。有的藤本或者匍匐型灌木也可作为地被植物。

地被植物一般植株低矮，枝叶茂密，能严密覆盖地面保持水土，防止二次扬尘并具有观赏价值。地被植物种类很多，大致可分为草本植物、木本植物和蔓生植物类。草本植物类中如二月兰、点地梅、垂盆草、委陵菜、蛇莓、紫苑、葡萄水仙等；木本植物类中如平枝子、沙地柏、小叶黄杨、矮生月季等；蔓生植物类中如地锦、蔓生蔷薇、迎春等。

图4-18　大花萱草地被

地被植物中大多数不需要经常修剪，只有少量木本植物在栽植前需要整枝。

2. 地被植物的选择标准

一般来说，地被植物的选择应符合以几点。

①多年生，植株低矮，按株高分优良，一般可分为30cm以下、50cm左右、70cm左右几种，最高不超过100cm。

②绿色期较长，覆盖力较强。

③枝叶观赏性高，或花色丰富且持续时间长。

④繁殖容易,生长迅速,耐修剪,管理粗放。

⑤适应性强,无毒,无异味。

⑥能够管理,不会泛滥成灾。

事实上,各地植物资源都有待于大量开发和利用,迫切需要充分发掘,以充实和更新现有的地被植物种类,尤其是一些观花、观果及彩叶地被植物更是受到园林界的重视。

3. 地被植物的造景原则

（1）了解立地条件和地被植物的特性

地被植物在园林中的应用极为广泛,林下、路旁、溪边、山坡上、岩石旁、草坪上均可栽植,生态配置就显得尤为重要。必须了解立地条件,选择与之相适应的植物种类,若过于注重景观创造而忽略植物本身对环境的要求,则往往无法实现预期的景观效果。

（2）高度搭配适当

人工群落一般由乔、灌木及草本层组成。为使群落层次分明,有较强的艺术感染力,在上层乔、灌木分枝较高、种类简洁,或种植点较开阔,上层乔、灌木不十分茂密时,选用的地被植物可适当高一些;反之,则可选用较低矮的地被种类。花坛或绿篱边,地被植物也要选择较低矮的种类,从而与花坛植物取得立面层次。总之,配置地被植物应使植物群落开阔而不过于空旷,层次分明而不过于郁闭。

（3）区别园林绿地不同的环境和功能

园林绿地的环境和功能不同,不仅乔、灌木的配置不同,地被植物也要有所区别。自然式环境中则可以选择植株高低错落、花色多样的品种,以追求活泼、自然的野趣。医院、疗养院种植大面积的地被,可使人感到整齐舒适、心情开朗,尤其对减少尘土、病菌的传播、净化空气等有特殊作用。自来水厂、精密仪器厂使用多种地被覆盖裸露的土地,可以尽量保证车间空气的净化,提高产品的质量。

（4）色彩协调

地被植物与上层乔、灌木应注意色彩的交替或互补,营造丰富的季相景观。例如,一些落叶树冬季枝叶凋零,可搭配常绿的地被植物,使其充满生机,其中二月兰、洋甘菊、地中海三叶草等早春时节开放出成片花朵,更能使人赏心悦目。叶色深绿的乔木下,可搭配叶色或花色较浅的地被植物。叶色黄绿的树林下,可搭配叶色深绿的地被植物,从而使层次清晰,更加美丽。当上层乔、灌木为开花植物时,要同时考虑地被植物的花期,理想的配置是前后错开,以延长植物群落的观赏期;当然,也可考虑同期开花,但要注意色彩的协调,如紫色的紫荆花盛开时,下层配以开鲜黄色花的花毛茛,色彩明快,或是以同色系或近似色的协调感取胜,也是一个不错的选择。

4.地被植物的造景方式

①树坛、树穴

树坛一般处于半阴状态,适合大多数地被植物的生长。若裸露面积不大,应采用单一的地被材料;若面积较大,可采用两种以上的地被材料混种,但不能过多,以免显得杂乱。例如,郑州人民公园的油松树下种植鸢尾,油松古朴,鸢尾活泼,春季开明亮的黄色花,两者搭配得当,动中有静,颇具情趣,季相景观丰富。

图 4-19 树坛

②路旁

根据道路的宽度与周围的环境,可以在道路两侧配置一些与立地环境相适应,枝、叶、花、果富于变化的地被植物,形成草径或花径。

③林下、林缘

林下大多为浓荫、半荫且湿润的环境,要根据郁闭度的不同选择合适的植物种类。疏林:下配置地被,不仅能保持水土,而且能丰富林相层次、拓宽景深,体现自然群落的分层结构和植物配置的自然美。

图 4-20　路旁地被

四、藤本植物的设计方法

（一）附壁式造景

附壁式造景可用于各种墙面、断崖悬壁、挡土墙、大块裸岩、桥梁等设施的绿化和美化。

图 4-21　附壁式造景

附壁式造景在植物材料的选择上以吸附类攀援植物为主。此类攀援植物不需要任何支架，可通过吸盘或气生根固定在垂直面上，同时，要注意植物与被绿化物在色彩、形态、质感等方面的协调。较粗糙的表面,如砖墙、石头墙、水泥抹沙面等,可选择枝叶较粗大的种类,如爬山虎、薜荔、常春卫矛、凌霄等;表面光滑细密的墙面,如马赛克贴面,则宜选择枝叶细小、吸附能力强的种类,如络石、小叶扶芳藤、常春藤等。在墙面等设施上形成绿,墙除了自身景观以外,还可作为背景衬托雕塑、喷泉、山石等前景,或表现春花烂漫的景色。园林中由于各种原因建造的人造石壁往往与视线正交,若下面以爬山虎、扶芳藤、常春藤等植物攀援,上面再通过种植槽植以小型蔓生植物,如软枝黄蝉、探春、黄素馨、蔓长春花等,则上下结合,相得益彰,效果更佳。除了吸附类攀援植物外,还可使用其他植物,但一般要对墙体进行简单的加工和改造,如将铁丝网固定在墙体上,或靠近墙体扎制篱架,或在墙体上拉上绳索,即可供葡萄、猕猴桃、牵牛、丝瓜、蔷薇等多数攀援植物缘墙而上。

(二)棚架式造景

棚架是用各种刚性材料,如竹木、金属、石材、钢筋混凝土等,构成一定形状的格架供攀援植物攀附的园林设置,以花架为多,拱门、拱架一类也属于棚架的范畴。棚架式造景的装饰性和实用性均较强,既可形成独立的景观或点缀园景,又具有遮阴和游憩功能,供人们休息、消暑,有时还具有分隔空间的作用。古典园林中,棚架也是极为常见的造景形式,尤其是葡萄架和紫藤架,在历代的皇家和私家园林中都屡见不鲜。

一般而言,卷须类和缠绕类的攀援植物最适合棚架造景使用,木质的如葡萄、炮仗花、紫藤、金银花、猕猴桃、五味子、南蛇藤、木通等,草质的如西番莲、蓝花鸡蛋果、葫芦、观赏南瓜等。部分枝蔓细长的蔓生类植物也是棚架式造景的适宜材料,如蔷薇、木香、叶子花等,但前期要注意设立支架,人工绑缚以帮助其攀附。另外,吸附类中的凌霄、爬山虎、五叶地锦等也常用于棚架式造景,其中,花、果结于叶丛之下的种类,如葡萄、木通、猕猴桃、观赏瓜类等别具情趣,人们坐在其下,休息乘凉的同时又可欣赏它们的花果之美。

绳索棚架通常造型精美,观赏性较强,植物作点缀时,宜选择花色鲜艳、枝叶细小的种类,但要注意修剪。而笨重粗犷的砖石结构和造型多变的钢筋混凝土结构的棚架造型通常相对简单,且承受能力大,以植物为主体,可为人们提供花繁叶茂的休憩空间,种植炮仗花、紫藤、葡萄、猕猴桃、南蛇藤、凌霄、木香、叶子花等较为适宜,应适当密植,以便早日成景。

图 4-22　棚架式造景

（三）篱垣式造景

篱垣式造景主要用于篱架、铁丝网、围栏、栅栏、矮墙等设施的绿化和美化。这类设施的基本用途是分隔和防护，也可以观赏为目的构成景观，大多高度有限，对植物的攀援能力要求不严格，几乎所有的攀援植物都可以应用，但不同的篱垣类型要选择适宜的植物材料。

图 4-23　篱垣式造景

篱架、铁丝网、围栏的绿化以茎柔叶小的草本和软柔的木本种类为宜，如络石、牵牛花、茑萝、香豌豆等。在庭院和居民区，可考虑攀援植物的经济价值，尽量选择可供食用或药用的种类，如丝瓜、苦瓜、扁豆、豌豆等瓜豆类，葡萄、西番莲等水果类，以及金银花、何首乌等药用植物类。公园中,利用富有乡村特色的材料编制各式的棚架、篱笆、围栏甚至茅舍等,配以上述攀援植物,可营造一派朴拙的村舍风光,别具一番田园情趣。

栅栏的绿化应结合其在园林中的用途及其结构、质地、色彩等因素。如果作透景用,则应是透空的,能够内外相望,攀援植物宜选择枝叶细小、观赏价值高的种类,如络石、铁线莲、牵牛、茑萝等,种植宜稀疏,切忌因过密而封闭,栅栏内细长的枝蔓向外伸出,可营造"满园春色关不住"的意境。如果作分隔空间或遮挡视线用,则应选择枝叶茂密、开花繁密的木本种类将栅栏完全遮蔽,形成绿墙或花墙,如凌霄、胶东卫矛、常春藤、蔷薇等。就栅栏的结构和色彩而言,钢筋混凝土的栅栏大多比较粗糙,色彩暗淡,应选择生长迅速、枝叶茂密、色彩斑斓的种类;格架细小的钢栅栏则宜配置较为精细的种类。

(四)柱体的垂直绿化

随着城市建设的发展,各种立柱如高架桥立柱、立交桥立柱、电线杆、路灯灯柱等不断增加,它们的绿化已成为垂直绿化的重要内容之一。

另外,园林中的一些枯树如果能够加以绿化,可给人一种枯木逢春的感觉。例如,山东岱庙内几株枯死的千年古柏,分别以凌霄、紫藤进行绿化,景观各异,平添无限生机。在不影响树木正常生长的前提下,活的树木也可用攀援植物攀附,但注意不宜用缠绕能力强的大型木质藤本植物,如紫藤、南蛇藤等。除此,工厂的管架、支柱也很多,在不影响安全和检修的情况下,也可用攀援植物进行装饰,形成一种特色景观。

第四节　园林构成要素与植物的搭配设计

一、园林道路与植物配置

(一)主要园路的植物配置

1.主要园路的植物配置要求

主路的植物配置代表了园区的整体形象和风格,植物配置应该引人入胜,形成与其定位一致的气势和氛围。要求视线明朗,并向两侧逐渐推进,按照植物体量的大小逐渐往两侧延展,将不同的色彩和质感合理搭配。主路的植物配置,常用的植物有悬铃木、广玉兰、雪松、无患子、乌桕、香樟、合欢等。

　　2. 主要园路的植物配置形式

（1）规则式植物配植

　　笔直平坦主路常采用规则式植物配植形式，通过植物的障景作用。对称种植，形成一点透视的效果，突出主题景观。

（2）林荫道路

　　林荫道路是路两侧主要种植行道树，将路面用冠层覆盖，在炎日夏季，有助于行人的遮阴防暑，对于主路边的植物也采用立面上下分层、平面交替种植的方式种植乔木、灌木、地被，有助于改善林荫道的单调（图4-24）。

图4-24　林荫道

（3）自然式植物配植

　　曲线形的主路宜以自然式植物配植为主，使之在空间上有疏密、高低等变化，再利用道路的曲折变化和植物框景、障景作用，形成步移景异的视觉效果。园路旁的树种应选择主干优美、树冠浓密、高低适度，能起画框作用的树种，如悬铃木、香樟、合欢、大叶女贞、枫杨等。

（4）景观道路

　　景观道路则主要是以装饰性极强的花钵、景观灯及雕塑、具有图案式的鲜花与绿篱、广告宣传标志等作路两旁的主要元素，有时也会有一些小乔木种在路边，该种方式有助于烘托景观的气氛，使得园内现代气息浓郁，氛围热情活泼，但是对于游人夏季穿行该路时，非常不舒服，有种急切要逃离该路段的想法。

（二）次要园路的植物配置

次要园路一般在各景区中起连接景点的作用，并通向各主要建筑，一般宽 2 ~ 4m。次要园路的植物配置相应比较灵活多样，可充分运用丰富多彩的植物，产生不同趣味的园林意境。

1. 野趣之路

园路中适宜配置树姿自然、体形高大的树种，间以山石，从而形成野趣之路。

2. 竹径

竹类植物常被应用到园林中来，竹径是常见的手法之一，翠竹摇曳、绿荫满地，从而形成"绿竹如幽径，青萝拂行衣"的意境。

3. 花径

在道路空间里，还可以用花的姿色来营造气氛。鲜花盛开，美不胜收。对木本植物，要选择开花丰满，花形大而美丽，花色鲜艳或有香味，花期较长的树种，如玉兰、樱花、桃花和桂花等。对草本植物，可按季节变化更替，多以时令性的植物为主，并且配置一定的背景树加以衬托，形成立体绿化。

图 4-25 次要园路

（三）游步道的植物配置

游步道主要供人散步休息，以步行为主，引导游人更深入地到达园林的各个角落,如山上、水边、疏林中,多曲折自由布置,宽度一般在1m左右。其植物配置要以人的步行速度来考虑,植物的配置单元不宜过长,要注重细节的雕琢。

次要园路、游步道都是以步行游览为主的,路两旁的植物适合游人近距离观赏,可观察植物的形、香、色等特征,对路旁植物的观赏极富趣味性,特别有助于吸引人的视线,因此在路旁着重安排树姿优美、花叶漂亮、色彩丰富、有香味的中小型乔木与灌木,而且种植方式多采用自然式,根据园内面积及景观效果可采用孤植、丛植、群植、林植、列植等方式,组合非常自由活泼,中国古典园林常采用该种方式,构建路旁错落有致的立面与平面布局,营造意境不同的园路空间,可曲折幽深,也可疏朗有致。

随意的游步道,就像一条静静的小溪,循着蜿蜒的曲线流淌。在轻松漫步时,可左顾右盼,这时重要的是对周围事物的感受和体验,而不是走路本身。所以园路边的植物配置要考虑人的视觉高度。

(四)园路的分段配置

不管是主路,还是次路与小路,路总是由起点开始,经历路中途,到达路尽头,起点也可称为尽头,反之亦然。对于各段的植物配置除了多样统一外,还要有步移景异的效果,各段的植物配置也有一些差异。

1. 起点处

主路的起点处(图4-26),也多是园内大门或入口附近,因此常会安排一些标志性的景观,植物景观多是以花坛、花钵等装扮大门附近的路。除了装饰作用外,还起着引导游览的作用,指示入口或出口,并且也是园内、园外的过渡带。

图4-26 园林入口设计

2. 交叉口

在路的交叉口,常会有交通岛等的安排,岛内多是花坛的形式。交叉路口是最混乱的节点,往往要有积极的效应,是需要令人激动、活跃和高度兴奋的场所,或是使交通流减速的地方,或是要求人们在这里拥挤、摩肩接踵,充分发挥其作为交通枢纽的作用。

图 4-27　交叉口

3. 节点处

路边的节点安排小空间,同时设置花坛、座椅,一般选择在路的一边,以高大乔木或灌木做背景。路边堆放的具有雕塑性质的石组,作为节点处的一组景观。

4. 转折处

路的转折处也要注意植物的树形与密度,路的前方或尽头有漂亮的建筑做对景时,两旁植物常密植,收缩视线,以突出建筑主景。对于次路与小路,主要注意中途出现的台阶、蹬道、桥、汀步等的变化,植物配置要呼应这一节点,突出该处的转折。

5. 路边

当路途较远,或是立面起伏较大时,步行会感到累,应通过线路的安排、障景及空间调节等手法有效减弱明显的距离感和坡度感,同时还要注意道路边趣味性的景观设置。如陡坡上步行道采取上下盘绕可以减弱感觉中的高度。路边的植物必须留出透视线,可采用框景、夹景、借景、漏景、障景等方式,将远处景观自然随意地组织到路人的视线中,达到"悠然见南山"的从容,引导游人观赏园内景观。对于规则式的林荫道、景观大道等的设计,路边常采用规则式的植物配置,而在远离道路之处,可以自然式的丛植、孤植、群植、林植等形式安排植物。

游步道等园林小径的路边可以选用陶制或瓷质盆、罐、坛等器皿栽植花卉,器皿不仅造型要美观,色彩同时也要突出,更重要的是花草的色彩也要与之协调,形成一幅有节奏感的构图小景,使游人倍感趣味盎然。

二、园林地形与植物配置

(一)植物对地形的作用

1. 减少尘土

裸露的地面,尤其是地势较高的坡面,在多风的季节里,很容易导致尘土漫天飞,严重污染城市环境,威胁人类的健康。而植物不仅可以阻挡尘土、粉尘,还具有过滤和吸附的作用。此外,植物的根系也有固定土壤的作用。

2. 美化园林环境

用植物覆盖的坡体可以形成美丽的立体景观。在斜坡上铺设大面积的草坪或种植花卉,既有利于保护地表,又形成了既开阔又优美的景观。

3. 减少地面反光产生的眩目现象

在强光的照射下,大面积裸露的斜坡和山体如果使用硬质材料容易产生眩目现象,使人产生视觉疲劳。用大量植物种植在斜坡和山体上,形成绿色屏障,绿色是最柔和的颜色,有利于缓解视觉疲劳,并柔化山体、斜坡等轮廓线。

4. 防止水土流失

在斜坡和山体上的植物群落,可以很好的缓和雨水对地表的冲击作用,降低雨水的流动速度,减少雨水对土壤的侵蚀,防止坡面水土流失。另外,植物根系的间隙内充满了有机质,有贮水功能。在冬季,植物覆盖在地表可以保持地表温度,防止冬季冰冻。

5. 调整地形

如想要地形看上去平缓,可以在凹地种植株型较高大的植物,使地形趋于平缓;如果想是突出地势的起伏,可以在地形顶端种植高大植物,使景观层次更加突出。利用植物种植调整地形可以大大减少土方工程量，是一种既经济又环保的做法。

6. 增强或削弱地貌

植物可强化地形的高低起伏或高耸感，在地势较高处或小土丘的上方种植高大、枝干向上生长的或长尖形的乔木，在山基或低处种植草坪或矮小扁圆形灌木，借树形的对比，能使地形地势陡然间变得高耸挺拔，增强垂直空间上的壮观。

植物既可强化地貌，也可削弱地貌，如在地势较高处种植低矮灌木或小乔木，或者不种任何树木，只是草地，在低处种植较高大的树木或灌木，地貌的视觉高度变得平坦，也可利用地被植物或灌丛将需要一些沟谷排水低洼之地隐藏起来，形成水平地貌，从而把建筑场地上的水平线发展到自然场地。

(二) 园林地形绿化的植物选择及配置

1. 绿化形式

可以用藤蔓植物或是花灌木种植在斜坡成山体顶部，使其枝叶下垂。这种绿化的形式即可保护坡面，又可美化坡面。但是由于植物生长需要一定的时间，绿化覆盖时间较慢，但是这种景观最富自然野趣。也可以用藤蔓植物或是草坪等地被植物来覆盖地表，这种种植方式要求植物材料有良好的覆盖性，就像给地表披上一层厚厚的绿毯。对于一些不方便进行植物栽植养护的地方可以用这种方式栽植，效果很好。还有一种绿化就是模拟自然群落的方法。在斜坡山体上合理种植乔木、灌木、地被植物等。

2. 植物选择

可用于斜坡与山体绿化的植物材料很多，但由于其特殊立地条件的限制，在选择绿化植物材料时，最好考虑以下几个方面。

（1）选择生长快、病虫害少、适应性强、四季常绿的植物。

（2）选择耐修剪、耐贫瘠土壤、深根系的植物。

（3）选择繁殖容易、管理粗放、抗风、抗污染、最好有一定经济价值的植物。

（4）选择造型优美、枝叶柔软、花芳香、有一定观赏价值的植物。

在实际应用时，要根据具体情况具体分析，选择最适合当地条件的植物，以达到令人满意的绿化效果。

3. 植物配置设计要点

在进行植物配置时,首先要考虑植物的生态习性,满足植物生长的生态要求。例如山体的向阳面和背阴两面的植物选择,要注意阳性和阴性树种的应用,由于山顶风强较大,就应该选择深根性植物。在靠近水体地形的地方,要选择耐湿的植物。其次植物的配置要符合美学特征,和周围环境相结合,起到美化的作用。注意植物的高度、色彩、线条、物候期等,使斜坡、山体、或是低洼处的绿化富有季相变化。

三、园林水体与植物配置

(一)水边植物配置方法

水边植物是水面空间景观的重要组成部分,既可以丰富岸边景观视线、增加水面层次、突出自然野趣,也可以与山石、建筑等其他构成要素形成更为壮丽的水边景观。

1. 植物选择

水边植物造景,在植物选择方面首先是要选择耐水湿并符合其生态条件的植物种类。其次要根据所在区域选择适合当地的植物。在北方,常植垂柳于水边,或配以碧桃、樱花,或栽几丛月季、蔷薇、迎春、连翘,春花秋叶,韵味无穷。北方水边栽植的植物还有旱柳、栾树、枫杨、棣棠、南天竹、夹竹桃、红叶李、紫藤、海棠、悬铃木、柿树、白蜡以及一些枝干变化多端的松柏类树木。南方水边植物的种类更丰富,如水杉、蒲桃、榕树类、羊蹄甲类、木麻黄、椰子、落羽杉、乌桕等,都是很好的水边造景植物。

2. 构图

水边植物配置应该讲究构图。水体植物既能对水面起到装饰作用,又能实现从水面到堤岸的自然过渡,尤其在自然水体景观中应用较多,水平方向的水面与垂直方向的树形及线条,形成丰富艺术构图。

三潭印月以树形开展、姿态苍劲的大叶柳为主要树种。与园林风格非常融合。

南京白鹭洲公园水池旁种植了落羽松和蔷薇,春季落羽松嫩绿色的枝叶像一片绿色屏障衬托出粉红色的蔷薇,绿水与其倒影的色彩非常调和;秋季棕褐色的秋色。

图 4-28 三潭印月

图 4-29 南京白鹭洲公园

（二）驳岸植物配置方法

驳岸的形式有很多种,如土岸、石岸、混凝土岸等。

在国内,为引导人临水倒影,在岸边种植花灌木居多,如迎春、连翘等,还有的种植小乔木及姿态优美的孤立树,尤其是变色叶树种,一年四季都有色彩。

混凝土驳岸在植物的配置上和石岸的处理手法近似。在郑州月季公园月季山的水池采用了藤本月季和木香来遮挡混凝土驳岸。

（三）水面植物配置方法

1. 不同水面植物配置的方法

（1）湖

湖面的植物配置通常强调季节景观,所选的植物也是耐水喜湿的植物。

图 4-30　大明湖

（2）池

池水的植物配置主要突出个体姿态或者利用植物来分割空间。

（3）溪涧与峡谷

溪涧与峡谷最能体现山林野趣。溪涧中流水淙淙,山石高低形成不同落差,并冲出深浅、大小各异的池或潭,造成各种动听的水声效果。植物造景应因形就势。塑造丰富多变的林下水边景观,并增强溪流的曲折多变及山涧的幽深感觉。

图 4-31　园林溪涧

2.水面植物栽植形式

（1）满栽植物的水景

水面全部栽满植物,多适用于小水池,或大水池中较独立的一个局部。全部种植某一种水生植物的种植方式,可形成漫漫一片、蔚为壮观的景象。例如,在南方的一些自然风景区中,保留了农村田野的风味,在水面铺满了绿萍或红萍,似一块绿色的地毯或红色的平绒布,也是一种野趣。作为我国传统的水生植物——荷花,在不同时期的园林中都见有大面积种植,不仅在视觉上产生一定的气势,也以其淡雅的香味增添了游人嗅觉上的喜悦。

(2)部分栽植的水景

部分栽植的水景是指在园林的不同水体形式中,较小面积地种植某一种水生植物的种植方式。这种栽植方式通常是为了展示水生植物自身的优美和水体的镜面效果。因此选择植物时一般选择观赏价值较高,较精巧细致的种类,如睡莲、王莲、水仙、水葱、千屈菜等,同时也起到点缀水面、丰富景观的效果。在水面部分栽植水生植物的情况比较普遍,其配置一定要与水面大小比例、周围景观的视野相协调,尤其不要妨碍倒影产生的效果。

另外,部分栽植的种植形式也可以用来营造野趣,通常选择植株较高、生长较粗放、野趣浓郁的植物类型。

3. 水面植物物种选择

适宜布置水面的植物材料有荷花、千屈菜、菖蒲、黄菖蒲、水葱、梭鱼草、花叶芦竹、香蒲、泽泻、旱伞草、芦苇、王莲、睡莲、萍蓬草、荇莱等植物等。不同的植物材料和不同的水面形成不同的景观。水面的植物造景要充分考虑水面的景观效果和水体周围的环境状况,对清澈明净的水面或在岸边有亭、台、楼、榭等园林建筑,或植有树姿优美、色彩艳丽的观赏树木时,一定要注意水面的植物不能过分拥塞,一般不要超过水面面积的1/3。要留出足够空旷的水面来展示美丽的倒影。对选用植物材料要严格控制其蔓延,具体方法可以设置隔离带,为方便管理也可盆栽放入水中。对污染严重、具有臭味或观赏价值不高的水面或小溪,则宜使水生植物布满水面,形成一片绿色植物景观。

(四)堤、岛、桥景观的植物配置方法

1. 堤的植物配置方法

堤本来是筑土挡水的,长此以往就逐渐地兼具了路的通行功能。堤在园林中虽不多见,但堤常与桥相连,是重要的游览路线之一。像杭州的苏堤、白堤,北京颐和园的西堤,广州流花湖公园及南宁南湖公园都有长短不同的堤。

　　以西湖苏堤为例,苏堤上的植物配置采用桃红柳绿的间配手法,形成苏堤春晓的春季景观,桃的种类很多,有山桃、桃、碧桃、紫叶桃等,而且这些桃的花期搭配也很成功,从早春三月一直能到四月末,真正地实现了桃红柳绿的景观。在种植桃与柳的基础上,还辅以其他冠大荫浓的乔木,如樟树、悬铃木、无患子等作为行道树,用以遮蔽夏目的暴晒。林下种较耐阴的二月兰、玉簪、八角金盘、红花酢浆草等,岛边配植蔷薇、黄馨、红花檵木、石楠、桂花、山茶、十大功劳、黄杨、贴梗海棠、夹竹桃等花木,浅水中种植黄花鸢尾等,既供游客赏景,也是水禽良好的栖息地,丰富其他季节的景观。

图 4-32　苏堤春晓

　　2. 岛的植物配置方法

　　岛的植物配置主要考虑不妨碍交通,不影响导游路线为主,植物的疏密可以根据具体情况进行分析。

　　3. 桥的植物配置方法

　　园林中的桥,既是园林建筑的一种,又是一种兼具通行功能的特殊道路,因此桥在园林中多作为景点来设计,如颐和园的玉带桥与十七拱桥等,我们可欣赏到水中优美的倒影,又可远眺其在水面的逶迤与秀美;桥也是一个良好的观景点,我们可站在桥上或桥头远眺。

　　对于桥周边的植物配置,主要从三个方面入手,就能巧妙地配置出优美的景观:首先考虑的是桥的造型,为了表现拱桥的结构美与倒影美,在桥头两侧多简单地种几株垂柳或几株小的圆球形灌木如黄杨球等;其次,对于桥的植物配置,着重的是桥头和桥基部的植物配置,桥头可参照前述西湖苏堤上桥头的植物配置,桥基部可种植鸢尾、菖蒲、水葱、慈姑、小型红枫等姿态优美、花色花型漂亮的植物;最后,要考虑桥与植物结合形成的立面轮廓,注意植物对桥身的遮掩,以及树木的高低起伏、疏密有致。

四、园林山石与植物配置

(一)植物为主、山石为辅的配置

在园林设计中,散点的山石一般作为植物的配景,或求得构图的平衡。对于用作护坡、挡土、护岸的山石,一般均属次要部位,应予适当掩蔽以突出主景(图4-33)。

图4-33 山水点缀植物景观

(二)山石为主、植物为辅的配置

通常较大面积的山石总是要与植物布置结合起来,使山石滋润丰满,并利用植物的布置掩映出山石景观。

在现代园林设计中,山石经常被安置于主入口处、公园某一个主景区、草坪的一角、轴线的焦点等醒目的地方,并在山石的周边缀以植物,或作为背景烘托,或作为前置衬托,形成一处层次分明的园林景观。这样以山石为主、植物为辅的配置方式因其主体突出,常作为园林中的障景、对景,用来划分空间,丰富层次,具有多重观赏价值(图4-34)。

图4-34　植物衬托假山

　　苏州留园的冠云峰被称为中国四大奇石之一,备有瘦、皱、漏、透的特点,围绕冠云峰配置有石榴、石楠、南天竹、枸杞等灌木,其中间植几株姿态优美的红枫,前植低矮的杜鹃和各色花草,从而形成了山石高耸奇特、玲珑清秀,植物花叶扶疏、姿态娟秀、苍翠如洗的景观效果(图4-35)。与古典园林相比,现代园林选用的石材发生了很大变化,现代园林中的石材更多地融入了现代人追求简洁精练的风格。石材的品种在太湖石、黄石、英石的基础上多用人工塑石、卵石。低矮的常绿草本植物或宿根花卉层叠疏密地栽植在山石周围,精巧而耐人寻味,适宜的植物景观也恰当地辅助了石头的点景功能。

（三）山石、植物相得益彰的配置

　　植物与山石相得益彰的配置方式主要用于岸边植物配置、岩石园植物配置、园林植物与群石配置形式等。庐山植物园里的岩石园是我国第一个岩石园。这里模拟高山植被群落,结合山中岩石地貌,模仿自然种植植物,形成石中有花、花中有石的天然景观。

　　现在很多城市绿地中都有植物与山石的成组配置,石块大小呼应,有疏有密,植物有机地组合在石块之间,乔木、灌木、花灌木和地被植物形成参差高下、生动有致的群落景观。

　　在园林中,植物与山石的结合必须将一花一石安置得当,使它们之间能恰到好处地互为补充,相得益彰,充分体现自然界的生态美。因此植物与山石的配置不仅要体现出整体美、自然美,还要注意形式与神韵、外观与内涵、景观与生态的统一,让人们在欣赏和感受外形的同时,能领悟到深邃的内涵。

图 4-35　冠云峰

五、园林建筑小品与植物配置

(一)常用的园林建筑小品配置

1. 雕塑等有主题含义的小品

在景观中,许多小品是具备某种特定文化和精神内涵的,应该通过选择合适的物种和配置方式来突出和烘托小品本身的主旨和内涵(图4-36)。雕塑多是某一局部空间的主题,对此,可通过植物形成的背景、前景、框景、漏景、夹景等来突出雕塑,在雕塑前或后,要留有足够的观赏空间,使得人们能在最佳的观赏视距上欣赏。

2. 座椅

在园林中,供人们休息的座椅必不可少,座椅一般安排在路边,或有点私密性的空间中,植物在夏天往往要给休息的人们提供荫凉,冬天又能抵挡寒风或者使人尽享阳光,因此,座椅一般安排在大树树冠的边缘,以大灌丛为背景,也可以草地为背景。总之,座椅周边的植物配置,既要有冠大荫浓的大乔木来遮蔽烈日,还要有密实的灌丛抵御寒风,并且要视野开阔,有景可赏;或者幽静舒适,可读书、可休憩。

图 4-36　园林雕塑小品

3. 照明小品

照明景观已经成为了园林景观中必不可少的部分了,在白天,可通过其造型与质感吸引人的眼球,在夜晚,则通过其发出亮度不同、色彩不同的光表达出或柔和宁静、或五彩斑斓的氛围。

灯在园林中,不可避免地要与植物发生联系,如草坪灯、庭园灯、射灯等设计在低矮的植物丛中、高大的乔木下或植物群落的林缘位置,既起到了隐蔽作用,又不影响灯的夜间照明(图 4-37)。

图 4-37　照明小品

4. 标识牌

布告栏、导游图、指路标牌、说明牌等带有标识性的牌子分布于城市及绿地中的每一个角落，在城市及景观中，起到了重要的指示作用。植物对这些牌子的作用，主要是通过提供背景与前景来起作用的，同时周围的植物不能遮挡住牌子，以便牌子在醒目位置，方便游人阅读与查询（图4-38）。

图4-38　园林标识牌

5. 小型服务建筑

在园林中，一些小型服务建筑如电话亭、书报亭、饮料亭等会散布在其中，这些建筑以其独特的造型或材料质感融汇在环境中，为游人在游园的时候提供方便，又提供美的享受。

（二）园林植物与建筑小品配置的方法

1. 植物配置突出建筑小品的主题

广州中山纪念堂的东西两侧种植了两株广州最大的白兰花，如同两个高大忠勇的士兵守卫着纪念堂。每年初夏和深秋洁白的白兰花挂满枝头，浓香四溢，洁白无瑕，香飘数里，象征着革命先行者孙中山先生的丰功伟绩万古流芳。

2. 植物配置丰富建筑小品的艺术构图

建筑小品的轮廓线通常都比较生硬，而植物优美的线条能软化建筑小品的生硬感。

景墙(图4-39)、栏杆、道牙等则可以种植藤蔓植物,覆盖、柔化建筑小品的生硬感。

图4-39　景墙

另外,建筑小品与植物相结合,可充分利用植物自身的特征来弥补自身的一些不足。

图4-40　植物色彩与建筑小品色彩的互补

3. 植物配置协调建筑小品与周边环境的关系

有的建筑小品可能会有周边的环境有一定的冲突,这种冲突大多表现在色彩、体量等方面,那么,设计师可以采用植物配置来弱化这种冲突,从而达到建筑小品与周边环境的协调。

4. 植物配置完善建筑小品的功能

在炎炎夏日,座椅如果缺乏庇荫的作用,那么该座椅是没有充分发挥其实际作用的,这时可以采用高大植物配置在其周围,形成一个枝叶茂密,庇荫效果记号的空间环境。

第五章 园林植物应用实践分析

第一节 公园绿地植物设计与应用

一、综合性公园植物配植造景原则

(一)全面规划、重点突出,近期、远期结合

全园的植物规划必须结合公园的性质、功能,合理布置。首先,应该适地,适树,根据公园的立地条件和植物的生态习性,选择合适的种类,使植物能健康生长,在近期、远期均能达到良好的景观效果。其次,应该以乡土植物为主,外地珍贵的驯化后生长稳定的植物为辅,利用公园用地内原有树木,尽快形成公园的绿地景观骨架。最后,速生与缓生植物结合,常绿与落叶植物结合,针叶与阔叶植物结合,乔、灌、草结合,对重点景观区域利用大苗进行密植,尽快形成稳定的植物景观效果。

所种植的植物需要有一定的抗逆性和少病虫害的特点,林下部分种植耐阴性植物以适宜下层阳光较少的特点,藤本攀缘植物可以根据小品中的廊架、篱笆等物体的具体形式来种植。主要树种为 2 ~ 3 种,落叶树占 50% ~ 70%,混交林占 70% 左右。

(二)全园风格统一,区域各具特色

综合性公园植物景观应该遵循一个共同的主题,植物配植形式与造园风格统一。利用基调树种统一全园风格,形成各区域之间的合理过渡。各区域除选用全园基调树种以外,可以另选主调树种或营造专类园,突出各区域特色。

（三）满足各区域功能要求，符合美学原理

综合性公园作为城市公园绿地的一个重要组成部分，其功能之一就是满足市民业余时间休憩、社交等需求，同时，又要运用艺术构图原理，创造优美雅致的公园景观。公园的植物配植应该充分考虑绿地功能，通过植物配植使空间有开有合，种植有疏有密。开阔空间适合一些开放性、集体性活动；封闭空间适合私密活动和独处。在季风比较明显、冬季寒风侵袭的地区，需要设置防风林带；主要景观节点要重视观赏功能，配植观赏性高的植物；在人群活动多的地方，应更多地考虑遮阴。在安静区种植常绿针叶树种，给人以沉静庄重的感觉。

二、综合性公园出入口植物配植造景

公园出入口一般包括主要出入口，次要出入口和专用出入口3种。主要出入口临城市主干道，交通方便；次要出入口一般与城市次干道相邻；专用出入口主要供园区管理及体育运动区使用。公园出入口的植物景观营造主要是为了更好地突出、装饰、美化出入口，使公园在出入口处就可以向游人展示其特色或造园风格。公园出入口植物配植常采用色彩鲜艳、层次丰富，形体优美的植物，起到引导游人的作用。同时，利用植物景观弱化出入口处的墙基，建筑角落的生硬，或与出入口广场、山石，水体等结合组景，共同点缀出入口景观。

主要出入口人流量较大，面积也较大，常涉及集散功能的广场设计，因此，主要出入口的植物配植应充分考虑与广场景观的呼应；次要出入口规模较小，应注意植物配植选择体量与空间尺度相协调的品种；专用出入口的植物配植要注意绿化的遮挡作用以及方便消防、管理的车辆出入，功能性占主要。如果出入口内外有较开阔的空间，园门建筑比较现代、高大，宜采用花坛、花境、花钵或以灌丛为主，突出园门的高大、华丽；如果内外空间较狭小，出入口的景观营造应以高大乔木为主，配以美丽的观花灌木或草花，营造郁闭优雅的小环境。出入口前的停车场四周可以用乔木，灌木结合配植，便于隔离环境和夏季遮阴。公园出入口的植物景观还应与出入口区域的城市街道景观相互协调，丰富城市街景，展示公园特色。

三、综合性公园园路植物配植造景

园路是公园的重要组成部分之一，它承担着引导游人，连接交通运输、人流集散、分割空间、联系各景区景点等功能,园路依据地形、地势和文化背景而作不同形式的布置。按照作用和性质不同,园路一般分为主要道路、次要道路、游步道和小径 4 种类型。

园路的植物配植要根据地形、建筑和风景的变化而变化,既不能妨碍游人视线,又要起到点缀风景的作用。园路两侧可用乔灌木树丛、绿篱、绿带分隔空间,使游步道时隐时现,产生高地起伏之感。在有风景可赏的园路外侧,宜种植矮小的花灌木或草花,不影响游人赏景;在无景可观的园路两侧,可以密植或丛植乔灌木,使道路隐蔽在丛林之中。园路转弯处和交叉口是游人视线的焦点,也是植物造景的重点部位,可用乔木、花灌木形成层次丰富的树丛、树群。公园机动车辆通行的道路两侧不得有低于 4 m 的枝条;方便残疾人使用的园路边缘不得使用有刺或硬质叶片的植物;植物种植点距离园路边缘不得小于 0.5 m。

（一）主要道路

主要道路构成园路的骨架,引导游人欣赏景色,道路面宽度为 4 ~ 6m,道路纵坡不大于 8%,横坡为 1% ~ 4%。我国园林常以水面为中心,主要道路沿水面和地形蜿蜒延伸;布局呈自然式。主要道路两侧可列植高大,荫浓的乔木,配以较耐阴的花灌木;如果不用行道树,可以结合花境、花丛布置成自然式树丛和树群。道路两边设置座椅供游人休息,座椅附近种植高大阔叶树种以利于遮阴。

（二）次要道路

次要道路是公园各区内连接各景点的道路,是主要道路的辅助,可在主干道不能形成环路时,补其不足。次要道路路面宽度为 2 ~ 4 m,地形起伏可比主要道路大,坡度大时可以平台,踏步处理。在植物配植时,可沿路布置林丛,灌丛或花境美化道路景观,做到层次丰富、景观多变,达到步移景异的效果。

（三）游步道

游步道分布于全园各处,是园林中深入山间,水际、林中、花丛,供人们漫步游赏使用的园路,其布置形式自由,行走方便,安静隐蔽,路面宽度为 1.2 ~ 2 m。游步道两旁的植物景观配植应给人以亲切感,可布置一些小巧的园林小品,也可开辟小的封闭空间,结合各景区特色不同而细腻布景,乔,灌、草结合形成色彩丰富的树丛。

（四）小径

小径是考虑游人的不同需要，在园路布局中常为游人由一个景区（点）到另一个景区（点）开辟的捷径，一般供单人通行，宽度小于 1 m。小径两侧植物配植宜简单、开阔，可种植一些低矮的花灌木或草花，让道路容易被游人发现，并且方向明确。

四、综合性公园分区及其植物配植造景

城市综合性公园面向不同年龄、不同爱好的游人开放，园内设施多种多样，必须进行科学合理的功能分区。综合性公园一般分为文化娱乐区、安静休息区、儿童活动区、老人活动区、体育运动区和公园管理区等。

公园各功能分区相对独立，植物配植应该在全园统一规划的基础上，根据各区域不同的自然条件和功能要求，与环境；建筑合理搭配，展现各区域的特点，使各个功能区各尽其能，满足游客游览，休憩、交往等不同需求。种植设计时应注意考虑各个区域的性质、功能要求、游人量、公园用地要求，以及乔、灌、草的比例，因地制宜，实现各个区域植物最优化配植。

（一）文化娱乐区

文化娱乐区主要通过游玩的方式进行文化教育和娱乐活动，属于综合性公园里面的动区（闹区），相对集中地布置的设施主要有展览室、展览画廊、露天剧场，游戏、文娱室、阅览室、音乐厅、电影场、俱乐部、歌舞厅、茶座等。该区接近公园出入口或与出入口有方便的联系，常位于公园的中部，是全园布局的重点，园内一些主要园林建筑设置在这里。该区活动场所多、活动形式多、人流量大、集散的时间集中、热闹喧哗、建筑密度大，布置时要注意妥善地组织交通，避免区内各项活动之间的相互干扰，使有干扰的活动项目之间保持一定的距离，并利用树木，建筑、山石等加以隔离。

在营造文化娱乐区的植物景观时，重点是如何利用植物分隔活动区域。可以配植高大的乔木形成围合、半围合空间把区内各项娱乐设施分开，形成各自独立的空间，减少各个活动项目之间的相互干扰。

文化娱乐区要便于人流集散和游乐活动的开展。文化娱乐区经常开展人数众多、形式多样的活动，人流量大，植物配植应以规则式或混合式为主，在局部一些文化广场等公共场所；游人活动集中的地方设置开阔的草坪和低矮花灌木，适当配植高大常绿乔木，枝下高不小于 2.2 m，保证

视线通透,以免影响游人通行或阻挡交通安全视距。

(二)安静休息区

安静休息区是全园中景色最优美、占地面积最大,游人密度小、与喧闹的文化娱乐区有一定隔离的区域,该区通过营造宁静、自然的环境,供游人散步、赏景等。其用地选择以原有树木较多、地形起伏变化大的高地、谷地、湖泊、河流等风景理想的区域为宜,结合自然风景,适当设置亭、廊等园林建筑。

该区植物配植以自然式为主,植物宜素雅,不宜华丽,塑造自然幽静的休憩空间。可以采用密林方式,尽量多用高大乔木,林内分布自然式小路,铺装空地、草地等;也可以直接设置为疏林草地,以草坪为游人提供大面积自由活动空间,将盛花植物配植在一起形成花卉观赏区、专类园或利用植物组成不同外貌的群落体现植物群体美。

(三)儿童活动区

综合性公园的儿童活动区与儿童公园的功能一致,是为促进儿童的身心健康而设立的专门区域。该区在全园占地面积小(3%),各种活动设施复杂,多布置在公园出入口附近或景色开阔处,一般可以根据不同年龄段分成不同的区域,设有不同年龄段儿童喜爱的各种游乐、科普教育设施。学龄前儿童活动范围小,幼儿区面积较小,可布置安全、平稳的项目;学龄儿童区面积大,可安排大中小型游乐设施,设置便于识别的雕塑小品。儿童活动区的建筑、设施、小品宜选择造型新颖色彩鲜艳的作品,以引起儿童对活动内容的兴趣,同时也符合儿童天真烂漫,好动活泼的特征,其尺度、造型、色彩要富有教育意义;道路的布置应安全,简洁明确、容易辨认,最好不要设台阶或坡度过大,以保证安全,便于活动;活动地周围不宜用铁丝网或其他具伤害性的物品,以保证活动区内儿童的安全。有条件的公园,在儿童活动区内需设小卖部、盥洗台,厕所等服务设施。该区在植物景观营造时,应考虑以下 3 个方面。

(1)儿童活动区周围应有紧密的林带、绿篱或树墙与其他区隔离,为儿童提供单独的活动区域,提高安全性。

(2)植物种类应比较丰富,种植形式多样。该区植物配植以自然式为主,一些具有奇特的枝叶花果,色彩绚丽的植物比较适宜,可创造童话般色彩艳丽的境界,引起儿童对自然界的兴趣,使儿童在游玩中增长知识。在儿童游乐设施附近配植生长健壮、萌芽力强的大中型乔木,把游乐设施分散在疏林之下,为儿童活动和家长看护提供庇荫之处(枝下高不小于 1.8 m),夏季庇荫面积应大于活动范围的 50%;在家长看护时设置等候区,不宜配植妨碍视线的植物;活动区内铺设草坪,选用耐践踏的草种。

（3）该区应选择无毒、无刺、无异味、不引起过敏的安全植物品种。在儿童活动区避免使用有强烈刺激、黏手,种子飞扬的植物,忌用容易招致病虫害和浆果类的植物。

（四）老人活动区

综合性公园里的老人活动区是供老年人活跃晚年生活,开展文化、体育活动的场所。随着我国城市人口老龄化速度的加快,老年人在城市人口中所占比例日益增大,公园中的老人活动区在公园绿地中的使用率也日趋增大。很多老年人已养成了早晨在公园中晨练,白天在公园绿地中活动,晚上和家人、朋友在公园绿地散步、谈心的习惯,因此,公园中老人活动区的设置不可忽视。

老人活动区设在观赏游览区或安静休息区附近,背风向阳、环境幽雅、风景宜人,地形以平坦为主,不应有较大的地形变化。老人活动区内建筑布局紧凑,有厕所、走道扶手,无障碍通道等必要的服务性建筑或设施,可以适当安排一些简单的体育健身设施,注意安全防护要求,道路,广场注意平整防滑,道路不宜太弯和太窄。该区在植物景观营造时,应考虑以下三个方面。

（1）营造时间的永恒感。该区植物配植以落叶阔叶林为主,保证场地内夏季遮阴,冬季有充足的阳光,有丰富的季相变化。同时,适当选用长势强劲、苍劲古朴的大树,点明岁月的主题。

（2）选择有益健康的植物。老人活动区应多选用一些银杏、柑橘等有益于身心的保健树种,香樟、松树等分泌杀菌物质的树种和栀子花、桂花等香花植物,营造干净、静谧、舒适的园林空间。

（3）选择有指示、引导作用的树种。在老人活动区的一些道路转弯处,应配植色彩鲜明的树种起到提示作用,帮助老年人辨别方向。

（五）体育运动区

在比较完整的综合性公园里往往会设置开展各项体育活动的体育活动区,一般设有体育场馆、游泳池以及各种球类活动的场所和生活服务设施。该区域人流量大,集散时间短,干扰大,宜布置在靠近城市主干道,离人口较远的公园一侧。一般专门设置出入口,以利人流集散。用地选择时可以充分利用地形设立游泳池、看台和水上码头;还要考虑与整个公园的绿地景观相协调;注意活动的场地、设施应与其他各区有相应分隔,以地形、树丛、丛林进行分隔较好;注意建筑造型的艺术性;可以缓坡草地、台阶等作为观众看台,增加人与大自然的亲和性。该区在植物景观营造时,应考虑以下3个方面。

（1）便于场地内开展比赛和观众观看比赛。体育活动区的植物配植以规则式为主,植物选择应以速生、强健、发芽早、落叶晚的阔叶树为主,种植点离运动场至少保持6～10 m的距离,以成林后树冠不伸入运动场上空为宜。植物叶色以单纯的绿色为好,不能有强烈的反光,以免影响运动员和观众的视线。运动场地内尽量用耐践踏的草坪覆盖,场周应设座椅、花架以供运动员休息。

（2）选择安全的树种。该区内不宜种植落花、落果、飞絮的植物,也不要种植带刺、易染病虫害、树姿不齐的树种。

（3）利用植物与其他区域形成隔离。体育活动区外围用乔灌木组成隔离绿带,减少运动区对外界的影响,也防止运动区受外界的干扰。

（六）公园管理区

综合性公园的管理区是公园工作人员管理、办公、组织生产、生活服务的专用区域,包括公园管理办公室、苗圃、仓库和生活服务管理部门等。该区与城市街道有方便联系,设有专用的出入口,供内部使用;比较隐蔽,不与游人混杂,以树林等与游人活动区域分隔,不暴露在风景游览的主要视线上。管理区内部有车行道相通,便于运输和消防。

公园管理区有专用出入口,多同公园其他区域相隔离,景观独立性较强。办公楼或其他建筑朝向公园游览区的一侧用高大的乔木进行屏蔽。植物配植应与办公建筑风格协调,如办公楼现代化、高大,则管理区植物配植多以规则式为主,多用花坛;若办公楼为古式建筑,则可以配植为中式园林,有假山水景。

第二节　居住区绿地植物设计与应用

一、居住区绿地植物配植造景的原则

居住区绿地包括公共绿地、宅旁绿地、公建绿地和道路绿地等,既要能满足居民的生活、工作、户外活动、社交的需要,又要求具有安全感、私密性或开放性及一定的美学意义,突出小区特色和时代感。

（一）注重生态效益

居住区绿地是城市绿地系统的重要组成部分,对城市生态平衡及居住区内部小气候的调节有很大作用,因此,居住区绿化应该以把生态效益放在首位,重视绿量。

（二）绿化与美化、香化相结合,尽量做到四季有景,三季有花,创造丰富的季相变换

自然界的植物色彩非常丰富,四季的色彩变化也不同。大多数植物的基本色调是绿色,但绿色也有深、浅、浓、淡之分,同时,绿色植物不同的高低、大小、姿态等使得植物的层次更加丰富。色彩美是构成园林美的主要成分,嗅觉美是园林艺术不同于其他艺术形式的特点,在居住区植物造景时除了大量使用绿色植物,还应适当点缀彩叶植物和香花植物;增加景观的美感和居民的舒适度。园林工作者应充分学习、掌握各种植物的生物学特性,在居住区绿地植物配植时利用植物叶、花、果实、枝条和皮干等的观赏特性进行色彩组合与协调,做到一带一个季相或一个组团一个季相。

（三）留有一定的活动空间,利用植物导风或挡风,调节居住区内部环境小气候

居住区绿地的绿量关系居住区绿地的生态效益高低,但并不是一味地追求绿量让居住区绿地成为密密的森林,而应在植物配植时做到疏密有致,留出居民活动、锻炼、交往等空地,其面积大小与服务半径相适应,一般不超过绿地面积的10%。

（四）乔、灌、草、藤合理搭配,常绿和落叶植物比例适当,速生植物与缓生植物相结合

将植物配植成高、中、低各层次;在南方的居住区绿地中,为了抵挡炎炎烈日的直晒,常绿植物常多于落叶植物,而在北方的居住区绿地中,为了增加冬天暖阳的照射,常绿植物应适当少于落叶植物;居住区绿地植物配植时应考虑植物景观的稳定性和长远性,速生植物与缓生植物相结合。

（五）尽量保存原有树木、古树名木

在植物配植设计前期，设计师应对居住区现状植物情况了解清楚，设计时尽量保留现状中可利用的植物，尤其是大树或珍稀植物，营造丰富的植物景观。

二、居住区绿地植物配植与造景

（一）公共绿地

居住区公共绿地是指居住区内居民公共使用的绿地，其位置适中，靠近小区道路，适宜于各年龄段居民使用。居住区公共绿地集中反映居住绿地质量水平，要求有较高的设计水平和艺术效果，是居住区植物造景的重点。为便于居民休息、散步和交往，公共绿地应多采用开敞式布局，可用绿篱或通透式栏杆分隔空间，成行种植大乔木以减弱喧闹声对周围住户的影响；老年人和儿童使用率较大，植物配植与空间划分要注意他们的使用特点；居民游园时间多集中在早晚，应注意香花植物的应用。居住区公共绿地还有防灾避灾的作用，结合活动设施布置疏林地，选用夏季遮阴效果好的落叶大乔木。按照居住区公共绿地的面积大小和设置的内容分为居住区公园、小游园及组团绿地。

1.居住区公园

居住区公园是为整个居民区服务的。为了方便居民使用，居住区公园常规划在居住区中心地段，服务半径不宜超过 800 ～ 1 000 m（居民步行 10 分钟左右）。居住区公园面积比较大，其布局与城市小公园相似，设施比较齐全，内容比较丰富，有一定的地形地貌、小型水体。居住区公园有功能分区、景区划分，除了花草树木以外，有一定比例的建筑、活动场地、园林小品、活动设施，可与居住区的公共建筑、社会服务设施结合布置，形成居住区的公共活动中心，以利于居民心理、生理的健康和提高使用效率，节约用地。

功能上，居住区公园与城市公园不同，它是城市绿地系统中最基本而活跃的部分，是城市公共绿化空间的延续。为满足居民对游戏、休息、散步、交往、娱乐、运动、游览、防灾避难等方面的需求，居住区公园设施要齐全，布置要紧凑，各功能分区或景区间的节奏变化快，有体育活动场所，适应各年龄组活动的游戏场及小卖部、茶室、棋牌、花坛、亭廊、雕塑等活动设施和丰富的四季景观的植物配植。

人们在居住区公园户外活动时间较长,使用频率较高的是老年人和儿童,在规划中内容的设置、位置的安排、形式和植物的选择都要考虑他们的使用方便。老人活动休息区及运动场地内可适当多种一些冠幅较大、生长健壮的常绿树种遮阴。专供儿童活动的场地植物避免选择带刺或有毒、有刺激性气味的植物,可适当选择夏季遮阴效果好的落叶大乔木,结合活动设施布置疏林地,方便家长和孩子活动、休息。居住区公园游园时间比较集中,多在一早一晚,应加强照明设施、灯具造型、夜香植物的布置。

2. 小游园

居住区小游园是居住小区中最重要的公共绿地,比居住区公园更接近居民,面积相对较小,一般为 4 000 m² 左右,其服务半径一般为400 ~ 500 m,均匀分布在居住区各组群之中,可集中设置,也可分散设置。小游园功能较简单,主要提供一定的健身设施和社交游憩场地。以植物造景为主,不种植带刺、有毒、有臭味的植物;以落叶大乔木为主,考虑四季景观,形成优美的园林绿化景观和良好的生态环境;可因地制宜,设置花坛、花境、花台、花架等,有很强的装饰效果和实用效果。游园形式可采用规则式、自由式、混合式布置。

3. 组团绿地

组团绿地是指结合居住建筑组成的不同组合而形成的公共绿地。结合住宅组团布局,随组团的布置方式和布局手法的变化,其大小位置和形状均相应地变化。组团绿地用地规模一般不大于 400 m²,服务半径为100 ~ 250 m,距离住宅入口最大步行距离为 100 m 左右,居民步行几分钟可到达,与居民接触更为紧密。在组团绿地设计规划中,应特别注重老人和小孩的休息和活动场所,精心安排不同年龄层次居民的活动范围和活动内容,绿地内园林建筑小品不宜过多,慎重采用假山石和大型水池,应以花草树木为主,适当设置桌,椅、简易儿童游戏设施等,绿地内以小路或种植植物进行分隔,避免相互干扰。

组团绿地是本居住区居民室外活动,邻里交往,儿童游戏、老人聚集等良好的室外环境,它距离居民居住环境较近,便于使用,人流量大,利用率高,而且使用者多是老人和儿童或携带儿童的家长,因此,植物配植时需充分考虑他们的生理和心理的需要。植物配植要选择有益居民身心健康的保健植物和消除疲劳的香花及招引鸟类的植物,如芸香科植物、银杏、栀子、桂花、茉莉、火棘、海棠等。同时,可利用植物围合空间,配植时采用乔,灌、草、藤等多层次、多种类、多组合合理搭配植物群落,形成良好的组团景观和生态环境。

组团绿地面积较小且零碎，要在同一块绿地里兼顾四季序列变化，不仅杂乱，而且难以做到，可以一片一个季相或者一块一个季相。居住区的文化内涵是丰富住区生活，创造住区活力的重要因素，因此，绿地景观营造时要充分渗透文化因素，形成各自的特色。

组团绿地是居民的半公共空间，是宅间绿化的扩展或延伸，增加了居民室外活动的层次，也丰富了建筑所包围的空间环境。按照其布置方式可以分为开放式、封闭式和半开放式。

开放式：居民可以自由进入该类型组团绿地，不用分隔物，实用性较强，组团绿地较多采用这种形式。

封闭式：该类型组团绿地具有一定的观赏性，但被绿篱，栏杆所隔离，不设活动场地，居民不可入内活动和游憩。封闭式绿地便于养护管理，但实用效果较差，不宜过多采用该类型。

半开放式：该类型绿地以绿篱或栏杆与周围有隔离，留有出入口，但绿地中设置的活动场地较少，部分是禁止居民进入的装饰性区域，常在紧临城市干道为追求街景效果时使用。绿地内要有足够的铺装地面，以方便居民休息活动，也有利于绿地的清洁卫生。一般绿地覆盖率在 50% 以上，游人活动面积率为 50% ～ 60%。为了有较高的覆盖率，并保证活动场地的面积，可采用铺装地面上留穴来种乔木的方法。

（二）公共设施绿地

居住区会所、医院、学校等各类居住区公共建筑和公共设施四周的绿地称为公共设施绿地。该类绿地绿化设计要满足各公共设施的功能要求，并考虑与周围环境的关系，对改善居住区小气候、美化环境及丰富生活内容等方面发挥着积极作用。会所附属绿地可以适当增加彩色叶植物，结合绿地尺度组成美丽的图案。医院附属绿地可多采用常绿植物并适当增加能杀菌，吸附有害气体、净化空气的植物，这样既能给病人提供安静的修养环境，也能提高绿地的生态效益。学校附属绿地可根据不同年龄段孩子的特点，选择树形优美、色彩鲜艳、少病虫害、季相变化明显的植物，营造活泼的校园环境；考虑孩子户外活动时间多，不能选择飞毛飞絮、多刺、有毒、有恶臭味和引起过敏的植物；学校出入口可配植儿童喜爱的、色彩造型都易被识别的植物，也可利用藤本植物做棚架，座椅，为接送孩子的家长提供休息场所。

（三）宅旁绿地

宅旁绿地是指住宅前后左右周边的绿地，包括屋顶绿化、居民家庭附属庭院，其大小和宽度取决于楼间距。宅旁绿地虽然面积小，功能不突出，不像组团绿地那样具有较强的娱乐、休闲的功能，但却是居民邻里生活的重要区域，是居住区绿地中总面积最大、分布最广，最常使用的部分。

居住区某些面积较小的角落，可设计成封闭绿地，以提高绿地利用率，减少居住区灰色空间。宅旁绿地植物配植应考虑建筑物朝向，如华北地区南向植物不能种植过密，会影响建筑通风和采光。近窗户不宜种植高大灌木，建筑物西面可种植高大阔叶乔木，以利于夏季遮阴。居住建筑宅旁绿地按照住宅的类型可分为低层行列式住宅宅旁绿地、高层塔楼式住宅宅旁绿地和别墅私宅庭院绿地三种类型。

1. 低层行列式住宅宅旁绿地

植物可选用树冠无方向性的乔木，配植灌木及地被。其住宅向阳面以落叶乔木为主，以利采光；住宅背阴面采用耐阴花灌木及草坪，以绿篱围合。

2. 高层塔楼式住宅宅旁绿地

乔木多配植树形高耸的树种与建筑相呼应协调，草坪面积不宜过大，因建筑阴影面积大，多选用耐阴地被，尤其是建筑的阴面。

3. 别墅私宅庭院绿地

其面积相对较小，庭院之间用花墙分隔，院内可根据用户喜好进行绿化设计。庭院景观结构紧凑，植物不必复杂多样，但要求具有较高的观赏价值，讲究精妙细腻，与别墅建筑风格协调；窗台一侧局部空间可用各种结构独特的棚架绿化，架下形成活动空间。

（四）道路绿地

居住区道路绿地是指居住区内道路红线以内的绿地。道路绿地有利于行人的遮阴、保护路基、美化街景、增加居住区植物覆盖面积，能发挥绿化多方面的作用。在居住区内根据功能要求和居住区规模的大小，道路一般可分级，道路绿地则应按不同情况进行绿化布置。

居住区内的道路系统一般由居住区级道路、居住小区级道路、组团道路和宅间小路4级道路构成，联系住宅建筑居住区各功能区、居住区出入口至城市街道，是居民日常生活和散步休息的必经通道。居住区内的道路面积一般占居住用地总面积的8% ~ 15%，道路空间在构成居住区空间景观、生态环境,增加居住区绿化覆盖率,发挥改善道路小气候、减少交通噪声、保护路面和组织交通等方面起着十分重要的作用。

1. 居住区级道路绿地

居住区级道路为居住区主路,宽度不宜小于 20 m,其植物配植应根据小区公共绿地性质和特点进行小环境绿化,注意与环境协调,可种植落叶乔木行道树,行道树栽植注意遮阴与交通安全,选用体态雄伟、树冠宽阔的树木。如距车行道较近,行道树保证分枝点最低 3 m;如距车行道较远,行道树保证分枝点 2 m。人行道与居住建筑之间可多行乔灌木密植,以起到防尘、隔声、防护等作用。

2. 居住小区级道路绿地

居住小区道路是联系各小区或组团与城市街道的主要道路,宽度为 6 ~ 9 m,兼有人行和车辆交通的功能,其道路和绿化带的空间尺度可采取城市一般道路的绿化布局形式,行道树的布置要注意遮阳和不影响交通安全。其中,通行自行车和行人交通是居住小区道路的主要功能,是居民散步的地方,植物配植要活泼多样,树种选择可选用小乔木及花灌木结合布置,高低错落,尤其是开花繁密、叶色多变的种类。每条路可选择不同的植物种类、不同的种植形式,但以一两种为主体形成具有可识别性的特色道路景观。

3. 组团道路绿地

居住组团级道路以人行为主,宽度为 3 ~ 5 m,离建筑较近,植物配植多以开花灌木为主。

4. 宅间小路绿地

居住区宅前小路是通向各住户或单元人口的道路,宽度不小于 2.5 m,两侧以灌木、花卉、地被植物和草坪为主,可布置一些儿童喜爱的或对儿童有益的植物。

第三节　校园绿地植物设计与应用

一、大学校园植物配植与造景

大学优美的校园绿地环境不仅有利于师生的工作、学习和身心健康,同时也为社区乃至城市增添了一道靓丽的风景。我国许多环境优美的校园都令国内外广大来访者赞叹不已、流连忘返,令学校广大师生员工引以为荣、终生难忘。大学一般规模较大,有的学校甚至相当于一个小城镇,校园内建筑密度小,绿化率高,有明显的功能分区。

(一)校前区绿地

学校大门出入口与办公楼、教学主楼组成校前区,是行人、车辆的出入之处,具有交通集散功能和展示学校,校容校貌的作用。校前区往往形成广场和集中绿化区,为校园重点绿化美化地段之一。

学校大门的绿地要与大门建筑形式相协调,以装饰观赏为主,衬托大门及立体建筑,突出庄重典雅、朴素大方、简洁明快、安静优美的高等学府校园环境。

学校大门绿地以规则式绿地为主,以校门、办公楼或教学楼为轴线;门外绿地使用常绿花灌木形成活泼开朗的门景,两侧花墙用藤本植物进行配植,与街景协调又体现学校特色;门内绿地与教学科研区衔接过渡,轴线上布置广场、花坛、水池、喷泉、雕塑和主干道,轴线两侧对称布置装饰或休息性绿地,体现庄重效果。学校四周围墙选用常绿乔灌木自然式带状布置或以速生树种形成校园外围林带。在开阔的草地上种植树丛,点缀花灌木,或种植草坪及整形修剪的绿篱,自然活泼、低矮开朗,富有图案装饰效果。主干道两侧植高大挺拔的行道树,外侧适当种植绿篱、花灌木,形成开阔的绿荫大道。

(二)教学科研区绿地

教学科研区是学校的主体,包括教学楼、实验楼,图书馆以及行政办公楼等建筑,该区也常常与学校大门主出入口综合布置,体现学校的面貌和特色。教学科研区绿地主要满足全校师生教学和科研的需要,提供安静优美的环境,也为学生创造课间进行适当活动的绿色室外空间。

在不影响楼内通风采光的条件下,教学楼周围的基础绿带要多种植落叶乔灌木。教学楼之间的广场空间,为满足学生休息、集会、交流等活动的需要,应具有良好的尺度和景观,以乔木为主,花灌木点缀。绿地平面上的布局要注意图案构成和线型设计,以丰富的植物及色彩形成适合在楼上俯视的鸟瞰画面;立面要与建筑主体相协调,并衬托美化建筑,使绿地成为该区空间的休闲主体和景观的重要组成部分。

图书馆、大礼堂人流集中,也是学校标志性建筑。正面人口前设置集散广场,绿化可同校前区,该类广场空间较小,内容相对简单。周围植物基调以绿篱和装饰树种为主；外围可根据道路和场地大小，布置草坪、树林或花坛，以便于人流集散。

实验楼绿地在选择树种时应综合考虑防火防爆及空气洁净程度等因素。

（三）生活区绿地

为方便师生的学习、工作和生活，校园内设置有生活区和各种服务设施，该区域绿地以校园绿地基调为前提，根据场地大小，兼顾交通、休息，活动，观赏诸功能，因地制宜地进行设计。

1. 学生生活区绿地

学生生活区为学生生活和活动的区域，该区绿地一般沿建筑、道路分布，比较零碎、分散。结合学生"三点一线"的生活方式，学生宿舍区绿地结合行道树形成封闭式的观赏性绿地或布置成庭院式休闲绿地，铺装地面、花坛、花架、基础绿带和庭荫树池结合，形成良好的学习休闲场地；食堂、浴室、商店、银行、邮局前要留有一定的交通集散及活动场地，周围可种植绿带和花草树木，活动场地中心或周边可设置花坛或种植庭荫树。

2. 教工生活区绿地

教工生活区为教工生活和居住的区域，植物配植与造景参照居住区绿地设计。

3. 后勤服务区绿地

后勤服务区分布着为全校提供水、电、热力及各种气体动力站及仓库、维修车间等设施，占地面积大、管线设施多，既要有便捷的对外交通联系，又要离教学科研区较远，避免干扰。绿地一般沿道路两侧及建筑场院周边呈条带状分布，要注意根据水、电、气，热等管线和设施的特殊要求，在选择配植树种时应综合考虑防灾因素。

（四）体育活动区绿地

体育活动区是校园的重要组成部分，包括大型体育场馆和风雨操场、游泳池、各类球场及器械运动场地等。体育活动区场地四周栽植高大乔木，下层配植耐阴的花灌木，形成一定层次和密度的绿荫，能有效地遮挡夏季阳光的照射和冬季寒风的侵袭，减弱噪声对外界的干扰。为保证运动员及其他人员的安全，运动场四周可设围栏。可在适当之处设置坐凳，供人们观看比赛，设坐凳处可植乔木遮阳。室外运动场的绿化不能影响体育活动和比赛,以及观众的视线,应严格按照体育场地及设施的有关规范进行。体育馆建筑周围应因地制宜地进行基础绿带绿化。

（五）道路绿地

校园道路系统分隔各功能区,具交通和运输功能。道路绿地位于道路两侧,除行道树外,道路外侧绿地与相邻的功能区绿地相融合。校园道路两侧行道树应以落叶乔木为主,不同道路选择不同树种,形成鲜明的功能区标志和道路绿化网络,校园道路绿地也成为校园绿化的主体和骨架,行道树外侧可植草坪或点缀花灌木,形成色彩和层次丰富的道路侧旁景观。

（六）休息游览绿地

大学校园面积一般较大,常在校园的重要地段设置花园式或游园式绿地,其质高境幽,创造出优美的校园环境,供学生休息散步、自学阅读、交往谈心;校园中的花圃、苗圃、气象观测站等科学实验园地及植物园也可以园林形式布置成休息游览绿地。该区绿地呈片状分布,是校园绿化的重点区域,植物配植与造景参照公园绿地。

二、中小学校园植物配植与造景

中小学绿地以中小型为主,一般主要分为建筑用地和体育场地的附属绿地,绿化树种宜选择形态优美,色彩艳丽、无毒、无刺、无过敏和无飞毛的植物,并注意通风采光,树木应挂牌标明树种名称,便于学生学习科学知识。

建筑用地包括办公室、教学及实验楼、广场道路和生活杂务场院等用地。建筑用地附属绿地往往沿道路两侧以及广场、建筑周边和围墙边呈条带状分布,植物配植注意美化和采光,四季色彩丰富。大门出入口,建筑门厅及庭院可作为校园绿化的重点,建筑物前后配植低矮的植物,距离建筑墙基 5 m 内不配植高大乔木,两侧山墙外配植高大乔木以防日晒。庭院中可植乔木形成庭荫环境。校园道路绿地以遮阳为主,可混合种植乔灌木。

体育场地一般较小或以教学楼前后的庭院代替,中间留出较大空地供开展活动。为保证学生安全和体育比赛的进行,要求空间通视性好。体育场地周围种植高大遮阳落叶乔木为主,少种花灌木,除道路外,地面多铺草坪,尽量不要硬化。

学校周围沿围墙可以通过种植绿篱或乔灌木复式林带与外界环境相对隔离,避免相互干扰。

三、幼儿园绿地规划设计

幼儿园一般包括室内活动和室外活动两部分,根据活动要求,室外活动场地又分为公共活动场地、自然科学基地和生活杂务用地。幼儿园绿地规划设计的重点是室外活动场地,应以遮阳落叶乔木为主,尽量铺设耐践踏的草坪,在周围种植成行的乔灌木,形成浓密的防护带,起防风、防尘和隔离噪声的作用。

公共活动场地是儿童游戏活动的场地,也是幼儿园重点绿化区。该区在活动器械附近以遮阳的落叶乔木为主,角隅处适当点缀花灌木,场地应开阔通畅,不能影响儿童活动。菜园、果园及小动物饲养地是培养儿童热爱劳动,热爱科学的基地,有条件的幼儿园可将其设置在全园一角,用绿篱隔离,里面可种植少量花卉和蔬菜,或饲养少量家畜家禽。

幼儿园绿地植物的选择应考虑儿童的心理特点和身心健康,尽量选择形态优美、色彩鲜艳、适应性强、便于管理的植物,禁用悬铃木、漆树、小蘖等有飞毛,毒,刺以及易引起过敏的植物。同时,在建筑周围要注意通风和采光,距离建筑墙基 5m 内不能种植高大乔木。

第六章 园林植物的观赏特性

第一节 园林植物的形态观赏特性

一、体量

　　既定的空间中,植物的大小应成为种植设计中首先考虑的观赏特性,其他特性都要服从植物的大小。乔木的体量较大,成年树高度一般在 6 米以上,最高的达 100 多米。灌木和草本植物体量一般较小,其高度从数厘米至数米不等(图 6-1)。在实际应用中应根据需要选择适当体量的植物种类,所选择植物的体量应与周边环境及其他植物协调。

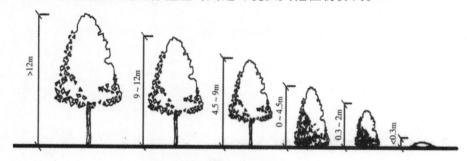

图 6-1 园林植物的体量（大小）

二、姿态

（一）园林植物姿态的作用

植物姿态在景观设计中有以下几个作用。

（1）加强地形起伏。在低矮土丘顶部配以长尖形植物则增强和烘托小地形的起伏感、高耸感;而于山基植以矮小、扁圆形或匍匐植物,同样可增加地形的起伏感,来增加土山的高耸之势。

（2）经过精心的配置和安排姿态各异的植物,可以产生韵律感、层次感等组景效果。如为了突出广场中心喷泉的高耸效果,亦可在其四周种植浑圆形的乔灌木,但为了与远景联系并取得呼应、衬托的效果,又可在广场后方的通道两旁各植树形高耸的乔木一株,这样就可在强调主景之后又引出新的层次。

（3）姿态独特的植物单株宜孤植点景,可作为视觉中心、转角强调的标志。不同形状的树木可以产生韵律感、层次感等种种艺术组景的效果。如在庭前、草坪、广场上的单株孤植树则更可说明树形在美化配置中的巨大作用。

图 6-2　孤植树

（二）园林植物姿态的类型

1. 纺锤形

纺锤形植物其形态细、窄、长,顶部尖细。在造景设计中,纺锤形植物通过引导视线向上的方式,突出了空间的垂直面。在设计时应该谨慎使用,如用量过多,会造成过多的视线焦点,使构图"跳跃"破碎。

2. 圆柱形

植物除了顶是圆的外,其他形状都与纺锤形相同。这种植物类型具有与纺锤形相同的设计功能。

3. 水平展开形

此类植物的宽和高几乎相等,在构图中能产生宽阔感、外延感,这类植物有二乔玉兰、华盛顿山楂、矮紫杉等。

图6-3　矮紫杉

4. 圆球形

这类植物有鸡爪槭、榕树、欧洲山茱萸等,在构图中没有方向性,具有极强的柔和性,可以调和其他外形。

图6-4　榕树

5. 圆锥形

这类植物主要用作视觉景观的重点,也容易与尖塔形的建筑物或者尖耸的山峰相呼应。

6. 垂枝形

垂枝形植物中最常见的就是垂柳,在构图中,这样的植物能引导人们的视线转移到地面。

图6-5　垂柳

7. 特殊形

特殊形植物一般是由特殊环境下成长起来的,具有非常奇特的造型,可以作为孤植树放在突出的设计位置上。一般的,不宜使用过多,一次只宜置放一棵这种类型的植物。

图6-6　特殊形植物

第二节　园林植物的质地观赏特性

植物的质地是指单株植物或群体植物直观的粗糙感和光滑感。

一、园林植物质地类型

（一）粗质型

此类植物通常由大叶片、浓密而粗壮的枝干（无小而细的枝条），以及松疏的生长习性而形成。粗质型植物给人以强壮、坚固、刚健之感。粗质与细质的搭配，具有强烈的对比性，会产生"跳跃"感，在景观设计中粗质植物可作为中心物加以装饰和点缀，但不宜使用过多。大空间粗质型植物居多，空间会因粗糙刚健而具良好配合，但在狭小空间如宾馆、庭院内慎用。

常见的有构树、木芙蓉、棕榈、泡桐等。

图 6-7　泡桐

（二）中质型

此类植物的枝干、叶片大小都比较中等，密度也较为适中，如国槐、银杏紫薇、木槿、朴树、无患子、金盏菊等。一般与细质型植物进行搭配。

（三）细质型

枝干、叶片都较为弱小，细质型植物给人以柔软、纤细的感觉，如榉树、鸡爪槭、菱叶绣线菊、龟甲冬青、黄杨、迎春、地肤、酢浆草等。

图 6-8 无患子树

图 6-9 龟甲冬青

二、园林植物质地的应用原则

(一)协调统一

强调植物组群之间、周围环境之间及空间大小之间的协调。同种植物的应用是一种很好的质感调和。要根据不同的空间大小来选择园林植物的质感。不同的植物质感会使空间产生不同的景观效果。如在小鹅卵石路边的配置麦冬,则质感协调统一。

(二)质感对比运用

质感对比运用可以创造重点,达到突出景物的效果。

图 6-10 麦冬

图 6-11 石头与苔藓的质感对比

（三）质感的预见性

植物的季相变化也会影响其质地的变化。落叶植物在冬天看起来会显得很萧条，而在夏天则很茂密，花与果实的出现和大小，以及它们的颜色都会影响质地季节性的变化。所以设计者要有预见性，要在变化中求稳定，从而影响其配置要求。

第三节　园林植物的色彩观赏特性

植物的色彩可以被看做是情感象征，这是因为色彩直接影响一个室外空间的气氛和情感。鲜艳的色彩给人以轻快、欢乐的气氛，而深暗的色彩则给人异常郁闷的气氛。植物的色彩主要通过树叶、花、果、大小枝条及树皮等呈现出来。

一、叶色

（一）绿色类

绿色有黄绿、灰绿、浅绿、蓝绿、浓绿等多种类型，将不同绿色的树木进行组合则能形成色彩的变换。

（二）春色叶类

一般将春季新生出的嫩叶显著区分于常见叶色的为"春色叶树"，如黄连木春叶为紫红色、五角枫春叶为红色等。

图6-12　臭椿

（三）秋色叶类

指在秋季叶能有显著变化的树种，一般在植物配置时要重点考虑这类树秋季在季相上的变化。秋叶呈红色或紫红色类者有柿树、山麻杆、元宝枫、梨、槲树等。秋叶呈黄或黄褐色者有金叶鸡爪槭、金叶小檗、金叶女贞、金叶锦熟黄杨、银杏等。

（四）常色叶类

所谓常色叶就是指树叶常年均成异色，如紫叶小檗、紫叶欧洲槲、金叶雪松、银边黄杨、三色苋、红枫等。

图 6-13　银杏

图 6-14　红枫

（五）双色叶类

顾名思义双色叶就是有两种颜色，一般在叶背和页表较为明显，如青紫木、银白杨等。

（六）斑色叶类

绿叶上有其他颜色的斑点或花纹。彩叶树种更是不计其数，如变叶榕、红桑、红背桂、金叶桧、浓红朱蕉、桃叶珊瑚、变叶木、菲白竹、红枫、新疆杨、银白杨等。此外，还有众多的彩叶园艺栽培变种。

图 6-15　青紫木

二、花色

花是植物重要的观赏特性之一。暖温带及亚热带的树种,多集中于春季开花,因此夏、秋、冬季及四季开花的树种显得较为难得。在植物营造景观时,可配置成色彩园、芳香园、季相园等(表 6-1)。

图 6-1　常见植物花色

序号	色系	园林植物种类
1	红色系花	山茶、杜鹃、锦带花、红花夹竹桃、毛刺槐、合欢、粉花绣线菊、紫薇、榆叶梅、紫荆、木棉、凤凰木、海棠、桃、杏、梅、樱花、山桃、李、蔷薇、玫瑰、月季、贴梗海棠、石榴、扶桑、郁金香、锦葵、蜀葵、石竹、瞿麦、芍药、红花美人蕉、大丽花、兰州百合、一串红、千屈菜、宿根福禄考、菊花、雏菊、凤尾鸡冠花等
2	黄色系花	迎春、迎夏、连翘、金钟花、黄木香、桂花、黄刺玫、黄蔷薇、棣棠、黄瑞香、黄牡丹、黄杜鹃、金丝桃、金丝梅、蜡梅、金缕梅、珠兰、黄蝉、金雀花、金莲花、黄夹竹桃、小檗、金花茶、栾树、美人蕉、大丽花、宿根美人蕉、唐菖蒲、向日葵、金针菜、大花萱草、黄菖蒲、金光菊、一枝黄花、菊花、金鱼草等
3	蓝色系花	紫藤、紫丁香、杜鹃、耧斗菜、马蔺、楸树、紫荆、木兰、泡桐、八仙花、醉鱼草、假连翘、风信子、德国鸢尾、紫菀、石竹、荷兰菊、鸢尾、蓝雪花、蓝花楹、三色堇、桔梗、翠雀、乌头、裂叶丁香、木槿、紫薇、二月兰、紫茉莉、紫花地丁、半支莲、美女樱等

续表

序号	色系	园林植物种类
4	白色系花	溲疏、山梅花、女贞、白鹃梅、珍珠花、金银木、枸桔、白玉兰、茉莉、白丁香、白茶花、珍珠梅、广玉兰、白玉兰、栀子花、白碧桃、白蔷薇、白玫瑰、白杜鹃、刺槐、李叶绣线菊、银薇、络石、白花夹竹桃、白木槿、白杜鹃、杜梨、梨、珍珠山梅花等
5	橙色系花	美人蕉、金桂、萱草、菊花、金盏菊、金莲花、旱金莲、孔雀草、万寿菊、东方罂粟等

需要注意的是,自然界中某些植物的花色并不是一成不变的,有些植物的花色会随着时间的变化而改变。比如金银花一半都是一蒂双花,刚开花时花色为象牙白色,两三天后变为金黄色,这样新旧相参,黄白互映,所以得名金银花。杏花在含苞待放时是红色,开放后却渐渐变淡,最后几乎变为白色。世界上著名的观赏植物王莲,傍晚时刚出水的蓓蕾为洁白的花朵,第二天清晨,花瓣又闭合起来,待到黄昏花儿再度怒放时,花色变成了淡红色,后又逐渐变成深红色。在变色花中最其妙的要数木芙蓉,一般的木芙蓉,刚开放的花朵为白色灰淡红色,后来渐渐变成深红色,三醉木芙蓉的花可一日三变,清晨刚绽放时是白色。中午变成淡红色,而到了傍晚又变成深红色。另外有些植物的花色会随着环境的改变而改变,比如八仙花的花色是随着土壤 pH 值的变化而有所变化的,生长在酸性土壤中的花为粉红色,生长在碱性土壤中的花为蓝色,所以八仙花不仅可以用于观赏,而且可以指示土壤的 pH 值。[1]

三、果色

(一)红色

欧李、麦李、枸骨、金银木、南天竹、桃叶珊瑚、小檗、冬青、枸杞、火棘、花楸、樱桃、毛樱桃、郁李、珊瑚树、紫金牛、橘、柿、石榴、山楂、天目琼花、丝棉木等。

(二)黄色

银杏、橘、梅、杏、瓶兰花、梨、木瓜、枸橘、南蛇藤、贴梗海棠等。

---

① 关文灵.园林植物造景[M].北京:中国水利水电出版社,2013

（三）黑色

小蜡、女贞、小叶女贞、君迁子、金银花、刺楸、枇杷叶荚莲、常春藤等。

（四）蓝紫色

蓝果忍冬、桂花、白檀、紫珠、海州常山、李、葡萄、十大功劳等。

（五）白色

红瑞木、芫花、玉果南天竹、湖北花楸、陕甘花楸、西康花楸等。

植物的色彩应在景观设计中起到突出植物的尺度和形态的作用，应与其他观赏特性相协调。

四、干皮颜色

当秋叶落尽，深冬季节，枝干的形态、颜色更加醒目，成为冬季主要的观赏景观。多数植物的干皮颜色为灰褐色，当然也有很多植物的干皮表现为紫红色或红褐色、黄色、绿色、白色或灰色、斑驳色等（表6-2）。

表6-2　常见植物干皮颜色

颜色	代表植物
紫色或红褐色	红瑞木、青藏悬钩子、紫竹、马尾松、杉木、山桃、中华樱、樱花、稠李、金钱松、柳杉、日本柳杉等
黄色	金竹、黄桦、金镶玉竹、连翘等
绿色	棣棠、竹、梧桐、国槐、迎春、幼龄青杨、河北杨、新疆杨等
白色或灰色	白桦、胡桃、毛白杨、银白杨、朴、山茶、柠檬桉、白桉、粉枝柳、考氏悬钩子、老龄新疆杨、漆树等
斑驳	黄金镶碧玉、木瓜、白皮松、榔榆、悬铃木等

五、根

根，一般来说生活在泥土之下，然而在一些特殊地域，某些树种的根发生变态，在南方，尤其华南地区栽植应用这些特有的树种，形成极具观赏价值的独特景观。

第四节　园林植物的芳香观赏特性

　　一般艺术的审美感多强调视觉和听觉的感赏,而嗅觉感赏却是园林植物造景艺术区别于其他艺术形式的重要特点。"疏影横斜水清浅,暗香浮动月黄昏"道出了玄妙横生、意境空灵的梅花清香之韵。人们通过嗅觉感赏园林植物的芳香,得以引发绵绵柔情和种种醇美回味,令人心旷神怡。园林植物的香味主要是植物通过花器内的油脂类或分泌其他芳香类复杂化学物质,它们能随花果的开放过程不断分解为挥发性的芳香油(如安息香油,柠檬油,香橼油、桉树脑、柠檬油肉桂油、樟脑及菇类等),刺激人的嗅觉,产生愉悦的感觉。园林植物芳香变化较大,有浓淡轻重之分,花香有的恒定久远,有的飘忽变幻,有的花香有保健作用,有的还有杀菌驱蚊的功效,也有的花香有毒。充分利用园林植物的芳香特性,合理安排花期,是园林植物景观营造的重要手段。

　　具有花香或分泌芳香物质的园林植物分为香花植物和分泌芳香物质的植物。香花植物的花具有香味,如茉莉、风信子、含笑、白兰花、珠兰、桂花、素馨、夜来香、栀子、水仙、月季,玫瑰、丁香,米兰、兰花等;还有部分植物通过分泌芳香物质而具有香味,如柑橘、香樟、桉、芸香、白千层、肉桂、松等。

　　园林植物的芳香既沁人心脾、振奋精神,又增添情趣、招引蜂蝶。芳香植物可拓展园林景观的功能,由于芳香不受视线的限制,芳香植物能作为芳香园、盲人花园、夜花园的主题,起到引人入胜的效果。在园林景观中,可以在有人停留驻足的地方种植香味浓郁的植物,如夏天的栀子花、秋天的桂花和冬天的蜡梅等;路边或窗下可种植迷迭香、薰衣草等低矮的芳香类灌木或地被;水中还可以种植荷花、香蒲等。

　　随着经济、科学技术的发展,园艺疗法逐渐得到人们的重视,植物保健绿地应运而生。虽然多数园林植物的香气可以使人心情愉悦,有益于身心健康,甚至治疗疾病,但并不是所有的芳香植物都是有益的,有的芳香植物对人体有害。比如,松树分泌的物质,可以杀死寄生在呼吸系统里使肺部和支气管产生感染的各种微生物,有"松树维生素"之称,但园林造景中松柏类所散发的香气虽有杀菌作用,闻得过久不仅会影响食欲,还会引起孕妇烦躁恶心,头晕目眩。又如,夹竹桃的茎、叶,花都有毒,闻其气味过久会使人昏昏欲睡、智力下降;夜来香在夜间停止光合作用后产生大量废气,闻起来很香,但对人体健康不利,如果长期放在室内,会引起头晕、咳嗽、甚至气喘、失眠;月季的浓郁香味,初觉芳香可人,时间过长会使人郁闷不适、呼吸困难。

第五节　园林植物的音韵、意境观赏特性

一、园林植物的音韵美

在亭台楼阁等建筑旁边种植荷花、芭蕉等花木,雨滴淅淅沥沥的声响可以创造出园林中的声音美。例如,苏州拙政园的留听阁,因唐代诗人李商隐的《宿骆氏亭寄怀崔雍崔衮》诗"秋阴不散霜飞晚,留得枯荷听雨声"而得名,而听雨轩因其旁边种植有芭蕉,轩名就取自"雨打芭蕉淅淅沥沥"的诗意。又如,杭州西湖十景之一的"曲院风荷",就以欣赏荷叶受风吹雨打、发声清雅这种绿叶音乐为其特色,正所谓"千点荷声先报雨"。芭蕉的叶子硕大如伞,雨打芭蕉,清声悠远,如同山泉泻落,令人涤荡胸怀,浮想联翩。唐代诗人杜牧曾写有"芭蕉为雨移,故向窗前种。怜渠点滴声,留得归梦乡",白居易有"隔窗知夜雨,芭蕉先有声"。雨打芭蕉的淅沥声中,飘逸出浓浓的古典情怀。

另外,松树在各种气象条件下,会发出不同的声响,成片栽植的松林,有独特的松涛震撼力量。古人有"听松"的嗜好,有诗云"为爱松声听不足,每逢松树遂忘怀"。白居易有诗:"月好好独坐,双松在前轩。西南微风来,潜入枝叶间。萧寥发为声,半夜明月前,寒山飒飒雨,秋琴泠泠弦。一闻涤炎暑,再听破昏烦。"杨万里有诗:"松本无声风亦无,适然相值两相呼。非金非石非丝竹,万顷云涛殷五湖。"

在植物造景中,景观设计师应充分考虑植物的音韵美的特征,创造出富有情趣又符合生态要求的景观。

二、园林植物的意境美

植物本身是自然之物,但是作为富有情感和道德标准的人,却赋予其品格与灵性,依据植物自身的特征,表达人的复杂心态和情感,使植物具有意境美。植物的意境美是通过植物的形、色,声等自然特征,赋予其人格化的情感和深刻内涵,从欣赏植物景观形态美到意境美是欣赏水平的升华。

第七章　园林植物的识别与观赏

第一节　园林木本植物识别与观赏

一、木本植物的观赏特色

没有园林植物,就不能称为真正的园林。没有园林树木,园林就没有骨架。可见木本园林花卉对园林的作用有多大。木本园林花卉应用于园林绿地中,具有比草本花卉更多特色的观赏特性和价值。木本园林花卉种类繁多,每个树种各有自己的形态、色彩、风韵、芳香等特色,而且这些特色又随着季节及树龄的变化而有所丰富和发展。

木本园林花卉的季相美和形态美。如春季枝梢嫩绿,花团锦簇;夏季绿叶成荫,浓影覆地;秋季果实累累,色香具备;冬季则白雪挂枝,银装素裹。一年之中,四季各有不同的风姿和妙趣。以树龄论,木本园林花卉在不同的年龄时期,均有不同的树形树貌。如白皮松在幼龄时全株团簇状似球,壮龄时则亭亭如华盖,老年时则枝干盘虬有飞舞之姿。

木本园林花卉的个体美主要表现在形体姿态、色彩光泽、韵味联想、芳香及自然衍生美。形体姿态美包括树形、枝形、叶形、花形、果形美。色彩光泽美,指树皮、枝条、叶片、花朵及果实的色彩与光泽度。韵味联想美,是指观赏者在观赏完园林花卉之后,在人脑中产生的用文字表达的文化美,也称为联想美、意境美等。这是人们对植物赋予了自己的感情,将其人格化了。如松、竹、梅被称为"岁寒三友",象征坚贞、气节和理想,代表高尚的品质;红豆表示相思、恋念;紫荆喻示兄弟和睦。园林花卉的这种文化美的形成比较复杂,与民族文化、风俗习惯、文化教育、社会历史等有关系。同时,园林花卉的这种文化美,并不是一成不变的,随着时代的发展也会转变,与时俱进。如梅花,旧时以曲为美,受文人"疏影横斜"的影响,带有孤芳自赏的情调。现代却有了"待到山花烂漫时,她在丛中笑"

的积极意义和高尚理想的内容。芳香美是指园林花卉的植株或部分器官能够挥发出怡人的芳香气味,能给人以清新、愉悦之感。自然衍生美是指由于某种花卉美而诱导出的美,如园林花卉诱来的禽鸟形成的"鸟语花香"之美,松针因风吹而起舞相互撞击形成的"松涛"之美等。

木本园林花卉的群体美,是指同一种类或不同种类搭配在一起形成的群落之美,主要体现在林缘线、林冠线、色彩交替、形状变化及叶花果交替的林相之美、韵律之美、景观之美。同时,还包括园林花卉与环境配合的协调统一的艺术美。园林花卉组合配置后,可以体现出景观的丰富感与平衡感,体现既稳定严肃又活泼之感,达到强调、缓解与增加韵味的效果。

二、木本园林植物的分类

(一)木本园林植物的类型

乔木类园林植物具有明显高大的主干,植株高度常达 6m 至数十米。根据植株生长速度,又可分为速生乔木、中生乔木和慢生乔木,如红叶杨、金丝垂柳、金枝国槐、木瓜、白皮松等。

灌木类园林花卉无明显的主干或主干低矮,植株高度在 6m 以下,如榆叶梅、蜡梅、石榴等。

丛木类园林花卉植株矮小,无明显的主干,干茎自地面呈多数生出,如贴梗海棠、夹竹桃等。

藤木类园林花卉的植株无明显的主干,茎不能自行直立,是需要缠绕或攀附他物才能向上生长的一类木本花卉。根据其生长特点,又可分为:吸附类,如爬山虎借助吸盘、凌霄借助气生根向上攀缘;卷须类,如葡萄借助其卷须攀附他物;蔓条类,如藤本蔷薇依靠其钩刺攀升;绞杀类,如借助其缠绕性和粗壮而发达的吸附根使被缠绕的植物缢紧而死亡。

匍地类园林花卉是指植株的干或枝匍地生长的一类,如铺地柏等。

(二)常见种类

1. 牡丹

别名:富贵花、木本芍药、洛阳花

科属:芍药科芍药属

形态特征:为落叶灌木,高达 2m。枝条粗壮。叶呈 2 回羽状复叶,小叶长 4.5 ～ 8cm,阔卵形至卵状长椭圆形,先端 3 ～ 5 裂,基部全缘,叶背有白粉,平滑无毛。花顶生,大型,径 10 ～ 30cm；花型有多种；花色丰富,有紫、深红、粉红、黄、白、豆绿等色。花期 4 月下旬至 5 月；果期 9 月（图 7-1）。

图 7-1　牡丹

产地分布：产于中国西部和北部,现各地广泛栽培,并已引种到国外。

生态习性：喜温暖而不耐热,较耐寒；喜光但忌夏季曝晒,在弱荫下生长最好,花期若能适当遮荫可延长花期并可保持纯正的色泽。喜深厚肥沃、排水良好、略带湿润的砂质壤土,忌黏土及积水之地。较耐碱,在 pH 值为 8 的土壤中也能正常生长。

繁殖方法：以秋季分株为主,也多用芍药根嫁接,也可用压条和播种。

园林用途：花大且美,香色俱佳,故有“国色天香”的美称,更被赏花者评为“花中之王”,从而有“倾国姿容别,多开富贵家。临轩一赏后,轻薄万千花。”的评价。古今园林中常作专类花园及供重点美化；又可植于花台、花池中观赏；亦可行自然式孤植或丛植于岩旁、草坪边缘或配植于庭园；此外,亦可盆栽或作切花。

2. 梅花

别名：梅、干枝梅

科属：蔷薇科李属

形态特征：小乔木或灌木。树皮灰褐色,小枝绿色,光滑无毛。叶卵形或椭圆形,尾尖,基部宽楔形至圆形,缘具小锐锯齿；柄有腺体。花单生或2朵并生,浓香,先叶开放;花梗短;花萼颜色因品种而异;萼筒宽钟形,先端圆钝;花瓣倒卵形,白色至粉红色。花期冬末春初。果近球形,被柔毛,果肉核粘;核椭圆形,顶端圆形而有小突尖头,基部渐狭成楔形,表面具蜂窝状孔穴(图7-2)。

图7-2　梅花

产地分布:原产于长江流域及其以南各省,日本和朝鲜也产,现中国各地均有栽培。

生态习性:性喜光和温暖而略潮润的气候,有一定的耐寒力,个别品种可在东北应用。对土壤要求不高,耐瘠薄土壤。最怕积水,要求排水良好土壤。

繁殖方法:以嫁接和播种为主,也可压条。嫁接时,南方多用毛桃作砧木,北方多用山桃、山杏、梅作砧木。但是,毛桃、山桃上嫁接的梅花寿命短、病虫害严重,其他砧木上嫁接的梅花则没有这些问题。

园林用途:梅花已有3000多年的栽培历史,根据观赏和食用又分为花梅和果梅两类,花梅主要供观赏,果梅主要作加工或药用。

梅花最宜植于庭院、草坪、低山丘陵,可孤植、丛植、群植。又可盆栽观赏,或加以整形修剪成桩景,或作切花瓶插供室内装饰用。同时,由于梅花品种较多,又适合营建专类园。其枝虬曲苍劲嶙峋,风韵洒脱,有一种饱经沧桑、威武不屈的阳刚之美;梅花是孤傲的象征,也是友情的象征。中国的传统文化对梅花在园林中的配置有重要指导意义,如梅、兰、菊、竹被称为花中"四君子",松、竹、梅被称为"岁寒三友"。因此,如何把中国博大精深的传统文化的精髓应用于园林植物造景,是值得园林设计者好好深思的问题。目前,中国建成了南京梅花山梅园、上海市淀山湖梅园、无锡市梅园和武汉市东湖磨山梅园,四个规模很大、品种丰富的梅园。南京市、武汉市等均以梅花作为市花。

3. 月季

别名:月月红

科属:蔷薇科蔷薇属

形态特征:常具钩状皮刺。小叶 3 ~ 5 片,广卵至卵状椭圆形,长 2.5 ~ 6cm,缘有锐锯齿;叶柄和叶轴散生皮刺和短腺毛,托叶大部分附生在叶柄上,边缘有纤毛。花常数朵簇生,罕单生,径约 5cm,花色深红、粉红至近白色,微香。果卵形至球形,红色。花期 4 月下旬至 10 月,果期 9—11 月(图 7-3)。

图 7-3 月季

产地分布:产于湖北、四川、云南、湖南、江苏、广东等地,现各地普遍栽培。原种及多数变种早在 18 世纪末、19 世纪初就传至国外,成为近代月季杂交育种的重要原始材料。

生态习性:喜光,喜温暖,夏季的高温对开花不利。对土壤要求不严,对环境适应性强。

繁殖方法:以扦插和嫁接为主,也可压条、分株和播种。扦插多在春、秋两季进行,嫁接以野蔷薇、白玉棠、刺玫、木香等为砧木,方法可用枝接、芽接、根接。

园林用途:花色艳丽,花期较长,是园林布置的极好材料,宜作花坛、花境及基础栽植用,在草坪、园路角隅、庭园、假山等处配植也很合适,又是盆栽及切花的优良材料。

4. 杜鹃花

别名：映山红、照山红

科属：杜鹃花科杜鹃花属

形态特征：半常绿灌木。高达 3m，有亮棕色或褐色扁平糙伏毛。叶纸质，椭圆形，长 3 ~ 5cm。花 2 ~ 6 朵簇生于枝端，深红色，有紫斑；雄蕊 10 枚。蒴果密被糙伏毛，卵形。花期 4—6 月，果期 10 月（图 7-4）。

图 7-4　杜鹃花

产地分布：产于中国，长江流域和珠江流域各地，东至台湾省，西至四川、云南省均有分布。

生态习性：较耐热，喜气候凉爽和湿润气候，喜酸性土壤。耐瘠薄，怕积水，不耐寒，华北地区多盆栽，温室越冬。

繁殖方法：以分株和嫁接为主，也可扦插、压条、播种。

园林用途：为世界名花，花繁叶茂，绮丽多姿。最宜在林缘、溪边、池畔及岩石旁边成丛成片栽植，或于疏林下散植，也是良好的地被、花境和花篱及盆栽材料。

5. 茶花

别名：曼陀罗树、晚茶花、耐冬、红茶花

科属：茶花科茶花属

形态特征：常绿小乔木或灌木，高达 9m。叶革质，椭圆形，深绿色，发亮，无毛，边缘有锯齿。花顶生，红色、白色等无柄；苞片及萼片约 10 片，组成苞被，外有绢毛，脱落；花瓣 6 ~ 7 片，也有重瓣的。蒴果圆球形，果皮厚木质。花期 1—4 月。果期秋季（图 7-5）。

图 7-5　茶花

产地分布：产于中国东南和西南地区，目前国内各地广泛栽培，日本也产。

生态习性：稍耐阴，喜半荫。喜温暖湿润气候。要求肥沃排水良好的微酸性土壤。不耐酷热，气温达 29℃ 以上时，则生长停止。超过 35℃ 时则叶子会被晒焦。耐寒性较差，如山东青岛公园中的茶花，可耐 -10℃ 低温。北方多盆栽。繁殖方法：以嫁接为主，也可扦插、分株、压条和播种。

园林用途：叶色鲜绿而有光泽，四季常青，花大而美丽，观赏期长，宜在园林中作点景用。另花期正值少花季节，而更显珍贵稀有。多用于点缀庭院和花坛，丛植或群植于疏林边缘或草坪一角。长江以南多与白玉兰、桂花、蜡梅等配植，形成芳香园林绿地。

6. 桃花

别名：花桃、碧桃

科属：蔷薇科李属

形态特征：落叶小乔木或灌木。高达 8m，树皮暗红褐色，小枝绿色，向阳处转红色,具大量小皮孔,老枝干上分泌桃胶;复芽。叶长圆披针形、椭圆披针形,先端渐尖,基部宽楔形,缘具细或粗锯齿,齿端具腺体或无腺体。花单生,先叶开放;梗极短;萼筒钟形绿色而具红色斑点,萼片卵形至长圆形,顶端圆钝;花瓣粉红色。果向阳面具红晕,外面密被短柔毛,腹缝明显,果梗短而深入果洼;果肉白色、浅绿白色、黄色、橙黄色或红色,多汁有香味,甜或酸甜。核大,离核或粘核,表面具纵、横沟纹和孔穴。花期3—4月,果期6—9月(图7-6)。

图7-6　桃花

产地分布:中国各地广泛栽培。世界各地也均有栽培。

生态习性:喜光,喜肥沃而排水良好的土壤,耐旱性强,不耐水湿。有一定的耐寒力。

繁殖方法:以嫁接为主,砧木北方多用山桃,南方多用毛桃。也可用杏、李子、郁李等。也可用播种、压条法。

园林用途:花、果、枝、干等均有良好的观赏效果,是重要的春季观花植物之一,孤植、群植、片植、散植均可,常结合水体、柳树或地形等景观要素营造"桃红柳绿"的春季景观。也可植作专类园观赏,结合地形,间以常绿针叶树和草坪。

7. 樱花

别名:山樱花

科属:蔷薇科李(樱)属

形态特征:乔木,高达25m。树皮暗褐色,具横裂皮孔。单叶互生,卵形至卵状椭圆形,缘具芒或尖锐锯齿;柄顶端有 2 ~ 4 个腺体;托叶披针状线形,边缘锯齿状。花伞房状或总状花序,花瓣先端有缺刻,白色或淡粉红色,萼裂片有细锯齿,苞片呈篦形至圆形。果球形,红色,后变紫褐色。花期 3—5 月,果期 6—8 月(图 7-7)。

产地分布:产于北半球温带环喜马拉雅山地区,包括中国、日本、印度北部、朝鲜。世界各地都有栽培,以日本樱花最为著名,有 200 多个品种。

生态习性:喜光,喜温暖湿润,适宜于深厚肥沃的砂质土壤生长;耐寒和耐旱力强,但抗烟尘及抗风力弱,不耐盐碱土,也忌积水低洼地。

繁殖方法:以嫁接为主,砧木可用樱桃、山樱花、尾叶樱、桃和杏等。也可分株、压条、扦插等。

图 7-7　樱花

园林用途:树体高大,繁花似锦,花色艳丽,妩媚多姿,既有梅花之幽香,也有桃花之艳丽。盛开时节,花繁艳丽,满树烂漫,如云似霞,极为壮观。故宜群植或大片栽植,造成"花海"景观;也可孤植,尤以常绿树种为背景,可形成"万绿丛中一点红"的诗情画意。可三五成丛点缀于绿地形成锦团,也适于山坡、庭院、路边、建筑物前布置,也可作小路行道树,又是制作盆景的优良材料。国内观赏樱花的著名景点有西安的青龙寺、武汉大学珞珈山校园、北京玉渊潭公园、南京林业大学樱花大道等。

8. 杏花

别名：杏树、杏花

科属：蔷薇科李属

形态特征：小乔木，高达 15m，树皮灰褐色，纵裂；多年生枝浅褐色，皮孔大而横生，一年生枝浅红褐色。叶宽卵形或圆卵形，先端急尖至短渐尖，基部圆形至近心形，缘有圆钝锯齿；叶柄基部常具 1 ~ 6 腺体。花单生，白色或淡粉色，先叶开放；花梗极短；萼紫绿色或鲜绛红色。果球形，稀倒卵形，橙黄或黄红色，常带红晕，微被短柔毛；果肉多汁，熟时不开裂；果核平滑，卵形或椭圆形，两侧扁平，顶端圆钝。花期 3—4 月，果期5—7 月（图 7-8）。

图 7-8　杏花

产地分布：产于中国各地，尤以华北、西北和华东地区种植较多，黄河流域为栽培中心。

生态习性：喜光，可耐 -40℃低温，也耐高温；耐轻度盐碱，耐干旱，但极不耐涝。

繁殖方法：常用播种和嫁接方法。嫁接一般用野杏或山杏作砧木。

园林用途："春色满园关不住，一枝红杏出墙来"描述了杏树的观赏特色。园林中最宜结合生产群植成林，也可在草坪、水边、墙隅孤植，山坡等处丛植或片植，阶前、墙角处、路边等地应用效果也很好。

9. 榆叶梅

别名：榆梅

科属：蔷薇科李属

形态特征：小乔木或灌木，高 5 m。小枝细，树皮紫褐色。叶椭圆形至倒卵形，长 3 ~ 6 cm，缘具粗重锯齿。花单生或 2 朵并生，粉红色，径 2 ~ 3cm。核果球形，红色。花期 4 月，先叶或与叶同放。果期 7—9 月（图 7-9）。

图 7-9　榆叶梅

产地分布：产于中国北部，黑龙江、河北、山西、山东、江苏、浙江等地均产，华北、东北多栽培。

生态习性：喜光，耐寒，较耐旱，但不耐水涝。

繁殖方法：常用嫁接繁殖，砧木可用山桃、毛桃、山杏或榆叶梅实生苗。

园林用途：植株丛生，枝暗红色，花期全株花团锦簇，呈现一派欣欣向荣的景象。可成丛、成片栽植于房前、墙角、路旁、坡地、水边；若以松柏类或竹丛为背景，与连翘、金钟花等组植，可收色彩调和之效。也可盆栽催花和作切花材料。

10. 樱桃里

别名：樱李

科属：蔷薇科李属

形态特征：高达 8m。叶片椭圆形、卵形或倒卵形，有细尖单锯齿或重锯齿。花白色，单生，单瓣，花瓣长圆形或匙形，缘波状。核果近球形或椭圆形，黄色、红色或黑色，微被蜡粉，具有浅侧沟，粘核；核表面平滑或粗糙或有时呈蜂窝状，背缝具沟，腹缝有时扩大具 2 侧沟。花期 4—5 月，果期6—7月(图7-10)。

图7-10　樱桃李

　　产地分布：产于新疆，国外也产。

　　生态习性：喜光，也较耐阴。耐寒能力强，适宜肥沃排水良好的壤土。不耐积水。

　　繁殖方法：嫁接为主，砧木可用毛桃、山桃、山杏、李、梅等。也可扦插。

　　园林用途：花蕾紫红密集，开后花瓣白色，配以紫叶，非常美丽。可植于草坪、水边、常绿树丛前等处，也是良好的行道树。

　　11. 棣棠

　　别名：地棠花、地团花

　　科属：蔷薇科棣棠属

　　形态特征：高达2m，小枝有棱。叶卵形至卵状椭圆形，长4～8cm，先端长尖，缘有尖锐重锯齿。花金黄色，径3～4.5cm，单生于侧枝顶端。瘦果黑褐色，生于盘状花托上，萼宿存。花期4月下旬至5月底，果期7—8月(图7-11)。

　　产地分布：产于河南、湖北、湖南、江西、浙江、江苏、四川、云南、广东等地，日本也产。

　　生态习性：性喜温暖、半荫而略湿之地。

　　繁殖方法：以分株为主，也可扦插、播种。

图 7-11　棣棠

12. 中华石楠

别名：石楠千年红、扇骨木

科属：蔷薇科石楠属

形态特征：半常绿灌木或小乔木，高达 10m。叶片薄纸质，长圆形。复伞房花序。果卵形，紫红色。花期 5 月，果期 7—8 月（图 7-12）。

图 7-12　中华石楠

产地分布：产于陕西、河南、江苏、安徽、浙江、江西、湖南、湖北、四川、云南、贵州、广东、广西、福建等地。

生态习性：喜温暖湿润气候，喜土层深厚、排水良好的肥沃壤土。

繁殖方法：常用播种、扦插、嫁接。

园林用途：嫩叶鲜红色，老叶紫红色，非常美丽，主要用作绿篱、球状散植，或盆栽观赏。

第二节　园林草本植物识别与观赏

一、一、二年生花卉

（一）观赏及应用特点

在园林绿地中除栽植乔木、灌木外，建筑物周围、道路两旁、疏林下、空旷地、坡地、水面、块状隙地等，都是栽种花卉的场所，使花卉在园林中构成花团锦簇、绿草如茵、荷香拂水、空气清新的意境，以最大限度地利用空间来达到人们对园林的文化娱乐、体育活动、环境保护、卫生保健、风景艺术等多方面的要求。花卉在园林中最常见的应用方式即是利用其丰富的色彩、变化的形态等来布置出不同的景观，主要形式有花坛、花境、花丛、花群以及花台等，而一些蔓生性的草本花卉又可用以装饰柱、廊、篱以及棚架等。

一、二年生花卉品种繁多、形状各异、色彩艳丽，开花繁盛整齐、装饰效果好，在园林中可起到画龙点睛的作用。一年生花卉是夏季景观中的重要花卉，二年生花卉是春季景观中的重要花卉。花期集中，花期长。一、二年生花卉是规则式园林应用形式（如花坛、种植钵、窗盒等）常用花卉，如三色堇、金鱼草、百日草、凤仙花、一串红、万寿菊等开花期集中，方便及时更换种类，可保证较长的良好观赏效果。

（二）常见的一、二年生花卉

1. 鸡冠花

别名：鸡冠、鸡冠头、红鸡冠、鸡公花

科属：苋科，青葙属

形态特征：株高 30～90cm，茎直立，上部扁平，绿色或红色。叶互生，卵形、卵状披针形或线状披针形，顶部渐狭，全缘，有柄。肉质穗状花序顶生，花轴扁平、肉质，呈鸡冠状，中部以下集生多数小花，上部花多退化，花被膜质，5 片。花色深红，亦有黄、白及复色变种。花期 8～10 月。胞果卵形，盖裂，内含种子 4 粒，扁圆形，黑色具光泽（图 7-13）。

图 7-13　鸡冠花

生态习性：鸡冠花原产印度，一年生草本花卉。喜高温，不耐寒，遇霜则植株枯萎，怕涝，耐肥不耐瘠薄，在瘠薄土壤中鸡冠花变小。宜栽植在阳光充足、空气干燥的环境和排水良好的肥沃沙壤土上。对二氧化硫抗性强，对氯也有一定抗性。

繁殖栽培：种子繁殖。北方一般 3 月在温室播种或者 4 月下旬露地直播，温度 20℃以上 7 ~ 10d 发芽，苗期温度以 15 ~ 20℃为宜。待苗长出 3 ~ 4 片真叶时可间苗一次，到苗高 5 ~ 6cm 时即应带根部土移栽定植，栽后要浇透水，7d 后开始施肥，每隔半月施一次液肥。常见病害有叶斑病、立枯病和炭疽病，可用 50% 代森锌可湿性粉剂 300 倍液喷洒，虫害有小绿蚱蜢和蚜虫为害，用 90% 敌百虫原药 800 倍液喷杀。

种类及品种介绍：鸡冠花变种、变型和品种很多，按植株高度来分，有矮秧品种（20 ~ 30cm）、中秧品种（40 ~ 60cm）和高秧品种（约80cm）。以花期分，有早花和晚花品种。色泽自极淡黄（近白）至金黄、棕黄，又白玉红、玫红、橙红至紫红色，并有黄系和红系夹杂的洒金、二乔等复色。一般栽培品种有四种：

（1）普通鸡冠花（见上面介绍）。

（2）子母鸡冠，植株呈广圆锥形，高 30 ~ 50cm，多分枝。花序呈倒圆锥形，皱褶极多，主花序基部着生许多小花序，侧枝顶部亦能开花，花色橘红。

（3）圆绒鸡冠，株高 40 ~ 60cm，有分枝，不开展。花序卵圆形，表面绒羽状，紫红或玫瑰红色，具光泽。

（4）凤尾鸡冠,又名芦花鸡冠、笔鸡冠,高30～120cm,茎粗壮多分枝,植株外形呈等腰三角形状。穗状花序聚集成三角形的圆锥花序,直立或略倾斜,着生枝顶,呈羽毛状。色彩有各种深浅不同的黄色和红色。

园林用途:鸡冠花色彩丰富,有深红、鲜红等色,适宜布置大型花坛、花境和景点,也是很好的盆栽材料,目前还可制成干花,用于插花艺术。

2.矮牵牛

别名:番薯花、毽子花、碧冬茄

科属:茄科,碧冬茄属

形态特征:株高20～50cm,茎直立,全株上下都有黏毛;叶互生,嫩叶略对生,卵状,全缘,几无柄;花单生于叶腋或顶生,花萼五裂,花冠漏斗状,花瓣边缘变化很大,有平瓣、波状、锯齿状瓣。花色繁多,有红、紫红、粉红、橙红、紫、蓝、白及复色等,五彩缤纷,十分艳丽。花期4～10月(图7-14)。

图7-14　牵牛花

生态习性:矮牵牛原产于南美洲巴西、阿根廷、智利及乌拉圭等地,多年生草本植物,多作一、二年生栽培。喜阳光充足和温暖的环境,不耐寒,生长适温15～20℃,

冬季温度在4～10℃,如低于4℃,植株生长停止,能经受-2℃低温;夏季可耐35℃左右的高温,对温度的适应性强。忌水涝,喜排水良好的沙质壤土或弱酸性土壤。

繁殖栽培:播种或扦插法。在20～22℃的条件下,5～7d即可发芽。出苗后温度保持在 9 ~ 13℃。重瓣品种不易结实,可用扦插法繁殖。2 片真叶时,移栽一次,幼苗具 5 ~ 6 片真叶时可定植干 10cm 盆或 12 ~ 15cm 的吊盆中。小苗要带土移植,定植要早,否则缓苗较慢。需摘心的品种,在苗高 10cm 时进行,在摘心后 10 ~ 15d 用 0.25% ~ 0.5% 叶酸喷洒叶面 3 ~ 4 次,来控制植株高度,促进分枝,效果十分显著。矮牵牛在夏季高温多湿条件下,植株易倒伏,注意修剪整枝,摘除残花,以保持株形美观,达到花繁叶茂。病虫害较少,易于栽培。

种类及品种介绍:矮牵牛园艺品种繁多,从株形上可分为高生种、矮生种、丛生种、匍匐种;从花型上可分为大花、小花、波状、锯齿、重瓣、单瓣;从花色上可分为紫红、鲜红、桃红、蓝紫、白和复色等。

园林用途:矮牵牛花期长,花期早,花朵硕大,色彩丰富,花型变化颇多,所以既可地栽布置花坛,又宜盆植、吊植,美化阳台居室。

3. 翠菊

别名:江西腊、姜心菊、蓝菊、五月菊、七月菊、八月菊、九月菊

科属:菊科,翠菊属

形态特征:株高 20 ~ 100cm,茎直立,表面有白色糙毛,多分枝;叶互生,卵形至椭圆形,具有粗钝锯齿,基部叶有柄,叶柄有小细翅,上部叶无叶柄,叶两面疏生短毛;头状花序单生枝顶,花径 3 ~ 15cm,总苞具多层苞片,外层革质、内层膜质,中央管状花黄色,花盘边缘为舌状花,色彩丰富,原种舌状花 1 ~ 2 轮,栽培品种的舌状花多轮;瘦果呈楔形,浅褐色,9 ~ 10 月成熟,种子寿命 2 年。秋播花期为第二年 5 ~ 6 月,春播花期 7 ~ 10 月。单株盛花期约 10d(图 7-15)。

图 7-15　翠菊

生态习性：翠菊原产我国东北、华北以及四川、云南各地，一、二年生草本。植株健壮，喜凉爽气候，喜阳光，喜湿润。不耐寒，怕高温，白天最适宜生长温度为 20 ～ 23℃，夜间 14 ～ 17℃。为浅根性植物，不耐旱，不耐涝，不择土壤，但具有喜肥性，在肥沃湿润和疏松、排水良好的壤土、砂壤土中生长最佳，积水时易烂根死亡。高型品种适应性较强，随处可栽，中矮型品种适应性较差，要精细管理。忌连作，需隔 3 ～ 4 年栽植一次。盆栽宜每年换新土一次。

繁殖栽培：种子繁殖，多为春播，一般播种后在 15℃ 左右约需要 10d 发芽。出苗后应及时间苗。2 片真叶时分苗，移栽要在小苗时进行，苗大移栽影响成活。经一次移栽后，苗高 10cm 时定植。由于翠菊喜肥，所以除施用腐熟的基肥外，要适时补充化肥。灌水要根据天气和土壤干旱情况而定，现蕾后要控水停肥，以防止主茎和侧枝的徒长，夏季干旱时，须经常灌溉。常见病害有黑斑病，可用 70% 托布津 800 倍液防治。虫害有红蜘蛛和蚜虫为害，用 40% 乐果乳油 1500 倍液喷杀。

种类及品种介绍：翠菊品种繁多，花色丰富。按花色可分为蓝紫、紫红、粉红、白、桃红、黄等色。按株型可分大型、中型、矮型。大型株高 50 ～ 80cm；中型株高 35 ～ 45cm；矮型株高 20 ～ 35cm。按花型可分彗星型、驼羽型、管瓣型、松针型、菊花型等。

园林用途：翠菊的矮型品种适合盆栽观赏，不同花色品种配置五颜六色，颇为雅致，也宜用于毛毡花坛边缘。中、高型品种适于各种类型的园林布置；高型可作"背景花卉"，也宜作切花材料。如用紫蓝色翠菊瓶插、装饰窗台，显得古朴高雅。若以黄色翠菊和石斛为主花，配以丝石竹、肾蕨、海芋进行壁插，素中带艳，充满时代感。

4. 金盏菊

别名：长生菊、金盏花、长春菊、黄金盏、常春花

科属：菊科，金盏菊属

形态特征：株高 30 ～ 60cm，全株具毛。叶互生，长圆至长圆状倒卵形，全缘或有不明显锯齿，基部稍抱茎；头状花序单生，径 4 ～ 5cm，舌状花黄色，总苞 1 ～ 2 轮，苞片线状披针形，花色有黄、橙、橙红、白等色，也有重瓣、卷瓣和绿心、深紫色花心等栽培品种，花期 4 ～ 6 月；瘦果弯曲，果熟期 5 ～ 7 月（图 7-16）。

图 7-16　金盏菊

生态习性：金盏菊原产欧洲南部及地中海沿岸，一、二年生草本。耐寒，怕热，生长适温为 7 ~ 20℃，幼苗冬季能耐 -9℃低温。喜阳光充足环境，适应性较强，较耐干旱瘠薄，但在肥沃、疏松和排水良好的沙质壤土或培养土最为适宜。土壤 pH 以 6 ~ 7 最好。这样植株分枝多，开花大而多。金盏菊栽培容易，且易自播繁衍。

繁殖栽培：种子繁殖，常以秋播或早春温室播种，7 ~ 10d 出苗，于 4 ~ 5 月可开花。秋播出苗后，于 10 月下旬在冷床假植越冬。金盏菊枝叶肥大，生长快，早春应及时分栽定植，幼苗 3 片真叶时移苗一次，待苗 5 ~ 6 片真叶时分栽定植，定植后 7 ~ 10d，可用摘心或者喷施 0.4% 叶酸溶液喷洒叶面 1 ~ 2 次来控制植株高度，促进分枝。生长期每半月施肥 1 次，肥料充足，金盏菊开花多而大。常见病害有枯萎病和霜霉病，可用 65% 代森锌可湿性粉剂 500 倍液喷洒防治。初夏气温升高时，金盏菊叶片常发现锈病为害，用 50% 萎锈灵可湿性粉剂 2000 倍液喷洒。早春花期易遭受红蜘蛛和蚜虫为害，可用 40% 氧化乐果乳油 1000 倍液喷杀。

园林用途：金盏菊春季开花较早，色彩艳丽，常供花坛布置，花坛栽植，应随时剪除残花，则开花不绝。但其自初花至盛花末期，植株继续长高，故在花坛设计或养护时，应予注意。近年国内也已作温室促成，供应切花或盆花。

5. 万寿菊

别名：臭芙蓉、蜂窝菊、臭菊、千寿菊

科属：菊科，万寿菊属

形态特征：株高 20 ~ 100cm，茎直立，光滑而粗壮。叶对生或互生，羽状全裂，裂片披针形，叶缘背面具油腺点，有特殊气味。头状花序单生，花径 5 ~ 13cm，花梗粗壮而中空，近花序处肿大。舌状花瓣上具爪，边缘波浪状，花期 7 ~ 9 月。瘦果黑色，下端浅黄，冠毛淡黄色，果期 8 ~ 9 月（图 7–17）。

图 7–17　万寿菊

生态习性：万寿菊原产墨西哥，一年生草本植物。性喜阳光充足和温暖的气候环境，但稍能耐早霜，它的生长适温为 15 ~ 20℃，冬季温度不低于 5℃；夏季高温 30℃ 以上，植株徒长，茎叶松散，开花少。稍耐阴，较耐旱，在酷暑条件下生长不良，它适应性强，对土壤要求条件不严，但以肥沃、深厚、富含腐殖质、排水良好的沙质土壤为宜。

繁殖栽培：种子繁殖为主，也可以扦插繁殖。一般 3 月份播种，发芽的适温为 20℃ 左右，发芽较快，一般播后 7 ~ 9d 发芽。扦插可以在 5 ~ 6 月进行，在室温 19 ~ 21℃ 下，插后 10 ~ 15d 生根，扦插苗 30 ~ 40d 可开花。2 ~ 3 片真叶时移植一次，幼苗具 5 ~ 7 片叶时定植。幼苗期生长迅速，应及时摘心，促使分枝。生长期每半月施肥 1 次，为了控制植株高度，在摘心后 10 ~ 15d，用 0.05% ~ 0.1% B9 水溶液喷洒 2 ~ 3 次，每周 1 次。常见病害有叶斑病、锈病和茎腐病，可用 50% 托布津可湿性粉剂 500 倍液喷洒。虫害有盲蝽、叶蝉和红蜘蛛为害，用 50% 敌敌畏乳油 1000 倍液喷杀。

种类及品种介绍：品种按植株高低，可分为高茎种：株高 90cm 左右，花形较大；中茎种：株高 60 ~ 70cm。花形中等；矮茎种：株高 30 ~ 40cm，花形较小。按花型，分蜂窝型：花序基本上由舌状花构成，管状花分散夹杂其间，花瓣多皱，花序圆厚近球形；散展型：花序外形与蜂窝型相似,但舌状花先端阔,较平展,排列较疏松;卷钩型:花瓣狭窄,先端尖,有时外翻,舌状花互相卷曲钩环。常用品种有:"安提瓜",株高25～30cm,花重瓣,播后65～70d开花。"发现",株高15～20cm,分枝性强,花重瓣、球状,花径7～8cm。"大奖章",株高15～22cm,花径7cm。另外,有特大花型的"江博"、树篱型的"丰盛"、"第一夫人"等。

园林用途:万寿菊花大色艳,花期长。其中,矮型品种,分枝性强,花多株密,植株低矮,生长整齐,球形花朵完全重瓣,最适作花坛布置或花丛、花境栽植;中型品种,花大色艳,花期长,管理粗放,是草坪点缀花卉的主要品种之一,主要表现在群体栽植后的整齐性和一致性,也可供人们欣赏其单株艳丽的色彩和丰满的株形。高型品种,花朵硕大,色彩艳丽,花梗较长,做切花后水养时间持久,是优良的鲜切花材料,也可作带状栽植代篱垣,或作背景材料之用。

6. 三色堇

别名:蝴蝶花、猫儿脸、鬼脸花

科属:堇菜科、堇菜属

形态特征:株高15～25cm,全株光滑,茎长而多分枝。叶互生,基部叶有长柄,基生叶近心形,茎生叶矩圆状9口形或宽披针形,托叶宿存,基部有羽状深裂。花大,花径4～10cm,腋生,下垂,有总梗及2小苞片;萼5宿存,花瓣5,不整齐,一瓣有短而钝之距,下面花瓣有线形附属体,向后伸入距内。花色瑰丽,通常为黄、白、紫三色,或单色,还有纯白、浓黄、紫堇、蓝、青等,或花朵中央具一对比色之"眼",花期4～6月,蒴果椭圆形,三裂,果熟期5～7月(图7-18)。

图7-18 三色堇

生态习性：三色堇原产于欧洲南部，多年生草本，常作二年生栽培。喜凉爽，忌酷热，在昼温 15～25℃、夜温 3～5℃的条件下发育良好。较耐寒，能耐 −15℃的低温。喜光，略耐半阴。不耐瘠薄，喜肥沃、排水良好、富含有机质的中性壤土或沙壤土。

繁殖栽培：种子繁殖，有秋播，也有春播。三色堇发芽适温为 10～21℃，避光条件下 7～10d 发芽。生长适温为 10～13℃，播种后 14～15 周开花。为使春季开花一般用秋播，在 8 月下旬至 9 月上旬播于冷床，在植株长至 3～4 片真叶时，可进行适当的炼苗，促使植株健壮。5～6 片真叶时移栽一次，10 月下旬带土移入阳畦，第二年 3 月下旬定植，定植后需勤施肥水，4～6 月开花，到夏季则生长不良。东北地区多春播，3 月在温室播种，5 月就能开花。春季雨水过多时会发生灰霉病，可用 65%代森锌可湿性粉剂 500 倍液喷洒。天气干燥时，常有蚜虫为害，用 40%氧化乐果乳油 1500 倍液喷杀。

种类及品种介绍：园艺品种十分丰富，有大花、纯色、杂色、二色、瓣缘波状等品种。近年来常用的品种有："雪波"系列，一代交配种。中大花型，花朵直立，花瓣厚，不易下垂。花色多达 17 种。鲜艳独特，花期特别长。"雪波"系列生长强健，株形紧凑，耐寒性强，耐雨，是市场反应极佳的品种。"神童"系列，大花带斑系列，株形紧凑，适于秋冬生产用，花色有黄斑、白斑、红斑、玫瑰红斑、蓝斑、紫斑等。"丽人"系列，大花品种，株形紧凑，花期早，性喜冷凉，其特有的纯色给人一种清爽纯洁的感觉。花色有红色、黄色、橘黄色、白色、蓝色等。"帝王"，新育成带斑系列，花大，8～10cm，株形紧凑，价格经济。"华尔兹"，株高 12～15cm，花径 6cm，新颖独特的皱花边似重瓣。极具观赏效果。是理想的早春盆栽新品种。

园林用途：三色堇为春天优良的花坛材料，开花早，花期长，花色丰富多彩，花形奇特，品种繁多，可在公园成片种植，也可供花坛、花境、盆钵栽培或作为镶边材料，是近年来非常受欢迎的盆栽及庭院花卉。

7. 凤仙花

别名：指甲草、透骨草、金凤花、洒金花
科属：凤仙花科，凤仙花属
形态特征：株高 30～100cm，茎肥厚多汁而光滑，节部膨大，呈绿色或深褐色，茎色与花色相关。叶互生，披针形，叶柄两侧有腺体。花单朵或数朵簇生叶腋，花冠蝶形，有单瓣、重瓣之分，花色有白、水红、粉、玫瑰红、大红、洋红、紫、雪青等，花期 6～10 月。结蒴果，状似桃形，成熟时外壳自行爆裂，将种子弹出（图 7-19）。

图 7-19　凤仙花

生态习性：凤仙花原产印度、中国南部、马来西亚，为一年生草本植物。凤仙花喜阳光，怕湿，耐热不耐寒，遇霜则枯萎。对土壤要求不严，耐瘠薄，但在土层深厚的肥沃土壤上生长良好。凤仙花适应性较强，移植易成活，生长迅速。

繁殖栽培：种子繁殖。3 ~ 9 月进行播种，以 4 月播种最为适宜，这样 6 月上、中旬即可开花，花期可保持两个多月，约 10d 后可出苗。当小苗长出 3 ~ 4 片叶后，即可移栽。5 月中旬定植于露地。定植后，对植株主茎要进行打顶，增强其分枝能力；基部开花随时摘去，这样会促使各枝顶部陆续开花。由于它对盐害非常敏感，宜薄肥勤施，10d 后开始施液肥，每隔一周施一次。避免浇水过多或干旱。最适 pH 为 5.8 ~ 6.5。凤仙花生存力强，适应性好，一般很少有病虫害。

种类及品种介绍：品种很多，可分单瓣和重瓣两大类。重瓣按花型可分为蔷薇型、山茶型和石竹型。因凤仙善变异，经人工栽培选择，已产生了一些好品种，如五色当头凤，花生茎之顶端，花大而色艳，还有十样锦等。现在花市上大部分是新几内亚凤仙。新几内亚凤仙为凤仙花科、凤仙花属多年生常绿草本植物。花色丰富、色泽艳丽欢快，四季开花，花朵繁茂，花期长；植株丰满，叶片洁净秀美，叶色、叶形独具特色；生长速度快，可自然成形，宜作周年供应的时尚盆花。

园林用途：由于凤仙花适应性强，花色繁多，观赏价值高，可适用于花坛、花径、花篱、自然丛植和盆栽观赏等。

8. 紫罗兰

别名：草桂花

科属：十字花科，紫罗兰属

形态特征：株高 30 ～ 60cm，全株被灰色星状柔毛，茎直立，多分枝，基部稍木质化。叶互生，叶面宽大，长椭圆形或倒披针形，先端圆钝。总状花序顶生和腋生，花梗粗壮，花瓣 4 枚，瓣片铺展为十字形，花淡紫色或深粉红色，具芳香，花期 3 ～ 5 月。单瓣花能结籽，重瓣花不结籽，果实为长角果、圆柱形，种子有翅，果熟期 6 ～ 7 月（图 7-20）。

图 7-20 紫罗兰

生态习性：紫罗兰原产欧洲南部，多年生草本，常作一、二年生栽培。紫罗兰喜阳光充足、温暖和冷凉的环境，生长适温白天为 15 ～ 18℃，夜间约为 10℃，能耐短时间的 –5℃ 的低温。要求疏松肥沃、土层深厚、排水良好的土壤。

繁殖栽培：种子繁殖，北方一般在 1 ～ 2 月温室播种。在真叶展叶前需分苗移植。因其直根性强，须根不发达，如较早移植，并且移植时要多带宿土，可少伤根。栽植时应施足基肥，生长前期视植株长势适当施肥。施肥要薄肥勤施，否则易造成植株徒长。不可栽培过密，否则通风不良，易受病虫害。定植后浇透水。如养护得当，4 月中旬即可开花。开花后需剪花枝，并施 1 ～ 2 次追肥，这样能再抽枝，到 6 ～ 7 月可第 2 次开花。紫罗兰为直根性植物，不耐移植。因此为保证成活，尽量不要伤根系。常见病害有叶斑病，可喷洒 1% 的波尔多液或 25% 多菌灵可湿性粉剂 300 ～ 600 倍液来防治；猝倒病，发病初期用 50% 的代森铵水溶液 300 ～ 400 倍液或 70% 甲基托布津可湿性粉剂 1000 倍液防治。虫害主要是蚜虫,喷施40%乐果或氧化乐果1000～1500倍液,或杀灭菊酯2000～3000倍液或80%敌敌畏1000倍液等。

种类及品种介绍:园艺品种甚多,有单瓣和重瓣两种品系。重瓣品系观赏价值高;单瓣品系能结种,而重瓣品系不能。一般扁平种子播种生长的植株,通常可生产大量重瓣花;而饱满充实的种子,大多数产生单瓣花的植株。花色有粉红、深红、浅紫、深紫、纯白、淡黄、鲜黄、蓝紫等。在生产中一般使用白花、粉花和紫花等品种生产切花。主要栽培品种有白色的"艾达"、淡黄的"卡门"、红色的"弗朗西丝卡"、紫色的"阿贝拉"和淡紫红的"英卡纳"等。依株高分有高、中、矮三类;依花期不同分有夏紫罗兰、秋紫罗兰及冬紫罗兰等品种;依栽培习性不同分一年生及二年生类型。

园林用途:紫罗兰花期较长,花朵丰盛,花序硕大,色彩丰富,有香味,可用作花坛、花境的布置材料和盆栽美化居室,也是很好的切花植物。

9. 观赏向日葵

别名:美丽向日葵、太阳花

科属:菊科,向日葵属

形态特征:茎直立,圆形而多棱角,质硬,被粗毛。叶互生,卵形。头状花序,周围一圈是舌状小花,不结实;中间为管状小花,结实。花色为黄色(黑心),莲花形。果褐色、黑色或白色,瓜子形(图7-21)。

图7-21 观赏向日葵

生态习性：忌高温多湿，喜阳光充足，不耐阴，不耐旱，不耐涝，不耐寒。喜肥，对土壤要求不严。抗病能力差。

繁殖栽培：种子繁殖。因为观赏向日葵的主根很深，所以最好把观赏向日葵的种子直接播种于最终的容器中。种子宜播种于排水良好、无病虫害、pH 在 6.5 ～ 7.0 的栽培基质中，播种后轻轻覆盖。种子萌发的土壤温度是 20 ～ 25℃，8d 左右开始发芽，出芽后施二铵、钾肥，使苗生长旺盛。种子萌发后逐渐增加光照强度，当子叶完全展开后可适当施用肥料。种苗生长的温度是日温 20 ～ 25℃、夜温 18 ～ 20℃，高温会使植株徒长。适当灌溉以促进植株生长，在开花之前停止施肥，施用一定量的生长调节剂可以控制植株的高度。

种类及品种介绍：观赏向日葵白 19 世纪 80 年代初，在欧洲被用于观赏以来，仅有 100 多年的栽培历史，但发展很快。从单瓣的向日葵，很快选育出 90cm 矮生种、橙色重瓣种和分枝性强的小花类向日葵，使向日葵观赏范围很快扩大。接着，市场又出现杂种 1 代向日葵品种。紧接着，欧洲的育种家把观赏向日葵向矮生、重瓣和多色方向发展。

园林用途：观赏向日葵花朵硕大，鲜艳夺目，枝叶茂密，是新颖的盆栽和切花植物。也用于花坛、花境或庭院观赏。

二、宿根花卉

（一）观赏及应用特点

宿根花卉是指在露地栽培环境条件下，植株地上部分当年生长、开花后枯死，地下部分宿存越冬，到下一个生长季节来临时植株重新萌芽、生长、开花；或者在温暖条件下每年都能生长、开花的一类多年生草本观赏植物。宿根花卉具有可存活多年的地下部分。多数种类具有不同程度的粗壮主根、侧根和须根，其中主根、侧根可存活多年，由根颈部的芽每年萌发形成新的地上部分，经过生长可以开花、结实，如芍药、菊花、火炬花、玉簪等。也有不少种类地下根部能存活多年，并继续横向延伸形成根状茎，根茎上着生须根和芽，每年由新芽形成地上部，经过生长可以开花、结实，如荷包牡丹、鸢尾、玉竹、费菜、肥皂草等。宿根花卉应用范围广，可以在园林景观、庭院、路边、河边、边坡等地方绿化中广泛应用。一次种植可多处观赏，且方便、经济，可以节省大量人力、物力。大多数品种对环境条件要求不严，可粗放管理。品种繁多，株型高矮、花期、花色变化较大，时间长，色彩丰富、鲜艳。许多品种有较强的净化环境与抗污染的能力及药用价值。部分品种是作切花、盆花及干花的好材料。

（二）常见宿根花卉

1. 菊花

别名：菊华、九华、女华、黄花、黄华

科属：菊科，菊属

我国是菊的故乡，菊花千姿百态，清香四溢，傲霜挺立，凌寒盛开，有花中君子之美誉。人们赏菊，赏其五彩缤纷，黄色华贵雍容，金光灿烂；红色热情奔放，绚丽夺目；白色清洁淡雅，淡妆素裹；绿色妩媚含娇；黑紫色墨荷诱人。赏其千姿百态，卷散的"嫦娥奔月"，花瓣飘逸潇洒，淡意疏容，晚香冷秀。赏其香，不清不严，既清且幽，沁人心脾，零落黄金蕊，虽枯不改香。

形态特征：为多年生草本植物或宿根亚灌木，扦插苗的茎分为地上基和地下茎两部分。株高 20 ~ 200cm。茎色嫩绿或褐色，被灰色柔毛或茸毛，基部半木质化。花后茎干枯死，次年春季由地茎发生蘖芽。单叶互生，卵圆至长圆形，边缘有缺刻及锯齿，叶柄长 1 ~ 2cm，柄下两侧有托叶或退化。头状花序顶生，舌状花内雄蕊退化，雌蕊一枚，为雌花；筒状花为两性花。花色有红、黄、白、紫、绿、粉红、复色、间色等色系。花期夏秋至寒冬，但以 10 月为主。瘦果扁平，内含种子一粒，次年 2 月种子成熟（图7-22）。

图 7-22　菊花

　　生态习性：菊花适应性强,性喜凉爽,较耐寒,生长最适温度为18～21℃,最高32℃,最低10℃,地下根能耐–10℃低温。喜阳光充足,但也能耐阴,耐干旱,忌水湿。喜地势高、土层深厚、富含腐殖质、疏松肥沃、排水良好的壤土。在微酸性至微碱性土壤中皆能生长。而以pH6.2～6.7最好。为短日照植物,在每天14.5h的长日照下进行营养生长,每天12h以上的黑暗与10℃的夜温适于花芽发育。

　　种类及品种介绍：菊花在我国具有悠久的栽培历史。由于其适应能力强,栽培范围广,加上长期的自然杂交和人工选择以及环境条件的影响,产生了各种各样的变异,形成丰富多彩的栽培品种。品种的分类应按什么标准来进行呢,前人在这方面已做了大量的工作,在古代的菊谱中,大多以颜色作为分类标准。随着菊花品种的增多和现代园艺技术的发展又产生了许多分类标准,但大多都以花的特征为主要标准。

　　繁殖栽培：依栽培方式不同而有别,在温暖地区常作露地栽培,周年进行切花生产。除选择品种外,主要是利用电灯照明来控制菊花短日照下花芽分化和开花的作业,以达到周年生产的要求。

　　近年来,我国在菊花繁殖上,除沿用的扦插等营养繁殖外,也运用组织培养方式进行增殖和保存名贵品种,并利用辐射诱变等手段获得了一些新品种。

　　园林用途：菊花品种繁多,花型及花色丰富多彩,选取适宜品种可布置花坛、花境及岩石园等。自古以来盆栽菊花清高雅致,也深受我国人民喜爱。案头菊及各类菊艺盆景使人赏心悦目,日益受到欢迎。菊花在世界上是重要的切花之一,在切花销售额中居首位。水养时花色鲜艳而持久,除此外,切花还可供花束、花圈、花篮制作用。杭菊等多入药,或作清凉饮料用。一些地区,还用菊花制作菊花酒、菊花肉等饮料及风味食品。

　　菊花因其花姿千变万化、花色姹紫嫣红、花香幽雅清芳,常常会作为展示花卉。一般展示的类型可分为以下几种：

　　（1）品种展示型：以各种品种的展示为主,注意各品种间的前后高矮,以及颜色的搭配。也有的县按照花型分类放置。科普性较强而装饰性较弱。

　　（2）意境烘托型：此方式多与和菊花相关的古典诗词及神话传说相结合,加入仿真模型或小品等其他景观因素,在赏菊的同时注意意境的创造与烘托,表现出一定的文化底蕴。

　　（3）图案表现型：此方式往往将菊花与其他植物相搭配,组合成某种图案,具有较强的装饰性和视觉冲击性。

2. 马蔺

别名：马莲

宿根草本，根茎粗短，须根细而坚韧。叶丛生、狭线形，基部具纤维状老叶鞘，叶下部带紫色，质地较硬。花茎与叶近等高，每茎着花 2 ～ 3 朵；花董蓝色，垂瓣无须毛，中部有黄色条纹，径约 6cm。花期 5 月，蒴果长形，种子棕色，有角棱。原产中国及中亚细亚、朝鲜。对土壤及水分适应性极强，可作地被及镶边植物，全株入药，叶为绑扎材料。

生态习性：鸢尾类中除鳞茎种类外，均具有根茎，其粗细依种类而异。耐寒性较强，一些种类在有积雪层覆盖条件下，−40℃仍能露地越冬。但地上茎叶多在冬季枯死；也有常绿种类。鸢尾类春季萌芽生长较早，春季或夏初开花，花芽分化多在秋季 9 ～ 10 月间完成，即根茎先端的顶芽形成花芽，顶芽抽出花葶后即死亡，而在顶芽两侧常发生数个侧芽，侧芽在春季生长后形成新的根茎，并在秋季重新分化花芽。

鸢尾类是高度发达的虫媒花。从花的构造上看，花药被花柱所覆盖，而花药却在下方开裂，因此具有避开自花授粉的巧妙机能，它又是雄性先熟的花，白花授粉的比率较低。

繁殖栽培：鸢尾类通常用分株法繁殖，每隔 2 ～ 4 年进行一次，于春季花后，或秋季均可，寒冷地区应在春季进行。分割根茎时，应使每块具 2 ～ 3 个芽为好。及时分株可促进新侧芽的不断更新。如大量繁殖，可将新根茎分割下来，扦插于湿沙中，保持 20℃温度，2 个月内可生出不定芽。除分株繁殖外，还可播种繁殖。通常于秋天 9 月以后种子成熟后即播，播种后 2 ～ 3 年开花；若播种后冬季使之继续生长，则 18 个月就可开花。

依对水分及土壤要求不同，其栽培方法也有差异，现就以下两类加以说明：

（1）要求排水良好而适度湿润的种类：喜富含腐殖质的黏质壤土，并以含有石灰质的碱性土壤最为适宜，在酸性土中生长不良。栽培前应充分施以腐熟堆肥，并施油粕、骨粉、草木灰等为基肥。栽培距离依种类而异，强健种应 45 ～ 60cm 左右。生长期追施化肥及叶肥。

（2）要求生长于浅水及潮湿土壤中的种类：通常栽植于池畔及水边，花菖蒲在生长迅速时期要求水分充足，其他时期水分可相应减少些；燕子花须经常在潮湿土壤中才能生长繁茂。这一类不要求石灰质的碱性土壤，而以微酸性土为宜。栽植前施以硫铁、过磷酸钙、钾肥等作基肥，并充分与土壤混合。栽植时留叶 20cm 长，将上部剪去后栽植，深度以 7 ～ 8cm 为好。

　　此外,鸢尾还可进行促成栽培及切花栽培。如德国鸢尾在花芽分化后,于10月底进行促成栽培,夜间最低温度保持10℃,并给予电灯照明,1～2月份即可开花。抑制栽培时,于3月上旬掘起装箱,在0～3℃下低温贮藏,若令其开花,则在60～80d前停止冷藏,进行栽植即可开花。

　　园林用途:鸢尾种类多,花朵大而艳丽,叶丛也美观,一些国家常设置鸢尾专类园。如依地形变化可将不同株高、花色、花期的鸢尾进行布置。水生鸢尾类又是水边绿化的优良材料。此外,在花坛、花境、地被等栽植中也习见应用。一些种类(如德国鸢尾等)又是促成栽培及切花的材料,水养可观赏2～3d,球根类可水养一个月左右。某些种类的根茎可提取香精。

　　3. 耧斗菜属

　　形态特征:毛莨科、耧斗菜属多年生宿根草本植物。本属植物约70种,分布于北温带,我国有8种,产西南及北部。叶基生和茎生,2～3回3出复叶。花近直立,萼片5,如花瓣状,辐射对称,与花瓣同色。花瓣5,宽卵形,长距白花萼间伸向后方;雄蕊多数,内轮的变为假雄蕊;雌蕊5。花色丰富,有蓝色、黄色、粉色、白色、胭红色、淡紫色、复色等,花期5～6月。蓇葖果,千粒重1.42～1.89g(图7-23)。

图7-23　耧斗菜

　　生态习性:耧斗菜原产欧亚、美洲等地,性强健而耐寒,可耐-25℃低温,华北及华东等地区均可露地越冬。喜富含腐殖质、湿润而排水良好的沙质壤土,宜较高的空气湿度,在半阴处生长及开花史好。

繁殖栽培:分株或播种繁殖。播种繁殖于春、秋季均可进行。2 ~ 3月可于冷室盆播,或 4 月在露地阴处直播。若 9 月上旬播种,次年有 30% ~ 40% 开花;5 ~ 6 月播种则次年着花更多,但露地育苗时,在 7 ~ 8月问应以苇帘遮阴。新采收的种子,在 21 ~ 24℃ 下,在 1 ~ 2 周内发芽,但贮藏过的种子,播种前必须在 4℃ 低温湿藏 2 ~ 3 周,在 18℃,荧光照射下,21 ~ 28d 左右发芽。定植时以数株丛植一起效果为好。分株宜在早春发芽以前或落叶后进行。全光照促进植物开花;催花过程中,要求12 ~ 18h 光周期,最低光照强度为 3200 ~ 5400lx;光周期从 10h 增加至18h,植株高度增加 2 ~ 3 倍。保持土壤湿润,但水分过多,植株容易根腐。每次浇水时,施用 200mg/L 氮肥和钾肥。温度从 13℃ 增加至 18℃,从侣℃增加至 24℃,增高趋势不明显。喷施 5000mg / L 的 B9,能够有效地控制植株高度。潜叶虫是主要的虫害,有时会发生蚜虫、蓟马等虫害。所以在低温、黑暗贮藏期间,应该摘除老叶。在栽培期间,容易发生茎腐病和根腐病,叶斑病也常发生。

园林用途:耧斗菜叶片优美,花形独特,品种多,花期长,从春至秋陆续开放,自然界常生于山地草丛间,其自然景观颇美,而园林中也可配置于灌木丛间及林缘。此外,又常作花坛、花境及岩石园的栽植材料。大花及长距品种又为插花之花材。部分种可入药。

4. 蜀葵

别名:熟季花、端午锦、一丈红、吴葵、卫足葵、胡葵、龙船花、麻杆花、棋盘花

科属:锦葵科,蜀葵属

形态特征:多年生草本,茎直立,株高 1 ~ 3m,全株被毛。叶大、互生,叶片粗糙而皱、圆心脏形,5 ~ 7 浅裂,具长柄;托叶 2 ~ 3 枚、离生。花大、单生叶腋或聚成顶生总状花序,花径 8 ~ 12cm;小苞片 6 ~ 9 枚,阔披针形,基部连合,附着萼筒外面;萼片 5,卵状披针形。花瓣 5 或更多,短圆形或扇形,边缘波状而皱或齿状浅裂;花色有红、紫、褐、粉、黄、白等色,单瓣、半重瓣至重瓣;雄蕊多数,花丝连合成茧状并包围花柱;花柱线形,突出于雄蕊之上,花期 6 ~ 8 月。蒴果,种子肾脏形(图 7-24)。

生态习性:原产中国,在中国分布很广,华东、华中、华北均有,华北地区可露地越冬。耐寒,喜阳,耐半阴,忌涝,要求排水良好的肥沃土壤。

繁殖栽培:通常用播种繁殖,也可进行分株和扦插。春播、秋播均可。种子成熟后即可播种,正常情况下种子约 7d 就可以萌发。

图 7-24　蜀葵

分株宜在花后进行。适时挖出多年生蜀葵的丛生根,用快刀切割成数小丛,使每小丛都有两三个芽,然后分栽定植即可。扦插仅用于特殊优良的品种,利用基部发生的萌蘖,插穗长 8cm,扦插于盆内,盆土以沙质壤土为好,插后置于阴处以待生根。

蜀葵栽培管理较为简易,幼苗长出 2 ~ 3 片真叶时,应移植一次,加大株行距。移植后应适时浇水,开花前结合中耕除草施追肥 1 ~ 2 次,追肥以磷、钾肥为好。播种苗经 1 次移栽后。可于 11 月定植。幼苗生长期,施 2 ~ 3 次液肥,以氮肥为主。同时经常松土、除草,以利于植株生长健壮。当叶腋形成花芽后,追施 1 次磷、钾肥。为延长花期,应保持充足的水分。花后及时将地上部分剪掉,还可萌发新芽。盆栽时,应在早春上盆。因种子成熟后易散落,应及时采收。栽植 3 ~ 4 年后,植株易衰老,因此应及时更新。另外,蜀葵易杂交,为保持品种的纯度,不同品种应保持一定的距离间隔。蜀葵易受卷叶虫、蚜虫、红蜘蛛等为害,干旱天气易生锈病,应及时防治。

在植株上南发生蜀葵锈病,其病原是锦葵柄锈菌。染病植株叶片变黄或枯死,叶背可见到棕褐色、粉末状的孢子堆。春季和夏季于植株上喷洒波尔多液防治,播种前应进行种子消毒。

园林用途:蜀葵花色丰富,花大而重瓣性强,一年栽植可连年开花,是院落、路侧、场地布置花境的好种源。可组成繁花似锦的绿篱、花墙,美化园林环境。园林中常于建筑物前列植或丛植,作花境的背景效果也好。此外还可用作盆栽观赏。花瓣中的紫色素,易溶于酒精及热水中,可用作食品及饮料的着色剂。茎皮纤维可作编织纤维材料,蜀葵的根、茎、叶、花、种子是药材,有清热凉血之效。

5. 蓍草属

菊科宿根耐寒性草本。本属植物约 100 种,分布于北温带,我国有 7 种,多产于北部。叶互生,常为 1 ~ 3 回羽状深裂。头状花序小,伞房状着生,边缘花舌状、雌花能结实,有白、黄、紫等色;筒状花黄色、两性,也结实;瘦果压扁状。

形态特征:多年生草本,高 30 ~ 100cm。根状茎匍匐,着生根和芽。茎直立、稍具棱,上部有分枝,密生白色长柔毛。叶披针形、矩圆状披针形或近条形,2 ~ 3 回羽状深裂至全裂,下部叶片长,上部叶片短,裂片及齿为披针形或条形,顶端有软骨质小尖,被疏长柔毛或近无毛,有蜂窝状小点。头状花序多数,密集成复伞状;总苞矩圆状或近卵状,总苞片 3 层,覆瓦状,绿色有中脉,边缘膜质;舌状花白色、粉红色或紫红色,舌片近圆形,顶端有 2 ~ 3 个齿;筒状花黄色矩圆形,无冠毛:花期 6 ~ 10 月(图7–25)。

图 7-25　蓍草

生态习性:千叶蓍为喜凉爽而湿润环境条件的寒地型草坪植物,温带至寒温带各地都可生长。生长适宜温度为 18 ~ 22℃。抗寒性强,幼苗和成苗均能忍受零下 5 ~ 6℃的霜寒;北方各地均能安全越冬。在哈尔滨市于 1985 年历史上少有的春寒中,经连续两天零下 8℃的霜冻,除叶尖受害外别无损伤,表明是相当抗寒的。又较耐热,在南京中山植物园的花圃中,就是酷热也无夏枯现象发生。

千叶蓍为中生植物,适宜生长的年降水量为 500 ~ 800mm。既抗旱,又耐湿,故从高岗地到低湿地都生长良好。充足的水分下叶茂花繁,叶色浓绿,绿色期更长,园林效果就更好。千叶蓍为喜光的植物,光照越足生长越好。在树丛或密草丛中由于光照不足,往往只生长簇叶,开花较少,并随着光照的进一步减弱而逐渐消失。又为长日照植物,在长日照条件下开花结实。

千叶蓍对土壤有较大的适应性,在瘠薄或肥沃的土壤、微酸性土壤至微碱性土壤中都可生长。以排水良好、多有机质的微酸性至中性土壤为最好。

在哈尔滨市,千叶蓍于 3 月下旬或 4 月上旬,土壤解冻不久就返青,先生长簇叶,5 ~ 6 月抽薹,6 ~ 7 月开花成熟,10 月上、中旬地上部枯死。生育期为 200 ~ 210d;绿色期为 190 ~ 200d。

繁殖栽培:千叶蓍的生长发育要求有肥沃而疏松的土壤层,使根系很好地下扎和顺利伸延。因此,秋深耕地,翻后及时耙地保墒,是千叶蓍良好生长的基础。对于沙地、黄土地等土壤瘠薄的地,要结合耕翻,施足基肥。在每亩优质粪肥 1500 ~ 2500kg 的范围内,土壤越瘠薄,施肥越要多,以保证有旺盛的生命力。

6. 君子兰属

形态特征:石蒜科常绿宿根花卉。根系肉质、粗大,叶基部形成假鳞茎。叶二列状交互迭生,宽带形,草质,全缘,深绿色。花葶自叶腋抽出,直立扁平;伞形花序顶生,下承托被覆瓦状苞片;花漏斗状,红黄色至大红色。浆呈球形,成熟时紫红色。属有 3 种,原产南非。我国引入栽培有 2 种(图 7-26)。

在我国人们常常根据来源、生物学及主要特征等,将我国君子兰分为国兰、改良兰、横兰、雀兰、垂笑兰、小型兰、花脸、鞍山兰、彩色兰(叶艺兰)和日本兰等十大品系。

生态习性:原产非洲南部山地森林中,地处印度洋和大西洋交流处,即南纬 30℃ 地区。这一地区冬无严寒,夏无酷暑,气候温和,雨量充沛,空气湿润,四季如春。君子兰的生长习性和各部器官,都适应了这种不冷不热、不旱不湿、凉爽通风的自然环境。所以君子兰性喜温暖湿润,宜半阴,生长适温 15 ~ 25℃,10℃ 以下生长迟缓,5℃ 以下则处于相对休眠状态,0℃ 以下会受冻害。30℃ 以上叶片徒长,花葶过长,影响观赏效果。生长期间应保持环境湿润,空气相对湿度 70% ~ 80%,土壤含水量

20%～40%适宜,切勿积水,尤其冬期室温低时,以免烂根。生长过程中不宜强光照射,特别是夏天,应置荫棚下栽培。要求疏松肥沃、排水良好、富含腐殖质的沙质壤土。君子兰类植物在东北、华北及华东地区以温室栽培,华南及西南地区则露地盆栽。大花君子兰每年可开花1次或2次,第1次在春节前后,一个花序可开放30多天;第2次在8～9月,只有一部分植株能开两次花。植株寿命约20～25年。

图 7-26　君子兰

繁殖栽培:常采用播种法与分株法繁殖。为异花授粉植物,经人工授粉可提高结实率,且能进行有目的的品种间杂交,以选育新品种。授粉后经8～9个月,果实成熟变红,剥出种子稍晾即可播种。室温10～25℃,约20d生根,40d抽出子叶,待生出1片真叶后进行分苗,第二年春天上盆,用腐叶土5份、壤土2份、河沙2份、饼肥1份混合而成。因为根系粗壮发达,宜用深盆栽植,盆底需填碎盆片和石砾等排水物以利排水。冬天移入温室内栽培,温度保持10℃左右,予以适当干燥,促其逐渐进入半休眠状态,夏天置室外荫棚下培养,将盆底用砖或花盆垫起。生长期每半月追施液肥1次,盛夏炎热多雨,施肥容易引起根部腐烂,故需停止施用。但要注意加强通风,宜向叶面经常喷水。在开花前应追施磷肥,以使花繁色艳。若管理得当,3年即可开花,一般4～5年开花,分株繁殖宜在3～4月时进行,将母株叶腋抽出的吸芽切离,另行栽植或插入沙中,生根后上盆。

园林用途:君子兰属植物花、叶、果兼美,观赏期长,可周年布置观赏。傲寒报春、端庄肃雅,深受人们喜爱。是布置会场、楼堂馆所和美化家庭环境的名贵花卉。全国各地普遍栽培。

7. 鹤望兰

别名：天堂鸟、极乐鸟花

科属：旅人蕉科,鹤望兰属

形态特征：多年生草本花卉。根茎粗大,肉质,能贮存大量水分和养分,叶片颇似芭蕉。鹤望兰具有不明显的半木质化短茎,短茎的地上部分为叶鞘套摺,地下部分着生肉质根,叶为单叶互生,4～9月开花。鹤望兰的花,为佛焰苞状的总苞花序,总苞内有花5～9朵,单花有花柄,长柄上开出奇特的花朵,窄披针形,3枚萼片为深橘红色,外3枚花瓣为橘红色或橙黄色,内3瓣为天蓝色,宛若仙鹤延颈遥望之姿。花朵中心有雄蕊和花柱,雌蕊在花舌前部。3室。胚珠多枚。果实为蒴果(图7-27)。

图 7-27　鹤望兰

生态习性：鹤望兰,原产南非,不耐寒,性喜温暖湿润的气候和光照充足的环境,在深厚肥沃、排水又好的黏性土壤中生长最好。

鹤望兰不耐寒冷,冬季温室的温度应保持在 13～18℃之间,最低不得少于8℃。鹤望兰的最适宜生长的温度为 16～25~C,在这样的温度条件下,它不但可以全年开花,而且花大色艳,观赏价值极高。鹤望兰忌高温酷热,超过30℃时,就很少开花,甚至不开花。35℃以上或者10℃以下,便停止生长。鹤望兰在漫长的夏季,喜欢散射光照,在烈日暴晒下,叶片会黄化或灼伤,所以最好置于略有花荫,或者半阴半阳、通风良好的环境莳养,减少50%的强光照;秋冬季节宜置于阳光充足的环境中养,否则植株细弱,蘗芽萌发少,生长发育不正常,甚至不开花。

繁殖栽培:鹤望兰一般不易产生种子,若要进行有性繁殖,必须采取人工授粉的方法进行育种。

鹤望兰的种子成熟后,可随采随播,种子生长发育的温度为 25 ~ 30℃,一般经过 30d 以上的发育过程,新鲜的种子便可萌发新芽。幼苗出土后,揭去玻璃,移至有光照的地方,便于幼苗接受光照,促进健壮生长。当幼苗长到 5 ~ 7cm 时,便可进行分栽,大约经过 3 ~ 4 年的精心养护,鹤望兰才能开花。

鹤望兰分株繁殖,除去高温的 7 ~ 8 月外,其余时间都可进行。但是,最佳的分株时间是在春季的 3 ~ 4 月和秋季的 9 ~ 10 月。

鹤望兰,性喜温暖湿润的气候,它最适宜的生长温度为 16 ~ 25℃。它怕干旱,更怕水渍。夏季要在凉爽半阴半阳的光照条件下,度过酷暑炎热的夏天。秋冬季节,又需要充足的阳光照射,才能生长良好。鹤望兰喜肥,营养生长期,每星期施一次腐熟的饼类肥料,浓度为 1:10、1:8,开花前追施磷钾肥料,必要时追施 2 ~ 3 次速效复合化肥。

园林用途:鹤望兰花叶并美,叶大色鲜,花态秀雅,端庄大方,花色红蓝相间,瑰丽多彩。盛开时颇有仙鹤昂首远眺之姿,故名"鹤望兰";又因它具有火焰般的鲜艳花朵,色彩极为美丽,好似快乐的彩雀,故而又有"极乐鸟花"的美称。实为大自然中罕见的惟妙惟肖的禽类美态的花卉。宜庭园、花坛栽培,系高档切花,也是大型高档盆栽花卉。

8.四季秋海棠

别名:瓜子海棠

形态特征:秋海棠科、秋海棠属多年生常绿草本植物。具须根。茎粗壮直立,肉质,多分枝,光滑;单叶互生,有光泽,卵圆形至广椭圆形,边缘有锯齿,叶基部偏斜。绿色、古铜色或深红色;聚伞花序腋生,花单性,雌雄同株,花具白、粉和红等色。雄花较大,花瓣 2 片,宽大;萼片 2 片,较窄小。雌花稍小,花被片 5。蒴果三棱形,内含多数微细的种子,千粒重 0.11g (图 7-28)。

生态习性:四季秋海棠虽为多源杂种,但主要原种皆原产南美巴西。喜温暖,不耐寒,生长适温 20℃左右,低于 10℃生长缓慢。适宜空气湿度较大、土壤湿润的环境,不耐干燥,亦忌积水。喜半阴环境,夏季不可放阳光直射处,要适当遮阴。开花不受日照长短的影响,只要在适宜的温度下,就可四季开花。四季秋海棠适生于疏松肥沃、排水性、通气性良好的土壤,pH5.5 ~ 6.5 为宜。

图 7-28　四季秋海棠

繁殖栽培：可用播种、扦插和分株等方法繁殖。

以播种法应用最多。因播种苗分枝性强,容易培育成株形丰满的盆花,而且叶色鲜绿光亮,花后剪去花枝,又可萌发新枝继续开花数月。而且种子易得,繁殖方便。而扦插法成苗后,分枝性弱,株形不丰满,繁殖系数又低,故除重瓣品种外,一般不采用扦插繁殖。分株繁殖更少见应用。

矮壮素能够有效地控制四季秋海棠的高度。当幼苗形成 4 片真叶后,白花品种喷施 500mg/L 的矮壮素；其他花色品种则施用 1000mg/L 的矮壮素。B9 对控制四季秋海棠的高度也有效。用昼夜温差（DIF）控制其高度有一定的作用。

园林用途：四季秋海棠是目前栽培最普遍的秋海棠。它不受日照长短影响,可以四季开花；植株低矮,株形圆整,盛花时植株表面可全为花朵所覆盖；对阴天、强光等不良气候条件,有较强的抗性；花色有白、粉、红等,色彩鲜明；病虫害很少,容易栽培。因而成为夏季花坛的重要材料,又是很受欢迎的盆花,在世界上进行大量生产。秋海棠属花卉皆作盆花观赏,花、叶均极美丽。

三、球根花卉

（一）球根花卉的类型

球根花卉属多年生草本花卉,其地下部分发生变态的根或茎是贮藏营养的器官,可用于繁殖。球根花卉为多年生草本花卉,其地下器官变态肥大,其根或茎在地下形成球状物或块状物,这类花卉统称为"球根花卉"。球根花卉都具有地下贮存器官,这些器官可以存活多年,有的每年更新球体,有的只是每年生长点移动来完成新老球体的交替。

大多数球根花卉都有休眠期,依原产地的气候条件,主要是因雨季不同而异。有少数原产于热带的球根花卉没有休眠期,但在其他地方栽培,有强迫休眠现象,如美人蕉、晚香玉等。

1. 春植类球根花卉

春植类球根花卉原产南非一带,此地夏季多雨、冬季干旱。于春天栽植,夏季或秋初开花,秋季休眠,直至翌年春季。花芽分化一般在夏季生长期进行。夏季开花的有球根海棠、花叶芋、美人蕉、唐菖蒲、百合、姜花、晚香玉、睡莲、荷花等;秋季开花的有仙客来、石蒜、大丽花、秋水仙等。

2. 秋植类球根花卉

秋植类球根花卉原产地中海沿岸一带,此地冬季多雨、夏季干旱。此类花卉于8月中旬至10月初种植,冬季前生出根系,幼芽开始萌动,但一般不出土,冬季经受低温锻炼,通过春化阶段,翌春温度回升后,迅速生长、抽薹、开花,夏初地上部茎叶枯黄凋萎,进入休眠。花芽分化一般在夏季休眠期进行。在球根花卉中占的种类较多,如水仙、郁金香、风信子、花毛茛等。也有少数种类花芽分化在生长期进行,如百合类。

另外,一切球根花卉,稍做人工促进或控制即可于冬季开花,保证新年或春节的供应。秋季开花者延后栽培,春季开花者提前促进栽培,均可达此目的。如仙客来、球根秋海棠、石蒜可延后栽培,水仙、风信子、郁金香可提前栽培等。

(二)常见品种

1. 郁金香

别名:洋荷花、草麝香

科属:百合科郁金香属

产地:原产地中海沿岸和亚洲中部与西部。欧洲广泛栽培,以荷兰最盛。我国各地均有栽培,主要以新疆、广东、云南、上海、北京为主。

形态特征:多年生草本,地下鳞茎偏圆锥形,直径约3 cm,被淡黄色至褐色皮膜。株高40~60cm。茎叶光滑,被白粉。叶2型,基叶2~3枚,卵状宽披针形;茎生叶1~2枚,披针形,均无柄。花单生茎顶,直立,花被6,抱合呈杯状、碗状、百合花状等。雄蕊6,子房上位。花期4~5月,

呈红、橙、黄、紫、黑、白或复色,有时具有条纹和斑点,或为重瓣。蒴果,种子扁平(图7-29)

图7-29　郁金香

生态习性:喜光,喜冬暖夏凉的气候。耐寒力强,冬季球根能耐-35℃的低温;生根需在5℃以上。要求疏松、富含腐殖质、排水良好的土壤。最适pH值为6.5 ~ 7.5。

繁殖:用分球和播种繁殖,主要以分球繁殖为主。9 ~ 10月进行分球栽植,发育成熟的大球翌春即能开花。小鳞茎需培育3 ~ 4d形成大球之后才能开花。用种子播种育苗,初生苗经4 ~ 5d的培育,地下部才能发育成大球,通常用于杂交育种。

栽培管理:一般秋季地栽,早春茎叶出土,不久进入花期,初夏休眠。园地必须向阳避风、土层深厚、疏松,施足基肥。秋季将种球植入园地,覆土厚度为球高的2倍,株行距15 ~ 20cm,适当灌水。当种球长出2枚叶片时,追施1次磷钾液肥;花后剪去残花,减少养分消耗,利于新球、子球的形成。地下形成新球1 ~ 3个和4 ~ 6个子球。约6月茎叶黄枯后,掘出鳞茎,贮于阴凉通风处;此时充实的新球进入花芽分化。花芽分化的适宜气温为20 ~ 23℃。秋季将种球定植于园地。由于每株只长1朵花,适当密植,才能形成景观。若在秋季提前用低温处理郁金香鳞茎,可使其提早开花。

园林用途:郁金香植株矮小,花型美丽,色泽娇艳,是世界著名的观赏花卉,主要用作切花;也可用于布置花坛、花境,美化庭院。郁金香花期早,花色艳丽,在世界各地广为栽培。宜作花境丛植及带状布置,或点缀多种植物花坛之中。高型品种是作切花的好材料。

2. 风信子

别名：洋水仙、五色水仙

科属：百合科风信子属

产地：原产于南欧地中海东部沿岸及小亚细亚半岛一带，栽培品种极多，现在世界上荷兰分布最多，中国各地均有栽培。

形态特征：鳞茎球形或扁球形，外被有光泽的皮膜，其色与花色有关，有紫蓝、淡绿、粉或白色。株高 20 ~ 50cm，叶基生，4 ~ 8 枚，带状披针形，端圆钝，质肥厚，有光泽。花序高 15 ~ 45cm，中空，总状花序密生其上部，着花 6 ~ 12 朵或 10 ~ 20 朵；小花具小苞，斜伸或下垂，钟状，基部膨大，裂片端部向外反卷；花色原为蓝紫色，有白、粉、红、黄、蓝、堇等色，深浅不一，单瓣或重瓣，多数园艺品种有香气。花期 4—5 月。蒴果球形，果实成熟后背裂，种子黑色，每果种子 8 ~ 12 粒（图 7-30）。

图 7-30　风信子

生态习性：喜阳光充足和比较湿润的环境，要求排水良好和肥沃的砂质壤土。较耐寒，在冬季比较温暖的地区秋季生根，早春新芽出土，3月开花，5月下旬果熟，6月上旬地上部分枯萎进入休眠期。

繁殖：以分球繁殖为主，育种时用种子繁殖，也可用花芽、嫩叶作外植体，繁殖风信子鳞茎。母球栽植 1d 后分生 1 ~ 2 个子球，也有些品种可分生 10 个以上子球。可用于分球繁殖，子球繁殖需要 3d 开花。种子繁殖，秋播，翌年 2 月才发芽，实生苗培养 4 ~ 5d 后开花。

栽培管理：风信子应选择排水良好、不太干燥的砂质壤土为宜，中性至微碱性，种植前要施足基肥，大田栽培，忌连作。栽培方法有露地栽培，盆栽，水培和促成栽培。

园林用途：风信子姿态娇美，花色艳丽多彩，清香宜人，花色有花卉中少见的蓝色，是早春开花的著名球根花卉，为欧美各国流行甚广的名花之一。适于布置花坛、花境和花槽，也可作切花、盆栽水植。

3. 水仙

别名：冰仙、天葱、雅蒜、玲珑花

科属：石蒜科水仙花属

产地：水仙原产中国，在中欧、地中海沿岸和北非地区亦有分布，中国水仙是多花水仙的一个变种。

形态特征：多年生草本植物。鳞茎卵状至广卵状球形，直径3.2～5.8cm，由多数肉质鳞片组成，外被棕褐色皮膜。叶狭长带状，长30～80cm，宽1.5～4cm，全缘，面上有白粉。花葶自叶丛中抽出，高于叶面；一般开花的多为4～5枚叶的叶丛，每球抽花1～7支，多者可达10支以上；伞形花序着花4～6朵，多者达10余朵；花白色，芳香；花期1—3月（图7-31）。

图7-31 水仙

生态习性：性喜温暖、湿润的气候，忌炎热高温，喜水湿，较耐寒。水仙为秋植球根花卉，具有秋冬生长、早春开花并贮藏养分、夏季休眠的习性，休眠期在鳞茎生长部分进行花芽分化。

繁殖：可以采用播种、分球、分切鳞茎、组织培养等方法繁殖。分切鳞茎：将母球纵切成8～16块，将其进一步切成60～100个双鳞片，把双鳞片放置在湿润的基质上，覆盖湿润的蛭石，保持温度20℃，大约90d形成子球，子球开花大约需要3～4d；自然分球，将子球从母球上分离下来,在 4d 期间,大约形成 3 ~ 4 个开花球。种子繁殖一般在培育新品种时采用。

园林用途:水仙类株丛低矮清秀,花形奇特,花色淡雅、清香,自古以来为人们所喜爱。既适宜室内案头、窗台摆设,又适宜园林中布置花坛、花境;也适宜疏林下、草坪上成丛成片种植。水仙类花朵水养持久,为良好的切花材料。

4.番红花

别名:西红花

科属:鸢尾科番红花属

产地:主要分布在欧洲、地中海和中亚等地,明朝时传人中国,现为中国各地常见栽培。

形态特征:多年生草本植物。地下具扁圆形或圆形的球茎,肉质。球茎外围有纤维质或膜质外皮包裹。栽植后,球茎顶部有数个芽萌发,形成 3 ~ 6 个分蘖。分蘖的顶芽部位营养条件良好,可抽出单生花茎,每一分蘖有花 1 ~ 2 朵,每朵花期 2 ~ 3d。花形呈酒杯状,昼开夜合,上午 10 时左右开花最盛。花具花被 6 枚,花径 4 ~ 6cm,有细长的花筒,花柱细长,伸出花筒外,柱头有 3 深裂,花柱与柱头是主要的药用部分。花色有白、黄、雪青、紫红、深紫等。春花种主要花期在 3—4 月,秋花种一般在 10—11 月开花,早花品种在 8—9 月即开花(图 7-32)。

图 7-32　番红花

生态习性：喜冷凉湿润和半荫环境，较耐寒，宜排水良好、腐殖质丰富的砂质壤土。pH 值要求 5.5 ～ 6.5。雨涝积水，球茎易腐烂。球茎夏季休眠，秋季发根、萌叶。

繁殖：主要采用子球进行无性繁殖。每年在老球的顶端形成一个新球，并从外伸的侧芽上产生数个子球，成为繁殖种球最主要的材料，也可以种子繁殖，从播种到开花，大约需要 3 ～ 4a。

园林用途：番红花植株矮小，叶丛纤细，花朵娇柔幽雅，开放甚早，是早春庭院点缀花坛或边缘栽植的好材料。可按花色不同组成模纹花坛，也可三五成丛点缀岩石园或自然布置于草坪上。还可盆栽或水养供室内观赏。

5. 铃兰

别名：草玉铃、君影草

科属：百合科铃兰属

产地：原产于北半球温带，欧洲、亚洲与北美洲和中国的东北、华北地区海拔 850 ～ 2500m 处均有野生分布。

形态特征：地下部分具平展而多分枝的根茎。叶基生，常 2 枚，具弧形脉，基部有数枚套叠状叶鞘。花茎从叶旁边伸出；总状花序，花小白色，铃状下垂，有浓郁的香气。浆果球形，红色（图 7-33）。

图 7-33　铃兰

生态习性：性喜凉爽湿润和半荫的环境，在温度较低的条件下，阳光直射也可繁育开花。极耐寒，忌炎热干燥，气温 30℃以上时植株叶片会过早枯黄,在南方须栽植在较高海拔、无酷暑的地方。喜富含腐殖质、湿润而排水良好的砂质壤土,忌干旱。喜微酸性土壤,在中性和微碱性土壤中也能正常生长。夏季休眠。

繁殖:繁殖一般都用分株法,其根茎上有大小不等的幼芽,在秋季地上部枯萎后将株丛掘起,每个顶芽带一段根茎剪切下来栽植,就能成一新株。

园林用途:铃兰植株矮小,花芳香怡人,优雅美丽,开花后绿荫可掬,入秋时红果娇艳,是传统的园林花卉,宜植于稀疏的树荫下,如与鸢尾、紫萼等耐阴花卉相配,更能收到良好效果。铃兰不但素雅,而且性较强健,可点缀于花境、草坪、坡地以及自然山石旁和岩石园中,悠悠清香弥漫在空气中,能营造祥和宁静的气氛。铃兰还可以作切花或盆栽欣赏。

6. 球根鸢尾

别名:艾丽斯、荷兰

鸢尾科属:鸢尾科鸢尾属

产地:野生种的分布地点主要在北非、西班牙、葡萄牙、高加索地区、黎巴嫩和以色列等。

形态特征:多年生草本。球茎长卵圆形,外有褐色皮膜,直径1.5 ~ 3cm。叶线形,具深沟,长 20 ~ 40cm。花亭直立,高 45 ~ 60cm,着花 1 ~ 2 朵,有花梗。扁圆形球茎外有褐色网状膜。叶片线状剑形,基部有抱茎叶鞘。复圆锥花序具多数花,花冠漏斗形,筒部稍弯曲,橙红色。花期初夏至秋季(图 7-34)。

图 7-34　球根鸢兰

生态习性：性喜阳光充足而凉爽的环境，也耐寒及半荫，在我国长江流域可以露地越冬，但在华北地区需覆盖或风障保护越冬。喜砂质壤土，但也可用其他疏松肥沃土壤栽培，要求排水良好。

繁殖：通常分球繁殖。夏季采收鳞茎后，不宜把子球和根系分离或除去，以免伤口腐烂，应将鳞茎放于通风干燥和冷凉的地方，秋季栽植时再将子球分离并另行种植。

园林用途：花姿优美，花茎挺拔，常大量用于切花；也可作早春花坛、花境及花丛材料，但在华北地区冬季需覆盖防寒，比较麻烦，不宜大面积栽植。

7. 唐菖蒲

别名：菖兰、十样锦、马兰花、扁竹莲
科属：鸢尾科唐菖蒲属
产地：原产非洲热带与地中海地区。现在在北美、西欧、日本和中国都有广泛栽培。

形态特征：多年生草本植物。茎基部扁圆形球茎，株高 90 ~ 150cm，茎粗壮直立，无分枝或少有分枝，叶硬质剑形，7 ~ 8 片叶嵌叠状排列。叶长达 35 ~ 40cm，宽 4 ~ 5cm，有多数显著平行脉。花茎高出叶上，穗状花序着花 12 ~ 24 朵排成两列，侧向一边，花冠筒呈膨大的漏斗形，稍向上弯，花径 12 ~ 16cm，花色有红、黄、白、紫、蓝等深浅不同或具复色品种，花期夏秋季，蒴果 3 室、背裂，内含种子 15 ~ 70 粒。种子深褐色，扁平有翅（图 7-35）。

图 7-35 唐菖蒲

生态习性：喜光性长日照植物，喜凉爽的气候条件，畏酷暑和严寒。要求肥沃、疏松、湿润、排水良好的土壤。

繁殖：唐菖蒲的繁殖以分球繁殖为主，新球翌年开花，为加速繁殖，亦可将球茎分切，每块必须具芽及发根部位，切口涂以草木灰，略干燥后栽种，培育新品种时，多用播种繁殖，秋季采下种子即播，发芽率高；冬季实生苗转入温室培养，翌年春季仔细分栽于露地，加强管理，秋季可有部分苗开花。

园林用途：唐菖蒲为世界著名切花之一，其品种繁多，花色艳丽丰富，花期长，花容极富装饰性，为世界各国广泛应用。除作切花外，还适合盆栽、布置花坛等。球茎入药，对大气污染具有较强抗性，是工矿绿化及城市美化的良好材料。

8. 晚香玉

别名：夜来香、月下香、玉簪花

科属：石蒜科晚香玉属

产地：原产于墨西哥和南美，我国很早就引进栽培，现各地均有栽培。

形态特征：多年生鳞茎草花。球根鳞块茎状上半部呈鳞茎状，下半部呈块茎状，基生叶条形，茎生叶短小。花葶直立，高40～90cm；花呈对生、白色，排成较长的穗状花序，顶生，每穗着花12～32朵，花白色漏斗状具浓香，至夜晚香气更浓。花被筒细长，裂片6，短于花被筒；露地栽植通常花期为7月上旬至11月上旬，而盛花期为8—9月，果为蒴果，一般栽培下不结实（图7-36）。

图7-36　晚香玉

生态习性：喜温暖且阳光充足环境，不耐霜冻，最适宜生长温度为白天 25 ～ 30℃、夜间 20 ～ 22℃。好肥喜湿而忌涝，于低湿而不积水处生长良好。对土壤要求不严，以肥沃黏壤土为宜。自花授粉而雄蕊先熟，故自然结实率很低。晚香玉在气温适宜的情况下则终年生长，四季开花，但以夏季最盛；而在我国作露地栽培时，因大部分地区冬季严寒，故只能作春植球根栽培：春季萌芽生长，夏秋开花，冬季休眠。

繁殖：多采用分球繁殖，于 11 月下旬地上部枯萎后挖出地下茎，除去萎缩老球，一般每丛可分出 5 ～ 6 个成熟球和 10 ～ 30 个子球，晾干后贮藏于室内干燥处。种植时将大、小子球分别种植，通常子球培养 1d 后可以开花。

园林用途：晚香玉是美丽的夏季观赏植物。花序长，着花疏而优雅，是花境中的优良竖线条花卉。花期长而自然，宜丛植或散植于石旁、路旁、草坪周围、花灌丛间，柔和视觉效果，渲染宁静的气氛。也可用于布置岩石园。花浓香，是夜间花园的好材料。

9. 仙客来

别名：兔子花、萝卜海棠、兔耳花

科属：报春花科仙客来属

产地：原产于欧洲南部的希腊等地中海地区，现世界各地广为栽培。

形态特征：多年生球根花卉。具有球星肉质块茎，块茎扁圆球形或球形。叶片由块茎顶部生出，心形、卵形或肾形，叶缘有细锯齿，叶面绿色，具有白色或灰色晕斑，叶背绿色或暗红色，叶柄较长，红褐色，肉质。花单生于花茎顶部，花朵下垂，花瓣向上反卷，犹如兔耳；花有白、粉、玫红、大红、紫红、雪青等色，基部常具深红色斑；花瓣边缘多样，有全缘、缺刻、皱褶和波浪等形。蒴果球形，种子褐色，形如老鼠屎（图 7-37）。

生态习性：喜凉、怕热、喜润、怕雨，即喜欢冬季温暖多雨多湿、夏季气候温和、阳光充足、冷凉湿润的气候，不耐寒冷，怕高温，28℃以上植株就会枯死。

繁殖：一般分播种繁殖和球根繁殖。播种繁殖一般在秋天，种子不但要大粒，还要饱满，先将种子洗净，再用磷酸钠溶液浸泡 10 min 消毒，或者用温水浸泡 1d 作催芽处理。种子浸泡之后不要忙着种植，在常温下放 2d 再种入疏松肥沃的沙土里比较好，之后注意保湿、保温，一般播种完一个月就可以发芽。分株的时间一般选在仙客来开花以后，春天凉爽的天气不会使分株的伤口腐烂，我们先小心取出仙客来的球状根茎，按照芽眼的分布进行切割，保证每个分株都有一个芽眼，然后在切割处抹一些草木灰再移栽到其他盆土中压实,分株后浇水要浇足,然后放在阴凉处即可。

图 7-37　仙客来

园林用途:花形别致,娇艳夺目,烂漫多姿,有的品种有香气,观赏价值很高,深受人们喜爱。是冬、春季名贵盆花,也是世界花卉市场上最重要的盆栽花卉之一。仙客来花期长,长达 5 个月,花期适逢圣诞节、元旦、春节等传统节日,常用于室内花卉布置、摆放窗台、案头、花架,装饰会议室、客厅均宜;并适宜作切花,水养持久。

10. 球根秋海棠

别名:球根海棠、茶花海棠

科属:秋海棠科秋海棠属

产地:由多种原产南美山区的几个秋海棠亲本培育出的园艺杂交种。

形态特征:株高约 30cm,块茎呈不规则扁球形。叶为不规则心形,先端锐尖,基部偏斜,绿色,叶缘有粗齿及纤毛。腋生聚伞花序,花大而美丽,花径 5 ~ 10cm。品种极多。花色有红、白、粉红、复色等。花期在春季(图 7-38)。

生态习性:性喜温暖、湿润的半荫环境。不耐高温,超过 32℃则茎叶枯萎脱落甚至块茎腐烂。生长适宜温度为 16 ~ 21℃,亦不耐寒。属长日照植物,长日照条件下开花,短日照条件下休眠,光照不足,叶片瘦弱纤细;光照过强,则植株矮小,叶片变厚,叶色变紫,花紧缩不易开放。土壤以疏松、肥沃和微酸性为宜。

图 7-38　球根秋海棠

　　繁殖：常用播种和扦插繁殖。播种常于 1—2 月在温室进行，种子细小，操作必须谨慎，播后 10 ～ 15d 发芽。扦插于 6—7 月选择健壮带顶芽的枝茎，长 10cm，插后 3 周愈合生根，当年即可开花。

　　园林用途：球根秋海棠花大色艳，兼具茶花、牡丹、月季、香石竹等名贵花卉的姿、色、香，是世界著名的盆栽花卉，可用来点缀客厅、橱窗；亦可用于布置花坛、花径和入口处；吊篮悬挂厅堂、阳台和走廊，色翠欲滴，鲜明艳丽。

　　11. 大岩桐

　　别名：六雪尼，落雪泥
　　科属：苦苣苔科苦苣苔属
　　产地：原产巴西，现世界各地广泛栽培，一般作温室培养。
　　形态特征：多年生草本，块茎扁球形，地上茎极短，株高 15 ～ 25 cm，全株密被白色绒毛。叶对生，肥厚而大，卵圆形或长椭圆形，有锯齿；叶脉间隆起，自叶间长出花梗。花顶生或腋生，花冠钟状，先端浑圆，5 ～ 6浅裂色彩丰富，有粉红、红、紫蓝、白、复色等色，大而美丽。蒴果，花后 1个月种子成熟；种子褐色，细小而多（图 7-39 ）。

图 7-39　大岩桐

生态习性：生长期喜温暖、潮湿环境，忌阳光直射，有一定的抗炎热能力，但夏季宜保持凉爽，23℃左右有利于开花，1—10 月温度保持在 18 ~ 23℃；10 月至翌年 1 月（休眠期）需要温度 10 ~ 12℃。块茎在 5℃左右的温度中也可以安全过冬。生长期要求空气湿度大，不喜大水，避免雨水侵入；冬季休眠期则需保持干燥，如湿度过大或温度过低，则块茎易腐烂。喜肥沃疏松的微酸性土壤。

繁殖：可用播种、叶插、枝插和分球茎等方法来进行繁殖。

园林用途：花大色艳，花期长，一株大岩桐可开花几十朵，花期 4—11 月，花期持续数月之久，是节日点缀和装饰室内及窗台的理想盆花。用它摆放会议桌、橱窗、茶室，更添节日欢乐的气氛。

第三节　园林草坪与地被植物识别与观赏

一、园林常见草坪植物

（一）羊胡子草

莎草科，苔草属。冷地型草种。多年生，具细长横走的地下茎，秆基部黑褐色。茎为三棱形，高 10~15 cm。叶基生成束，纤细浓绿。穗状花序灰白色,雌雄同穗顶生,颖大广卵形。果囊卵状披针形。小坚果宽椭圆形,长约 2.5 mm。花果期 5~6 月。常见于辽宁、华北、山东、河南及西北等地区山坡、河边及空地;分布于我国北部及北半球的温寒地带;生于干燥山坡或旷野。耐寒性强,耐瘠薄,抗旱性好;不耐热,夏季生长不良;覆盖性较差,且不耐践踏;绿色期长,但与杂草竞争力弱。可用作观赏和装饰性草坪,又可用作人流量不多的公园、游乐场所和居住区的绿化材料。

(二)异穗苔草(大羊胡子草,黑穗莎草)

莎草科,苔草属。冷地型草种。多年生,具有横走的细长根状茎。杆棱柱形,纤细。叶片从基部生出,短于杆,基部具褐色叶鞘。穗状花序卵形,具有小穗 3~4 个,上部 1~2 枚为雄性,其余为雌花,狭圆柱形。果囊卵形至椭圆形,膨大呈三棱形,橙黄色,后变褐色。小坚果倒卵形,长 2.5~3.0 mm,具 3 棱。花期 4~6 月。常生于河滩、路边、林下等潮湿之处。分布于我国北部及朝鲜北温带地区。我国东北、华北及山东、河南、陕西、甘肃等地区均有其野生资源。喜冷凉气候,耐寒、耐阴能力强。绿色时间长,对土壤适应能力强,能耐盐碱土。能耐潮湿,不耐低剪及践踏。常用作封闭式草坪,栽植于乔木之下、建筑物背阴处以及花坛、花境的边缘。

(三)草地早熟禾

禾本科,早熟禾属。冷地型草种。多年生,具疏根状茎及须根。茎杆直立,光滑,呈圆筒形,高 50~75 cm。叶鞘疏松抱茎,具条状纹。叶片条形,柔软,宽 2~4 mm。圆锥花序开展,长 13~20 cm,分枝下部裸露,小穗长 4~6 mm,宫 3~5 小化。颖果,种于纺锤形,具 3 棱。目前各地应用于园林草坪上的栽培品种有 20 余种,我国常用的有"瓦巴斯"(Wab-he)、肯特基兰草"(Kentucky Bluegrass)、"菲尔京"(Fylkine)、"爱肯妮"(Elkins)等优良品种,表现良好。原产于北温带地区,常见于河谷、草地、林边等处。我国东北及河北、甘肃、内蒙古、江西、四川均发现有丰富的野生资源分布。适宜气候冷凉,湿度较大的地方生长,抗寒能力强,在 −30℃寒冷地区也能安全越冬;耐旱性、耐热性较差;要求排水良好、质地疏松、有机质丰富的土壤,在含石灰质较多的土壤上生长更为旺盛;根状茎繁殖迅速,再生能力强;较耐践踏。草地早熟未在国外草坪上广泛应用于各类绿地中,与其他冷地型草种混合栽培。我国广泛应用于公园、机关、学校、工厂、医院,疗养院、居住区等处,也可用于运动场草坪。

（四）匍匐剪股颖

禾本科,剪股颖属。冷地型草种,多年生草本植物。匍匐茎平卧地面,秆高 15 ~ 25 cm,有 3~6 节匍匐枝,节着地生根,须根多而弱。叶片扁平,线形,先端尖细。原产美国俄勒冈州,20 世纪 80 年代自日本引入我国后,在北方分布较广。喜冷凉、潮湿环境,耐寒性和耐阴性较强,与杂草竞争能力也强,不耐炎热干旱和盐碱土壤;具有一定耐修剪、耐践踏能力;繁殖容易、生长迅速,容易形成厚实草层,但易出现"毡化"现象和孳生病虫害。可用作观赏草坪及运动场草坪。

（五）匍茎剪股颖

禾本科,剪股颖属。冷地型草种。多年生,秆基部平卧地面,只长达 8 cm 俐匐装,节上生根。叶鞘无毛,稍带绿色。叶片扁平线形,先端渐尖,长 15 cm,两面具小刺毛,粗糙。圆锥形花序老后呈紫铜色,长 11~20 cm,每节具 5 分枝。颖果,种子长约 1 mm,宽 0.4 mm,黄褐色。花期 6~8 月。常见于湿润的草地内。分布于欧亚大陆和北美的温带地区。我国甘肃、河北、浙江、江西、陕西等省均有分布。喜冷凉气候,喜潮湿,不耐炎热,耐寒性强,抗旱能力差;耐频繁低剪;在肥沃湿润、排水良好的土壤上生长良好,在质地黏重土壤上也能生长。用于游憩草坪、运动场草坪和地下水位较高的潮湿处。

（六）小糠草(红顶草、糠穗草、白剪股颖)

禾本科,剪股颖属。冷地型草种。多年生,茎丛生,具细长根状茎。秆直立,高达 90~130 cm。叶鞘无毛,多短于节间。叶片扁平,长 17~32 cm,宽 3 ~7 mm,边缘和下部有小刺毛。圆锥花序尖塔形,疏松开展,草绿色或带紫红色,抽穗期顶上呈一层鲜艳美丽的紫红色,每节具多数簇生分枝,基部开始着生小穗,小穗长 2.0~2.5 cm,无芒,基盘两侧有短毛。颖果长椭圆形,色黄褐。花期 6 ~ 9 月。原产北美,我国内蒙古、河北、山东、湖北、四川、陕西及东北等地均有分布。多生长在潮湿的山坡或山谷等处。适应性强,耐寒,亦能抗热,喜湿润土壤,也能耐旱;对土壤条件要求不高,以黏壤土及壤土为佳,在较干的沙土上亦能生长;不耐阴。用于路旁、沟边、公园等固土护坡草坪,多用于混播草坪。

二、园林常见地被植物

(一)二月蓝(诸葛菜、菜子花)

十字花科,诸葛菜属。株高20~70 cm。茎直立,无分枝。叶羽状深裂,基部心形,叶缘有钝齿;上部叶基抱茎呈耳状。总状花序顶生,着生5~20朵,花瓣中有细脉纹,花多为蓝紫色或淡红色,随花期延续,花色逐渐转淡,最终变为白色。花期4~5月,果期5~6月。原产东北、华北,全国各地均有栽培。适应性、耐寒性强,对土壤要求不高,在肥沃、湿润、阳光充足的环境下生长健壮,在阴湿环境中也表现出良好的性状;耐阴性强。适于片植,也可配植在草坪一角,又适合于路边栽种、山石园石旁丛植。

(二)红花酢浆草(三叶草、铜锤草)

酢浆草科,酢浆草属。常绿或半常绿多年生草本;植株丛上,仅20-30 cm,叶基生,有长柄,三出复叶,小叶倒心脏形。花自叶丛抽生,数朵成伞房花序,花瓣5枚,基部连合,玫瑰红、浅紫红色或粉红色。花期4~10月。花朵强光下开放,弱光下闭合。

主要栽培品种:

(1)"大花"酢浆草:具肉质半透明的球形根,高15 em,花玫瑰紫色,花大,花径4 cm。

(2)"九叶"酢浆草;地下茎横生,具鳞茎,高15 cm左右,小叶9枚或更多,二浅裂,通常呈两轮生于叶柄顶端,花白色芳香。

(3)"山酢浆草":小叶3枚,呈倒三角形,花玫瑰紫色。

(4)"腺叶"酢浆草,茎基部似鳞茎,根出叶数量多,小叶约12枚生于柄顶,倒心形,没绿色或银绿色。花淡紫色或粉红色,呈铃形。

原产巴西及南非,我国各地普遍栽培。喜向阳、温暖、湿润的环境,夏季炎热地区宜半阴,抗旱能力较强,不耐寒,长江以南可露地越冬,喜阴湿环境;对土壤适应性较强,一般园土均可生长,但以腐殖质丰富的沙质壤土生长旺盛,夏季有短期的休眠。绿地、花坛成片栽培,也可路边及山石园石边丛植。

(三)菊花脑

菊科,菊属。多年生草本植物。根系较发达,一般株高25 ~ 100cm。茎直立、半木质化,枝条细长,分枝性强。叶卵圆形或长卵圆形,长3 ~ 4cm,

宽 1.0 ~ 2.5cm，叶缘具粗锯齿或羽状深裂，表面绿色，背面淡绿色。头状花序，数个聚生或单生，花黄色，瘦果，种子褐色细小。花期 10~12 月。原产我国，江苏、南京一带广泛分布。耐寒怕热，华北地区可露地越冬；耐旱，忌涝；对土壤适应性强，较喜欢沙壤土。良好的观花地被植物，盛花期正是百花凋零的深秋季节，一片金黄色小花，更显妖艳。适宜在林缘和光照较好、不积水的封闭性树坛内成片栽植。

（四）马蹄金（荷包草、铜钱草）

旋花科，马蹄金属。多年生草本植物。植株低矮，须根发达，具较多的匍匐茎，节间着地生根，全株仅高 5~15cm。叶片扁平，基生于根部，具细长叶柄，肾形，外形大小不等，表面无毛，直径仅 1 ~ 3cm，背面密被贴生丁字形毛，全缘。花冠钟状黄色、深 5 裂，裂片长圆状披针形，夏秋开花。萌果近球形，种子黄至褐色，被毛。花期 4 月，果期 7 月。中国南方各省分布较广，陕西、山西等省有引种栽培。喜光照充足及温暖湿润气候，对土壤要求不严，但在肥沃之地生长旺盛；对温度适应性强，能耐一定的低温及高温，也较耐旱，耐践踏。应用于小面积花坛、花境及山石园，做观赏草坪栽培，也可用它布置庭园绿地及小型活动运动场地。

（五）石蒜

石蒜科，石蒜属。多年生草本。其鳞茎肥厚广椭圆形，外被紫色膜质。叶片宽线形，冬天开始抽叶，夏初枯萎。花葶高 30 ~50 cm，5~7 朵聚生于顶端成伞形花序，鲜红色，花被简短，裂片长，边缘多皱，向后反卷，雌雄蕊伸出花被外许多。花期 7~9 月。

主要栽培品种：

（1）"忽地笑"：鳞茎大，呈球形，叶宽线形，花葶 30~60 cm，花大，黄色。

（2）"鹿葱"：鳞茎近球形，叶浅绿色，阔线形，花粉红、雪青、红色等，稍有芳香。

（3）"白花"石蒜：花被片白色。

原产中国，分布于长江流域及西南各省。喜阳，也耐半阴，喜湿润，耐干旱，稍耐寒，宜排水良好、富含腐殖质的沙质壤土。是布置花境、假山，岩石园和做林下地被的良好材料。可种植在庭园、草坪边缘、林旁、疏林下或成片种植；也可做路边、花坛等镶边植物或点缀于岩石缝隙。

（六）薄荷

唇形科，薄荷属。多年生草本植物。植株高达 30 cm 以上。茎直立，四棱形,多分枝。叶对生,长圆状披针形至长圆形,疏生粗大锯齿。轮伞花序,腋生,花蒂筒状钟形,花冠淡紫色或青紫色,唇形。花期7~10月。产于北半球温带地区,我国各地均有野生和栽培。薄荷喜温暖和阳光充足、雨量充沛的环境;土壤以疏松肥沃、排水良好的沙土为好;喜湿润。在阳光充足处群植或丛植。

第四节　园林水生植物的识别与观赏

一、水生花卉概念

在植物生境的进化过程中,水生植物沿着沉水—浮水—挺水—湿生—陆生的进化方向演化,这和湖泊水体的沼泽化进程相吻合。这些水生植物在生态环境中相互竞争、相互依存,构成了多姿多彩的水生王国。

水生花卉,是指常年生活在水中,或在其生命周期内有一段时间生活在水中的观赏植物。通常这些植物的体内细胞间隙较大,通气组织比较发达,种子能在水中或沼泽地萌发,在枯水时期它们比任何一种陆生植物更易死亡。水生花卉,集观赏价值、经济价值、环境效益于一体,在现代城市园林环境建设中发挥着积极的促进作用。随着我国园林花卉事业的迅速发展,水生花卉越来越受到人们的重视。

中国湖泊、江河、水库等大小各异的水生生态星罗棋布,是许多水生花卉的故乡,也是世界水生花卉种类资源较为丰富的国家之一。据统计,水生花卉有60余科,100余属,约300多种。它们不仅具有较高的观赏价值,其中不少种类还兼有食用、药用之功能。如荷花、睡莲、王莲、鸢尾、千屈菜、萍蓬等,都是人们耳熟能详且非常喜爱的名花,并广泛应用于园林水景中;芡实、菱角、莼菜、香蒲、慈姑等,除了可以绿化、美化水体环境外,还是十分著名的食用蔬菜,且具有药效和保健作用;而红柳、大柳、鹿角苔、皇冠草、红心芋等观赏水草则成为美化现代家居环境的新宠儿。目前,对上述水生花卉营养成分组成、生理活性及其加工等都有广泛的研究和报道。

与陆生花卉相比,水生花卉在形态特征、生长习性及生理机能等方面有着明显的差异。主要表现在以下几个方面:一是具有发达的通气组织,可使进入体内的空气顺利地到达植株的各个部分,以满足位于水下器官各部分呼吸和生理活动的需要;二是植株机械组织退化,木质化程度较低,植株体比较柔软,水上部分抗风力较差;三是根系不特别发达,大多缺乏根毛,并逐渐退化;四是具有发达的排水系统,依靠体内的管道细胞、空腔及叶缘水孔等把多余的水分排出,从而维持正常的生理活动;五是营养器官明显变化,以适应不同的生态环境;六是花粉传粉存在特有的适应性变异,如沉水花卉具有特殊的有性生殖器官以适应水为传粉媒介的环境;七是营养繁殖普遍较强,有的利用地下茎、根茎、块茎、球茎等进行繁殖,有的利用分枝繁殖等;八是种子或幼苗要始终保持湿润,否则会失水干枯死亡。

二、水生花卉类型

水生花卉按其观赏部位可分为观叶与观花两类,但有些种类茎叶形状奇特,花朵又五彩缤纷,既可观叶,又可赏花。

按其生长习性,水生花卉可分为一年生草本和多年生的宿根和球根草本。一年生草本主要有芡实、水芹、黄花蔺、雨久花、泽泻、苦草等。多年生宿根类主要有旱伞草、灯心草、睡莲、莼菜、荇菜等。多年生球根类主要有慈姑、芋属等。

按其生活方式与形态及对水分要求的不同,水生花卉又可分为挺水型、浮水(叶)型、漂浮型与沉水型。

挺水型水生花卉的植株一般较高大,绝大多数有明显的茎叶之分,茎直立挺拔,仅下部或基部根状茎沉于水中,根扎入泥中生长,上面大部分植株挺出水面。花开时挺出水面,甚为美丽,是主要的观赏类型。有些种类具有根状茎,或有发达的通气组织,生长在靠近岸边的浅水处,一般水深 1 ~ 2 m,少数至沼泽地。最具代表性的即为大家非常熟悉的荷花、黄菖蒲、水葱、慈姑、千屈菜、菖蒲、香蒲、梭鱼草、再力花等,常用于布置水景园水池、岸边浅水处。此外,挺水型水生花卉生活在湿地常见的还有广东万年青、花叶万年青、海芋、莎草、刺芋、泽芹、泽泻等。

浮水型又称浮叶型。茎细弱不能直立,有的无明显的地上茎,但其根状茎发达,并具有发达的通气组织,体内贮藏有大量的气体,生长于水体较深的地方,多为 2 ~ 3 m。花开时近水面,花大而美丽。叶片或植株能平稳地漂浮于水面上。多用于水面景观的布置,如王莲、睡莲、芡实等。其中王莲、睡莲是此类水生花卉的代表种。浮叶型水生花卉常见的种类还有田字萍、荇菜、莼菜、萍蓬草、菱、浮叶眼子菜、水薤等。

漂浮型的水生花卉较少,植株的根没有固定于泥中,整株漂浮在水面上,在水面的位置不易控制。漂浮型水生花卉多数以观叶为主,多用于水面景观的布置。最具代表性的种类是凤眼莲、槐叶萍、满江红、水鳖、大漂、浮萍等。

　　沉水型的水生花卉种类较多,但大多不为花卉爱好者所熟悉。沉水型水生花卉的根或根状茎生于泥中。植物体生于水下,不露出水面,它们的花较小,花期短,生长于水中,无根或根系不发达,通气组织特别发达,气腔大而多,这有利于在水中空气极为缺乏的环境中进行气体交换。叶多为狭长或细裂成丝状,呈墨绿色和褐色。植株各部分均能吸收水体中的养分。沉水花卉在水中弱光的条件下能生长,但对水质有一定要求,水质的好坏会影响其对弱光的利用。有的生长于水体较中心的地带,有的是人工栽植,通常用于水族箱内装饰。其代表种类是金鱼藻、狸藻、苦草、茨藻、黑藻、眼子菜、菹草、皇冠草、网草等。

三、水生花卉的观赏特点

　　水生花卉是现代城市园林水景造景中必不可少的材料,在吸收水中污染物、净化水体的同时,又发挥着较高的观赏价值。世界上两个著名的也是最大的水景园分别是法国的凡尔赛宫苑和中国的颐和园昆明湖。水生花卉在水景园中布置,能够给人一种清新、舒畅的感觉,不仅可以观叶、品姿、赏花,还能欣赏映照在水中的倒影,虚实对比,正倒相接,令人浮想联翩。另外,水生花卉也是营造野趣的上好材料。在河岸密植芦苇林、香蒲、慈姑、水葱、浮萍,能使水景野趣盎然,如苏州拙政园池塘浅水处片植芦苇,对前面的荷花及后面的假山,都起到了较好的衬托和协调作用,景观十分可人。又如,英国剑桥郡米尔顿乡间公园,原是一片废墟,当地政府投巨额资金建立风景区,布置大量芦苇,深秋时的风景优雅宜人,呈现出"枫叶荻花秋瑟瑟"的意境。水生花卉造景最好以自然水体为载体或与自然水体相连,因为流动的水体有利于水质更新,减少藻类繁殖,加快净化,不宜在人工湖、人工河等不流动的水体中作大量布置。种植时宜根据植物的生态习性设置深水、中水、浅水栽植区,分别种植不同的植物。通常深水区在中央,渐至岸边分别栽植中水、浅水和沼生、湿生植物.考虑到很多水生花卉在北方不易越冬和管理的不便,最好在水中设置种植槽,不仅有利于管理,还可以有计划地更新布置。

第八章 典型植物的分析与应用
——以栎类植物为例

第一节 北美红栎的观赏及应用

北方红栎亦称为普通红栎、东部红栎、高山红栎和灰栎,广泛分布于东部,生长于各种类型的土壤和地形上,常形成单一的群落类型,长速中等至快,是红栎类中重要的用材树种之一。树形好,叶浓密,易移栽,是广受欢迎的庭荫树。

一、气候特征

北方红栎自然分布区,西北部年降水量为 760mm,阿巴拉樊亚山脉南部的年降水量为 2030mm;年降雪量变化极大,美国亚拉巴马州南部地区极少,其北部和加拿大分布区高达 254cm 或更多;分布区北部年平均温度约为 4℃,分布区南界平均温度为 16℃;北部无霜期为 100d,南部无霜期为 220d。

二、地理分布

北方红栎是唯一向东北部扩展至新斯科舍省的原生种,它生长于加拿大的布雷顿角岛、新斯科舍、爱德华王子岛、新不伦瑞克、魁北克加佩斯半岛到安大略;美国的分布区为:南从明尼苏达州至内布拉斯加州东部和俄克拉何马州,东至阿肯色州、亚拉巴马州南部、乔治亚州和北卡罗来纳州,在路易斯安那州和密西西比州也有发现,但较少。

图 8-1　北方红栎的分布区域

三、立地条件

在北部,北方红栎生长于凉爽潮湿的极地淋溶土和灰土上,母岩为砂岩、页岩、灰岩、片麻岩、片岩和花岗岩,从黏土至肥沃沙土,有的岩石碎片含量高。北方红栎在土层深厚、肥沃、排水良好的粉砂质黏壤上生长最好。尽管北方红栎在各种地形上都有分布,但在北部、东部或中部的海湾、深壑及排水良好的谷地生长最好。北方红栎可以在西弗吉尼亚海拔高达 1070m 和阿巴拉契亚山脉北部海拔高达 1680m 的地方生长。

决定北方红栎立地质量的最重要因素有土壤深度、土壤纵横纹理和斜坡的位置及形状。最好的地点是具有厚厚一层壤土或粉砂壤土的偏北或偏东风方向凹斜坡下部。其他可能影响立地质量的是水位深度和降水量,如密歇根州南部距地下水位的深度及西弗吉尼亚州西北部年降水量达 1120mm。

四、生长习性

（一）开花结果

北方红栎雌雄同株。雄花柔黄花序,着生上于 1 年生的叶腋处,花期与当年叶展开时间一样或更早,一般为 4 月或 5 月。雌花单生,或 2 至多朵成穗状,着生于当年生的叶腋处。果实含 1 个种子,单生或 2 ~ 5 聚生,被壳斗部分包被,2 年成熟。北方红栎成熟时褐色,从 8 月末至 10 月末开始成熟,成熟时间因地理位置而异。

（二）种子生产与传播

在森林群落中，25年生北方红栎开始结果，但直到50年果实产量才最大。盛果间隔期不规律，通常每2～5年丰产1次。在丰产期，果实产量变化仍很大。有些树果实产量低而有些树果实产量高。树冠大小是影响果实产量最重要的因素，优势树或次优势树中树冠大而不紧密的比树冠小而紧密的果实产量更高。昆虫、松鼠、小老鼠、鹿、火鸡和其他鸟类损害的种子超过80%，即使在丰产年，也只有约1%的种子才能够萌发，在欠收年这些动物可损害100%的种子。由于种子传播距离短，松鼠和老鼠的重力及缓存活动是种子传播的主要手段。

图8-2　北方红栎的叶与果

图8-3　秋季小苗叶色

图 8-4　种子

（三）幼苗生长

北方红栎幼苗自然形成或在原立地清理干净时种植,不管被清理的区域多大,幼苗生长速度都不足以与强健的木本树萌芽和其他植被的生长速度竞争。乔木砍伐前,新的繁殖量将与之前繁殖量成比例。要想在新的竞争中获得成功,北方红栎提前繁殖的茎必须大,并有良好的根系。因此,北方红栎的成功再生取决于建立幼苗成活和生长的必要条件。

北方红栎发芽方式是地下式,发生于种子掉落的春季。当果实被矿物质土壤覆盖并覆有一薄层落叶凋敝物时,种子的发芽率最高。早春季节通常会过度干旱,如果种子在落叶凋敝物上面或与之混合,则会在适宜发芽温度来临前失去活性。

土壤湿度是影响北方红栎幼苗第 1 年存活的关键因素。在种子发芽期土壤湿度通常是充足的,发芽后伴随着主根的蓬勃快速发展,如果主根能渗透土壤,则幼苗在生长季节后期能耐受相当水分的胁迫,但北方红栎幼苗不如北美白栎或黑栎幼苗耐旱。

光照强度是影响北方红栎幼苗第 1 年存活及以后存活和生长的最关键因素。北方红栎在 30% 的光照强度下光合作用最强。在森林立地条件下,光照强度要低得多,然而地上 15cm 的幼苗便有竞争作用。有记录指出密苏里州该种水平下的光照强度是全光照下的 10% 或更少,太低可致幼苗不能存活和生长。

在森林里立足,北方红栎的幼苗需要几年才能成为真正的树苗。火、弱光照、过高或过低湿度或动物活动会伤害植物上部,但不会伤害其根系。根系弃的 1 至多个休眠芽会萌发出新的芽。这样的死亡和重新萌发会发生许多次,形成歪的、平顶或分叉的茎干。这样的茎干的根系比地上部老 10 ~ 15 年或更多。

北方红栎的萌芽是偶然性的,当水分,光照和温度条件有利时,芽增殖将在生长季节同时发生。初期一般是最长的,每次萌芽之后都伴随一个独特的休息时间,大多数的根伸长发生在休息时间。

北方红栎的种子繁殖、幼苗生长、萌芽是很慢的,常受限于未受侵扰或受轻微侵扰的立地条件,每年最多生长几厘米。

图 8-5 北方红栎的树干和嫩芽

（四）生长状态

生长于良好、未受干扰的立地上的成熟北方红栎通常高 20 ~ 30m,胸径 61 ~ 91cm。森林群落中的北方红栎树干笔直高大,树冠大。开放生长的北方红栎树干短,树冠开展。

在美国中部不同树龄、生长地和立地条件的北方红栎径年平均生长量为 5mm。在阿巴拉契亚山脉立地优良的土壤上,同一树龄的北方红栎优势种和同优势种径年平均生长量为 10mm;在同一立地条件下,树龄 50 或 60 的北方红栎径年平均生长量为 6mm。

在单一群落立地条件下,北方红栎的生长空间需求是未知的,而同一树龄混合栎树群的生长空间平均需求已经知道。对于生长空间的竞争,1 个群落的可用空间等于群落中所有树木的最大需求空间总量时使开始了。这是全区储备量利用的最低水平,约为全区储备量的 60%。1 株在开放或无竞争下生长的直径 15.2cm 的北方红栎最小生长空间约为 8.5m^2。如果那株树是在开放或无竞争下生长的,它可以利用生长空间的最大量是 14.4m^2。1 株直径 53.3cm 的北方红栎,最小和最大的生长空间分别为 26.5m^2 和 45.7m^2。金里奇开发的储备标准经验表明,北方红栎比同直径的其他栎树需要更少的生长空间,但是需要多少生长空间尚未确定。

（五）对竞争的反应

北方红栎中度耐阴。不如相关树种如枫香(1ccr saccharum)、美国山毛榉(Fagus grandifolia)、极树(Tilia americana)和山胡桃耐荫,但比其他树种如黄杨(Liriodendron tulipifera)、美国杞木及黑樱桃(Prunus serotina)耐阴,在栎树中,不如北美白栎和栗栎耐阴,与黑栎和猩红栎的耐阴程度一样。

如果被释放(引入)的树是共优势或中等以上级别树冠的树,则北方红栎对释放的反应良好。如果修剪或释放是针对同一年龄立地上的30年生栎树,则北方红栎对修剪和释放的反应最佳。生长于30年或更老的、条件优良的立地上的北方红栎,树冠狭小受限,且不能通过修剪和释放利用有效生长空间。在阿肯色州,50年生的树释放后,10年后栎径比未释放树平均增长40%。尽管在释放的第1年径就会增长,但增长最快的是第5 ~ 10年,这一阶段的树年平均增长0.5cm,是未释放树的2倍。在30年以上立地上的北方红栎重剪后萌发的嫩枝很多。收获位于开放地边缘的北方红栎后叶能萌发嫩枝,因为生长于条件优良立地上的北方红栎树干上有许多休眠芽。当树干突然暴露于光强增加的环境中时,这些休眠芽便开始萌发。

五、繁殖技术

无性繁殖:北方红栎容易抽芽。95%的北方红栎在新的立地条件下能抽芽,利用种子繁殖或从被砍的树桩上萌芽。在伐木时老树桩受到损害时便有新芽萌发。新芽的高生长与受损老茎干的尺寸有关,尺寸越大,新芽的高生长越快。新芽长速快,笔直,形态好。

北方红栎抽芽的速速度比黑栎或北美白栎快,与猩红栎和栗栎大约一致。抽芽频率与母树树桩大小有关,母树树桩大的比母树树桩小的抽芽频率高。大树桩比小树桩抽生的芽更多,但20 ~ 25年生的树,每个树桩的芽数平均为4 ~ 5个,与母树树桩大小无关。芽生长很快,每年平均生长61cm。这些树桩萌芽是无性繁殖的一个重要组成部分。抽生于更低处的芽不如起源于高树桩的芽衰落快,但它们基部往往出现严重的弯曲或匍匐在地。早期树丛稀薄可以提高潜在的质量,虽然这对保持良好的增长并不重要。

六、病虫防治

野火通过杀死树基形成层细胞,为腐烂真菌提供入口,从而严重损害北方红栎。野火也能对树干或锯材太小的北方红栎顶部造成严重损害。许多顶部遭受伤害的树会重新萌芽,形成新的同一年龄的北方红栎林,使原始北方红栎林遭受巨大的经济损失。北方红栎小苗会被火烧杀死,但是即使它们的顶部被杀死,大的茎干仍能够萌芽存活下来。

栎树枯萎病是北方红栎潜在的导管疾病,感染的当年就会死亡。它通常危害整个林中零散分布的个体或小团体,影响面积可达几公顷,通过树的根系移植,汁液饲养甲虫和小的栎树树皮甲虫传播病害。

菌索根腐病侵袭并杀死被火,光照,干旱,昆虫或其他疾病伤害或削弱的北方红栎。由 Strumella 和 Nectria 类引起的腐烂会伤害北方红栎的茎干,尽管很少会杀死,但受感染的茎干不能用作木材。对北方红栎造成严重损害的叶子疾病有炭疽病、叶疱病、白粉病及东方樱锈病。

木虫、哥伦比亚木材甲虫、栎树木材毛虫、红橡木蛀虫和双纹长吉丁虫是侵害北美红栎树干的重要害虫,通过打隧道进入树体,使受侵害树的木材产量及质量严重下降。最具毁灭性的致叶落的害虫为舞毒蛾,其会反复侵害栎树,侵害的栎树包括美国东南部广泛种植的北方红栎。北方红栎能从单纯的落叶侵害中恢复过来,但又可被其他疾病和昆虫侵害致死。其他的落叶害虫有可变栎叶毛虫、橙纹栎树蠕虫和褐尾蛾。

此外,亚洲栎树象鼻虫幼虫取食北方红栎幼苗根系,成虫取食叶片,严重影响北方红栎幼苗生长。对北方红栎果实造成伤害的多为坚果象甲虫、瘿蜂、栎树蠕虫和栎树蛾,在果实产量低的年限,这些昆虫会破坏整个果实产量。

七、园林用途

北方红栎树体高大,树冠匀称,枝叶稠密,叶形美丽,色彩斑斓,且红叶期长,秋冬季节叶片仍宿存枝头,观赏效果好,多用于景观树栽植;也是优良的行道树和庭荫树种,被广泛栽植于草地、公园和高尔夫球场等。其还是结合公路、荒山绿化及生态环境林建设,用作特种经济用材林营建的首选树种。

由于北方红栎对称的外形和漂亮的秋季叶,被广泛种作观赏树。其果实是松鼠、鹿、老鼠、田鼠等哺乳动物和火鸡等鸟类的食物来源。抗城市污染能力强。材质坚固,纹理致密美丽,为良好的细木用材,可制作名贵的家具。

第二节　猩红栎的观赏及应用

猩红栎亦称黑栎、红栎或西班牙栎,因秋天颜色亮丽而闻名,是一种大型速生树种,分布于美国东部各种土壤的混交林中,在轻砂质和砾石高地的山脊及山坡上分布更多,在俄亥俄河流域盆地上生长最佳。商业上,常与其他红栎混合使用。猩红栎是一种流行的遮阴树,广泛种植于美国和欧洲。

一、形态特征

树叶单叶互生,长方形或椭圆形,长 7.6 ～ 15.2cm,宽 6.4 ～ 11.4cm,基部为短楔形,稀为宽楔形,有 7 个,稀为 9 个带齿状刚毛的裂片,叶面亮深绿色,除了叶脉腋有丛生的柔毛外,叶背光滑无毛,主裂片为"C"形,叶柄长 3.8 ～ 6.4cm,无毛,黄色。芽重叠成瓦状,宽卵形,钝尖,长 0.6 ～ 0.9cm,深红棕色且下面无毛,中部表面有苍白色毛茸茸的柔毛,芽形似橄榄球。茎浅棕色到红棕色,无毛,点缀着小的灰色皮孔,老茎为带有光泽的绿色。果实为单个或两个,短梗,椭圆形至半球形,红棕色,稀有条纹,顶部常有同轴的环状,1/3 ～ 1/2 处被深碗状覆盖物包裹。

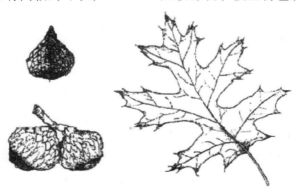

图 8-6　猩红栎的形态特征

雌雄同株,根据纬度、海拔和天气情况,花期在 4 月或 5 月。果实成熟需要 2 个季节。

二、气候特征

猩红栎生长地气候潮湿,年平均降水量为西部边缘的 760mm 到东南部和海拔较高的 1400mm。年平均气温和生长季长度从新英格兰的 10℃ 和 120d 到亚拉巴马州、乔治亚州和南卡罗来纳州的 18℃ 和 240d。极端温度从北部最低的 −33℃ 至南部最高的近 41℃。

三、地理分布

猩红栎主要生长区域为:从缅因州西南部西至纽约州、俄亥俄州、密歇根州南部和印第安纳州;南至伊利诺伊州南部、密苏里州东南部和密西西比中部,东至亚拉巴马州南部和乔治亚州西南部,北沿海岸平原的西部边缘到弗吉尼亚州。

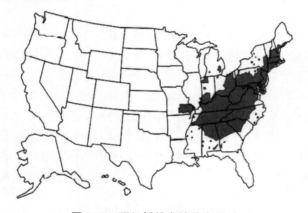

图 8-7　猩红栎的自然分布区域

四、立地条件

猩红栎适合生长在各种土壤中,包括灰褐色灰化土壤、棕灰化土壤和红黄灰化土壤。

在密苏里州奥沙克,猩红栎 50 年内可以从 28.7cm 长到 70.4cm。在阿巴拉契亚山脉南部,其最佳再生和竞争的位置在山脉中上部,然而,位置指数随 A 层深度增加而增加,随 A 层和斜坡上砂量的减少而减小。在阿巴拉契亚山脉北部,斜坡位置、坡度、坡向和到基岩的土壤深度是重要的位置因素。

虽然猩红栎连续分布的位置尚未确定,但它可能是在干燥的土壤上生长的一种高峰树。由于其坚韧性,可以种植在各种类型的土壤中。

猩红栎一般分布在海拔低于910m的山地中,在阿巴拉契亚山脉南部最高可分布于海拔1520m左右。

五、生长习性

(一)种子生产与传播

猩红栎最早结果时间是20年,但50年后才能迎来盛果期,果实产量随树直径的增加而增大,树径达到51cm时果实产量达到最大值,而后则下降。尽管实际上结实量可能是不规律的和不可预测的,但一般果实丰产期每3～5年出现1次,在密苏里州,猩红栎结实量往往比黑栎(Quercus velutina)、北美白栎(Q. alba)、柱杆栎(Q. stellata)和黑夹克栎(Q.marilandica)更多变,4年生的猩红栎成熟果实最高产量约为25粒/m²(树冠面积)。相比之下,在同一时期,黑栎、北美白栎栎子最高年产量为70～75粒/m²。在东南亚,12生年猩红栎果实平均产量达3.65kg/m²,尽管该生产率的猩红栎仅达到同时期北方红栎(Quercus rubra)的25%左右和北美白栎的36%左右,但是,其果实产量超过了黑栎和篮栎(Q. prinus)。

超过80%的成熟猩红栎果实会在落地后被虫毁坏,最常见的害虫有坚果象甲(Curculio spp.)、幼蛾(Lepidoptera)和瘿蜂(Cynipidae)。当果实产量达最高时,未被毁坏的栎子比例通常也最大。

猩红栎果实是东部灰松鼠、花鼠、老鼠、野生火鸡、鹿和鸟类的可选择性食物,尤其是蓝鸟和红头啄木鸟。30%～50%的果实亏损是由鸟类和松鼠活动引起的。

(二)幼苗生长

适量的森林凋落物覆盖,有利于猩红栎种子的萌芽,没有凋落物或太厚的凋落物都不宜。相比一个完全封闭的或非常开放的树冠而言,适度开放的上层树冠为种子萌发提供了一个更有利的环境。其发芽方式是地下发芽式。

猩红栎幼苗通常顶梢枯死,然后再发芽,形成芽苗;再发芽发生于休眠芽或根颈以上。由于顶梢枯死,猩红栎根系可能比幼苗生长时间更久。这种再生长的每年增长潜力随芽基径增加而增加。在每个生长季里,幼芽株可能会生长 3 片新芽叶,单个新芽叶随季节增长而生长时间缩短。尽管猩红栎芽株初期生长快速,但幼芽的立地指数曲线与常规曲线比较表明,芽的生长高度在 20 年后迅速下降。

两刀渐切方法已被引用到猩红栎再繁殖中,第 1 切提供了有利的萌芽环境,第 2 切实现大量再繁殖,使足以成功地与其他植被竞争的茎数量足够多,当保留的上层林冠被去除时就能实现。

图 8-8　猩红栎的种子、幼芽及叶色

(三)生长和生产力

猩红栎为中型树种,通常成熟时高 18 ~ 24m,最高达 30m;树干直径为 61 ~ 91cm,最粗可达 122cm。该树生长迅速,成熟早,达商品要求时树干直径达 46 ~ 58cm。在径生长上,猩红栎领先或持平相关栎树。在美国中部高树群的 11 个品种比较中,在最适生长条件下,猩红栎的 10 年平均径增长仅次于黄杨(*Liriodendron tulipifera*)和黑胡桃(*Juglans nigra*)。然而,在不适宜生长条件下,猩红栎的增长速度大概超过其他任何相关树种,未修剪栎树林中猩红栎的产量变化为从立地指数 55 的 75.6m³/hm² 到立地指数 75 的 175.0m³/hm²,猩红栎林可以大大提高单个树木的增长量和质量。

(四)生根习性

猩红栎刚出芽的幼苗拥有强大的主根,侧根相对较少,因此在移栽方面比较困难,可能与其粗根系统及其相对缓慢根再生率相关。

（五）对竞争的反应

猩红栎被归类为非常不耐阴型，除了在更老的树下能再繁殖，通常只作为优势种或等优势种，在抑制或中间位置不能生存表明其不耐阴性。由于速生性和耐旱性，以及生长和繁殖需要足够光照条件，因此能在干旱条件下保持其优势。

当生长指数相等时，比起少量或者没有焚烧历史的森林，猩红栎在有焚烧历史的森林中具有更好的代表性，这与其旺盛的发芽能力，以及消除对火较敏感的竞争对手有关。

（六）破坏性元素

由于猩红栎树皮超薄，很容易受到火的伤害。如果树未被完全烧死，则通常会因树汁或树心腐烂而损坏。这个弱点，再加上干燥的环境，正说明了其高死亡率，以及在较轻的地火中易受到严重损坏。猩红栎树心腐烂甚至可以通过幼小分枝进入树干，造成严重的损害。树心腐烂在高树桩中的生成芽株中尤为常见，在一项研究中，猩红栎在地平线或以下的萌芽的腐烂只有 9%，然而其腐烂率在高于地平线 2.5cm 或更高为 44%，真菌 Stereum gausapatum 从树桩繁殖至幼芽，是造成腐烂的最常见原因。

猩红栎也容易受到栎树枯萎病（Ceratocystis fagacearum）病菌侵染。树木感染这种真菌可能在第 1 个症状出现后 1 个月内的死掉。栎树也会感染 Nectria 溃疡和 Strumella coryneoidea，这些疾病在弗古尼亚州都是特别严重。

猩红栎的主要食叶害虫包括栎树白带螺（Croesia semipurpurana）、秋星尺蠖（Alsophila pometaria）、森林天幕毛虫（Malacosoma disstria）、舞毒蛾（Lymantriadispar）和橙纹蛀虫（Anisota senaloria）。春霜落叶和重复落叶，被认为是猩红栎和宾夕法尼亚州的红栎类中其他栎树"衰落"和死亡的首要原因，这 2 种原因既不独立也不组合。同样，在密苏里州奥沙克，猩红栎"衰落"和一系列复杂的因素相关，包括昆虫、疾病、干旱和土壤。

竹节虫（Diapheromera femorata）可能会使猩红栎严重落叶，特别是在猩红栎生长范围的北部。双纹长吉丁虫（Agrilus bilineatus）是猩红栎和其他栎树继干旱、火灾、冻害或因其他昆虫落叶等灾害的第 2 大害虫。毛毛虫类（Prionoxystus spp.）幼虫可以通过穿破树心和白木破坏猩红栎。

以上害虫更喜欢开放式生长的树木或在生长指数不好条件下生长的树木。豚草甲虫类（Platypus spp.、Xyleborus spp.）和栎树木蛀虫（Arrhenodes minutus）能够侵入和破坏新鲜切割或受伤的树。红橡木蛀虫（Enaphalodes rufulus）生活在树干直径大于 5cm 的树桩中,幼虫钻入韧皮部,并导致严重缺陷和产量降低,然后蚂蚁和真菌可进入伤口造成进一步的伤害。

黑木蚁（Camponotus pennsylvanicus）在竖树里筑巢。蚂蚁可以通过干裂纹、疤痕、孔进入树干中,并且可以扩展它们的孔道至良木中。通风栎瘿蜂（Callirhytis quercuspunctata）可在猩红栎树枝和小树枝分泌瘿,严重感染可能会杀死整株树。此外,大型橡木苹果瘿蜂（Amphibolips confluenta）可能会在猩红栎叶或叶柄分泌瘿。

六、繁殖技术

猩红栎树与大多数其他栎树相比,芽株生长时间更长,尺寸更大。每个树干还有较大数量幼芽,并且这些芽株在开始 5 年长得比其他栎树、山胡桃（Carya spp.）和红枫（Acer rubrum）更快。然而,树桩的发芽率从树干直径为 10cm 的 100% 降低到更小,树干直径为 61cm 时发芽率仅约为18%。

在一项关于阿巴拉契亚猩红栎幼芽的研究中,28% 的芽株有根基腐烂,并且大树桩芽株比小树桩芽株更易芽根基腐烂。幼芽长大后,腐烂蔓延,会削弱树木的抗风能力。然而,在矮林生长中,稀疏的幼芽集中生长在一个树干上,可以增快生长并增加树干存活率。

七、园林用途

猩红栎树干通直、树冠大、枝叶稠密、叶片宽而大,具有很好的遮阴效果及绚丽的秋季彩叶效果,也具有耐移栽、耐贫瘠、耐寒（−35℃）、对病虫害抗性强等优点,在北美及欧洲园林绿化中应用非常广泛,无论是道路旁还是公园、大学校园、高尔夫球场等公共场所都应用广泛。例如,在德国首都柏林随处可见胸径 30 ~ 50cm 的参天大树。

据全球花木资料记载,猩红栎被法国人引入欧洲已有将近 150 年的历史；在中国,红橡树种植才刚刚开始,用作绿化、造林、用材等,前景一片大好。

猩红栎除了作为木材和野生动物的食物来源外,还作为观赏植物广泛种植。其秋季叶色鲜红明亮,树冠开展,长速快等特性使其成为庭院、街道和公园种植的理想树种。

第九章　园林植物的养护技术

第一节　园林树木的整形修剪

一、整形修剪概述

（一）整形修剪的目的和作用

对园林植物进行整形修剪处理具有多方面的目的。总的来说，主要有以下几种目的。

1. 提高园林植物移栽的成活率

苗木起运移栽时，不可避免地会对植株造成伤害，特别是对根部的伤害最为严重。苗木移栽后，短时间之内，根部难以及时适应环境的变化以及时供给地上部分充足的水分和养料，造成树体的吸收与蒸腾比例失调，虽然顶芽或一部分侧芽仍可萌发，但仍有可能发生树叶凋萎甚至造成整株死亡的现象。通常情况下，在起苗之前或起苗后，适当剪去病虫根、劈裂根、过长根，疏去徒长枝、病弱枝、过密枝，有些还需根据实际情况（比如：温度，季节等条件）适当摘除部分叶片甚至是主干，以确保栽植后顺利成活。

2. 调控树体结构

整形修剪可使树体的各层主枝在主干上分布有序、错落有致、主从关系明确、各占一定空间，形成合理的树冠结构，满足特殊的栽培要求。

3. 调控开花结实

修剪打破了树木原先的营养生长与生殖生长之间的平衡，重新调节树体内的营养分配，促进开花结实。正确运用修剪可使树体养分集中、新梢生长充实,控制成年树木的花芽分化或果枝比例。及时有效的修剪,既可促进大部分短枝和辅养枝成为花果枝,达到花开满树的效果,也可避免花、果过多而造成的大小年现象。

4. 保证园林植物健康生长

修剪整形可使树冠内各层枝叶获得充分的阳光和新鲜的空气。否则,树木枝条年年增多,叶片拥挤,相互遮挡阳光,尤其树冠内膛光照不足,通风不良。总的来说,适当疏枝有三方面的作用:可以增强树体通风透光能力;可以提高园林植物的抗逆能力;减少病虫害的发生概率。

5. 促使衰老树的更新复壮

树体进入衰老阶段后,树冠出现秃裸,生长势减弱、花果量明显减少,采用适度的修剪措施可刺激枝干皮层内的隐芽萌发,诱发形成健壮的新枝,达到恢复树势、更新复壮的目的。

6. 创造各种艺术造型

现代社会,人们越来越追求美的享受。可以通过对园林植物进行修剪整形,使其形成各种形态,并具有一定的观赏价值,如各种动物、建筑、主体几何形的类型。通过修剪整形也可使观赏树木像树桩盆景一样造型多姿、形体多娇,具有"虽由人作,宛自天开"的意境。虽然花灌木没有明显的主干,也可以通过修剪协调形体的大小,创造各种艺术造型。在自然式的庭园中讲究树木的自然姿态,崇尚自然的意境,常用修剪的方法来保持"古干虬曲,苍劲如画"的天然效果。

(二)整形修剪的原则

1. 根据不同的绿化要求修剪

应明确该树木在园林绿化中的目的要求,是作庭荫树还是作片林,是作观赏树还是作绿化篱。不同的绿化目的各有其特殊的整剪要求,如同样的日本珊瑚树,做绿篱时的修剪和做孤植树的修剪,就有完全不同的修剪要求。

2. 根据树木生长地的环境条件特点修剪

生长环境的不同,树木生长发育及生长势状况也不相同,尤其是园林立地的条件不如苗圃的条件优越,剪切、整形时要考虑生长环境。生长在土壤瘠薄、地下水位较高处的树木,通常主干应留得低,树冠也相应地小。

生长在土地肥沃处的以修剪成自然式为佳。

3. 根据树木年龄修剪

不同年龄的树木其生长发育能力、生长发育状态有明显的差异,对这类树木进行修剪应逐一采取不同的整形修剪措施。例如:幼树,生长势旺盛,但是植株整体处于较脆弱的阶段,在修剪时应求扩大树冠,快速成形,所以可以轻剪各主枝,否则会影响树木的生长发育。成年树,生长速度渐渐趋于平缓,在修剪的过程之中,应以平衡树势为主要目的,对壮枝要轻剪,缓和树势;而对弱枝需要重剪,增强树势。衰老树,为了复壮更新以及避免残枝对营养物质的吸收和利用,通常要重剪,刺激其恢复生长势。对于大的枯枝、死枝应及时锯除,防止掉落砸伤行人、砸坏建筑和其他设施。

(三)整形修剪的依据

园林植物在整形修剪前要对其生态环境条件、生长发育习性、分枝规律、枝芽特性等基本知识进行了解,遵循植物的生长发育规律,才能进行科学合理的整形修剪。

1. 与生态环境条件相统一

任何一种植物在生长的过程之中,在自然界中总是不断协调自身各个器官的相互关系,维持彼此间的平衡生长,以求得在自然界中继续生存。因此,对园林植物进行修剪整形的过程之中,保留一定的树冠,及时调整有效叶片的数量,维持高粗生长的比例关系,就可以培养出良好的树冠与干形。如果剪去树冠下部的无效枝,使养分相对集中,可加速高度生长。

2. 弄清生长发育习性

园林树木种类繁多,习性各异。在对园林植物进行整形修剪的过程之中需要以园林植物的生长与发育规律为依据,将其有限的养分充分利用到必要的生长点或发育枝上去,避免植物吸收的养分的浪费。

3. 满足园林植物的分枝规律

在整形修剪的过程之中,可以根据观赏花木的分枝习性进行修剪。园林树木在生长进化的过程中形成了一定的分枝规律,一般有假二叉分枝、多歧分枝、主轴分枝、合轴分枝等类型(图9-1)。

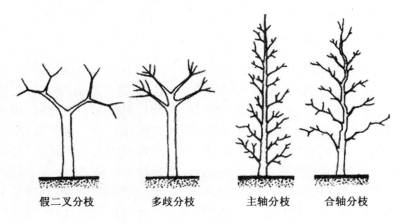

假二叉分枝　　　　多歧分枝　　　　主轴分枝　　　　合轴分枝

图 9-1　树木分枝类型

①假二叉分枝。具有生芽的植物,顶芽自枯或分化为花芽,由其下对生芽同时萌枝生长所接替,形成叉状侧枝,以后如此继续。其外形上似二叉分枝,因此称为"假二叉分枝"。如树木如泡桐、丁香等,树干顶梢在生长季末不能形成顶芽,而是由下面对生的侧芽向相对方向分生侧枝,修剪时可留一枚壮芽来培养干高,剥除枝顶对生芽中的一枚。

②多歧分枝。多歧分枝的树木顶梢芽在生长季末发育不充实,侧芽节间短,或顶梢直接形成三个以上势力均等的芽,在下一个生长季节,每个枝条顶梢又抽生出三个以上新梢同时生长,致使树干低矮。对这类树进行修剪一般在树木的幼年时期,采用短截主枝重新培养主枝法和抹芽法培养树形。

③主轴分枝。有些树种顶芽长势强、顶端优势明显。自然生长成尖塔形、圆锥形树冠,如钻天杨、毛白杨、桧柏、银杏等;而有些树种顶芽优势不明显,侧枝生长能力很强,自然生长形成圆球形、半球形、倒伞形树冠,如馒头柳、国槐等。喜阳光的树种,如梅、桃、樱、李等,可采用自然开心形的修剪整形方式,以便使树冠呈开张的伞形。

④合轴分枝。如悬铃木、柳树、榉树、桃树等,新梢在生长期末因顶端分生组织生长缓慢,顶芽瘦小不充实,到冬季干枯死亡;有的枝顶形成花芽而不能向上,被顶端下部的侧芽取而代之,继续生长。

4.枝芽特性

一些园林树木萌芽发枝能力很强、耐剪修,可以剪修成多种形状并可多次修剪,如桧柏、侧柏、悬铃木、大叶黄杨、女贞、小檗等,而另一些萌芽力很弱的树种,只可作轻度修剪。因此要根据不同的习性采用不同的修剪整形措施。

5. 树体内营养分配与积累的规律

树叶光合作用合成的养分,一部分直接运往根部,供根的呼吸消耗,剩余的大部分改组成氨基酸、激素,然后再随上升的液流运往地上部分,供枝叶生长需要。通过修剪可以有计划地将树体营养进行重新分配,并有计划性地供给某个需要的生长中心。例如:培养主干高直的树木时,可以截去生长前期的大部分侧枝,这样能够将树木所吸收的养分主要供给主干顶端生长中心,促进主干的高生长,而避免了侧枝对养分的消耗,达到主干高直的目的。

二、整形修剪的方法

(一)整形修剪的一般程序

修剪程序可以用以下五步来进行精确的概括:"一知、二看、三剪、四检查、五处理"。

"一知"。修剪人员必须掌握操作规程、技术及其他特别要求。修剪人员只有了解操作要求,才可以避免错误。

"二看"。实施修剪前应对植物进行仔细观察,因树制宜,合理修剪。具体是要了解植物的生长习性、枝芽的发育特点、植株的生长情况、冠形特点及周围环境与园林功能,结合实际进行修剪。

"三剪"。对植物按要求或规定进行修剪。剪时由上而下,由外及里,由粗剪到细剪。

"四检查"。检查修剪是否合理,有无漏剪与错剪,以便修正或重剪。

"五处理"。包括对剪口的处理和对剪下的枝叶、花果进行集中处理等。

(二)整形的方法

目前园林植物整形的方法主要有以下几种类别,各种整形方法的目的、条件等都存在着明显的差异。

1. 自然式整形

自然式整形是指按照树种的自然生长特性,采取各种修剪技术,对树枝、芽进行修剪,以及对树冠形状结构作辅助性调整,形成自然树形的修剪方法。在园林地中,比较常用的是自然式整形,其操作方便,省时省工,而且最易获得良好的观赏效果。在自然式整形的过程之中需要注意维护树冠的均匀完整,抑制或剪除影响树形的徒长枝、平行枝、重叠枝、枯枝、病虫枝等。常见的自然式整形方式如图9-2所示。

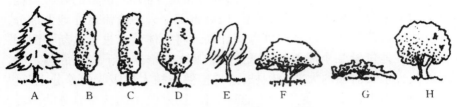

图9-2　常见园林树木的自然冠形

A.尖塔形;B.圆锥形;C.圆柱形;D.椭圆形;E.垂枝形;F.伞形;G.匍匐形;H.圆球形

2. 规则式整形

根据观赏的需要,将植物树冠修剪成各种特定的形式,称为规则式整形,一般适用于萌芽力、成枝力都很强的耐修剪植物。因为不是按树冠的生长规律修剪整形,经过一段时间的自然生长,新抽生的枝叶会破坏原修整好的树形,所以需要经常修剪。

(1)几何形式

这里所说的几何体造型,通常是指单株(或单丛)的几何体造型(图9-3)。

图9-3　几何体造型(图片来自网络)

　　球类整形要求就地分枝,从地面开始。整形修剪时除球面圆整外,还要注意植株的高度不能大于冠幅,修剪成半个球或大半个球体即可。如果球类有一个明显的主干,上面顶着一个球体,就称为独干球类。独干球类的上部通常是一个完整的球体,也有半个球或大半个球的,剪成伞形或蘑菇形。独干球类的乔木要先养干,如果选用灌木树种来培养,则采用嫁接法。

　　除球类和独干球类外,还有其他一些几何形体的造型,如圆锥形、金字塔形、立方体、独干圆柱形等,在欧洲各国比较热衷于此类造型。整形修剪的方法与球类大同小异。

　　将不同的几何形状在同一株(或同一丛)树木上运用,称为复合型几何体。复合型几何体有的较简单,有的则很复杂,可以按照树木材料的条件和制作者的想象来整形。结合形式有上下结合、横向结合、层状结合的不同类型。上下结合、横向结合的复合型式通常用几株树木栽植在一起造型,而层状结合的复合型造型基本上都是单株的,2层之间修剪时要剪到主干。

　　(2)其他形式

　　除了几何形式外,还有多种其他形式。诸如建筑形式,如亭、廊、楼等;动物形式,如大象、鸡、马、虎、鹿、鸟等;人物形式,如孙悟空、猪八戒、观音等;古桩盆景等形式(图9-4)。

图 9-4　其他形式造型（图片来自网络）

3.自然与人工混合式整形

对自然树形以人工改造而成的造型。依树体主干有无及中心干形态的不同,可分为主干形、杯状形、开心形等。

（1）中央领导干形

这是较常见的树形,有强大的中央领导干,顶端优势明显或较明显,在其上较均匀的保留较多的主枝,形成高达的树冠(图9-5)。中央领导干形所形成的树形有圆锥形(图9-6)、圆柱形、卵圆形等。

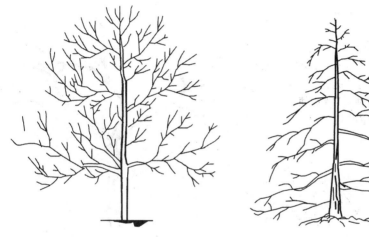

图9-5　中央领导干形树体　　　　图9-6　圆锥形树体

（2）杯状形

不保留中央领导干,在主干一定高度留3个主枝向四面生长,各主枝与垂直方向的上夹角为45°,枝间的角度约为120°。在各主枝上再留两个次级主枝,依此类推,形成杯状树冠。这种树形特点是没有领导枝,树堂内空,形如杯状(图9-7)。这种整形方法,适用于轴性较弱的树种,对顶端优势强的树种不用此法。

（3）自然开心形

此种树形为杯状形的改良与发展。主枝2～4个均可。主枝在主干上错落着生,不像杯状形要求那么严格。为了避免枝条的相互交叉,同级留在同方向。采用此开心形树形的多为中干性弱、顶芽能自剪、枝展方向为斜上的树种。如图9-8所示,树冠开张的开心形树冠。

图 9-7　杯状形树体

图 9-8　自然开心形树体

（4）多领导干形

　　一些萌发力强的灌木，直接从根茎处培养多个枝干。保留 2 ～ 4 个领导干培养成多领导干形，在领导干上分层配置侧生主枝，剪除上边的重叠枝、交叉枝等过密的枝条，形成疏密有序的枝干结构和整齐的冠形，如图 9-9 所示。如金银木、六道木、紫丁香等观花乔木、庭荫树的整形。多领导干形还可以分为高主干多领导干和矮主干多领导干。矮干多领导干一般从主干高 80 ～ 100cm 处培养多个主干，如紫薇、西府海棠等；高主干多领导干形一般从 2 m 以上的位置培养多个领导干，如馒头柳等。

图 9-9　多领导干形树体

（5）其他形

伞形多用于一些垂枝形的树木修剪整形,如龙爪槐、垂枝榆、垂枝桃等（图 9-10）。修剪方法如下：第一年将顶留的枝条在弯曲最高处留上芽短截,第二年将下垂的枝条留 15cm 左右留外芽修剪,再下一年仍在一年生弯曲最高点处留上芽短截。如此反复修剪,即成波纹状伞面。若下垂的枝条略微留长些短截,几年后就可形成一个塔状的伞面,应用于公园、孤植或成行栽植都很美观。

图 9-10　伞形树体（图片来自网络）

棚架形包括匍匐形、扇形、浅盘形等,适用于藤本植物。在各种各样的棚架、廊、亭边种植树木后按生长习性加以剪、整、引导,使藤本植物上架.形成立体绿化效果。

人工式修剪具有冠丛形的植物是没有明显主干的丛生灌木,每丛保留1～3年主枝9～12个,平均每个年龄的树枝3到4个,以后每年需要将老枝剪除,并在当年新留3或4个新枝,同时剪除过密的侧枝。适合黄刺玫、玫瑰、鸡麻、小叶女贞等灌木树木。

丛球形主干较短,一般60～100cm,留有4或5个主枝呈丛状。具有明显的水平层次,树冠形成快、体积大、结果早、寿命长,是短枝结果树木。多用于小乔木及灌木的整形。

（三）修剪的方法

1.截

短截又称为短剪,是指将植物的一年生或多年生枝条的一部分剪去。枝条短剪后,养分相对集中,能够刺激剪口下的侧芽萌发,增加枝条数量,促进多发叶多开花。这是在园林植物修剪整形中最常用的方法,短剪程度对产生的修剪效果有明显的影响。根据短剪的程度,可将其分为如图9-11所示类型。

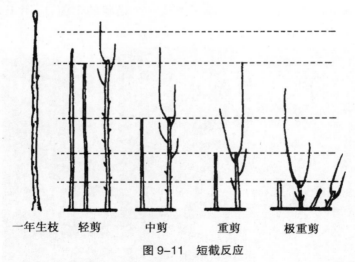

一年生枝　轻剪　　中剪　　重剪　　极重剪

图9-11　短截反应

①轻短剪。只剪去一年生枝的少量枝段(一般在原枝段1/4～1/3之间)。如在秋梢上短剪,或在春、秋梢的交界处(留盲节)。截后能缓和树势,利于花芽分化,也易形成较多的中、短枝,需要注意的是截后单枝生长较弱。

②中短剪。在春梢的中上部饱满芽处剪去原枝条的1/3 ~ 1/2,其能够形成较多的中长枝,而且这些中长枝成枝力高,生长势强。对于各级骨干枝的延长枝或复壮枝具有重大的意义。

③重短剪。在枝条中下部、全长2/3 ~ 3/4处短截,刺激作用大,可逼基部隐芽萌发,适用于弱树、老树和老弱枝的复壮更新。

④极重短剪。剪去除春梢基部留下的1 ~ 2个不饱满的芽的部分,在极重短剪之后,植株会萌发出1 ~ 2个弱枝,一般多用于降低枝位或处理竞争枝。

2. 疏

疏又称疏删或疏剪,即把枝条从分枝基部剪除的修剪方法。疏剪的主要对象是弱枝、病虫害枝、枯枝及影响树木造型的交叉枝、干扰枝、萌蘖枝等各类枝条(图9-12)。特别是树冠内部萌生的直立性徒长枝,芽小、节间长、粗壮、含水分多、组织不充实,宜及早疏剪以免影响树形;但如果有生长空间,可改造成枝组,用于树冠结构的更新、转换和老树复壮。

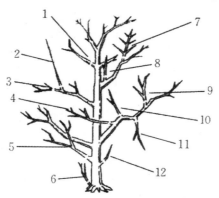

图9-12 常规修剪着重疏剪的枝条

1—左右对称枝;2—徒长枝;3—枯枝;4—交叉枝;5—重叠枝;6—萌蘖;

7—放射状枝;8—躲膛肢(内向枝);9—逆行枝;10—直立枝;11—下垂枝;

12—干生弱枝

抹芽和除蘖是疏的一种形式。在树木主干、主枝基部或大枝伤口附近常会萌发出一些嫩芽而抽生薪梢,妨碍树形,影响主体植物的生长。将芽及早除去,称为抹芽;或将已发育的新梢剪去,称为除蘖。抹芽与除蘖可减少树木的生长点数量,减少养分的消耗,改善光照与肥水条件。如嫁接后砧木的抹芽与除蘖对接穗的生长尤为重要。抹芽与除蘖,还可减少冬季修剪的工作量和避免伤口过多,宜在早春及时进行,越早越好。

3. 回缩

又称为缩剪,是将多年生的枝条剪去一部分。因树木多年生长,离枝顶远,基部易光腿,为了降低顶端优势位置,促多年生枝条基部更新复壮,常采用回缩修剪方法。

常用于恢复树势和枝势。在树木部分枝条开始下垂、树冠中下部出现光秃现象时,在休眠期将衰老枝或树干基部留一段,其余剪去,使剪口下方的枝条旺盛生长来改善通风透光条件或刺激潜伏芽萌发徒长枝来人为更新。

4. 伤

伤是通过各种方法损伤枝条,以达到缓和树势、削弱受伤枝条生长势的目的。伤的具体方法有:刻伤、环剥、折梢、扭梢等(图9-13)。伤对植株整体的生长发育影响并不明显,一般在植物的生长季进行。

图9-13 环剥、折梢、扭梢

5. 变

变是指改变枝条生长方向,控制枝条生长势。如用拉枝(图9-14)、曲枝(图9-15)等方法将直立或空间位置不理想的枝条,引向直立或空间位置理想的方向。变可以使顶端优势转位、加强或削弱,可以加大枝条开张角度。骨干枝弯枝有扩大树冠、改善光照条件,充分利用空间,促进生殖,缓和生长的作用。该类修剪措施大部分在生长季应用。

6. 放

即对一年生枝条不作任何短截,任其自然生长,又称为缓放、甩放或长放。利用单枝生长势逐年减弱的特点,对部分长势中等的枝条长放不剪,下部易发生中、短枝,停止生长早,同化面积大,光合产物多。有利于促进花芽形成。

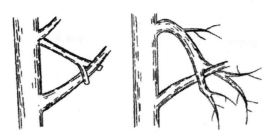

图 9-14 拉枝

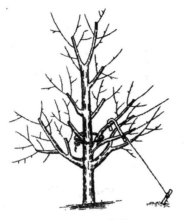

图 9-15 曲枝

（四）综合修剪技术

1. 剪口与剪口芽的处理

剪口的形状可以是平剪口或斜切口，一般对植物本身影响不大，但剪口应离剪口芽顶尖 0.5 cm ~ 1 cm。剪口芽的方向与质量对修剪整形影响较大。若为扩张树冠，应留外芽；若为填补树冠内膛，应留内芽；若为改变枝条方向，剪口芽应朝所需空间处；若为控制枝条生长，应留弱芽，反之应留壮芽为剪口芽。

若剪枝或截干造成剪口创伤面大，应用锋利的刀削平伤口，用硫酸铜溶液消毒，再涂保护剂，以防止伤口由于日晒雨淋、病菌入侵而腐烂。常用的保护剂有保护蜡和豆油铜素剂两种。保护蜡用松香、黄蜡、动物油按 5：3：1 比例熬制而成的。熬制时，先将动物油放入锅中用温火加热，再加松香和黄蜡，不断搅拌至全部溶化。由于冷却后会凝固，涂抹前需要加热。豆油铜素剂是用豆油、硫酸铜、熟石灰按 1：1：1 比例制成的。配制时，先将硫酸铜、熟石灰研成粉末，将豆油倒入锅内煮至沸腾，再将硫酸铜与熟石灰加入油中搅拌,冷却后即可使用。

2. 病害控制修剪

其目的是为了防止病害蔓延。从明显感病位置以下 7 ~ 8 cm 的地方剪除感病枝条,最好在切口下留枝。修剪应避免雨水或露水时进行,工具用后应以 70% 的酒精消毒,以防传病。

3. 剪口处理与大枝修剪

(1)平剪口

剪口在侧芽的上方,呈近似水平状态,在侧芽的对面作缓倾斜面,其上端略高于芽 5 mm,位于侧芽顶尖上方。优点是剪口小,易愈合,是观赏树木小枝修剪中较合理的方法,如图 9-16 所示。

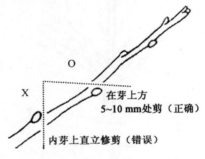

图 9-16　平剪口剪口位置

(2)留桩平剪口

剪口在侧芽上方呈近似水平状态,剪口至侧芽有一段残桩。优点是不影响剪口侧芽的萌发和伸展。问题是剪口很难愈合,第二年冬剪时,应剪去残桩,如图 9-17 和图 9-18 所示。

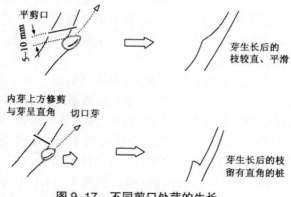

图 9-17　不同剪口处芽的生长

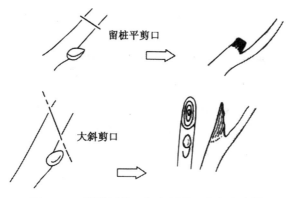

图 9-18 留桩平剪口和大斜剪口方向示意图

（3）大斜剪口

剪口倾斜过急，伤口过大，水分蒸发多，剪口芽的养分供应受阻，故能抑制剪口芽生长，促进下面一个芽的生长，如图 9-19 所示。

（4）大侧枝剪口

切口采取平面反而容易凹进树干，影响愈合，故使切口稍凸呈馒头状，较利于愈合。剪口太靠近芽的修剪易造成芽的枯死，剪口太远离芽的修剪易造成枯桩，同样如图 9-19 所示。

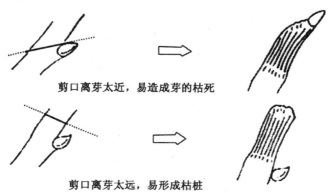

剪口离芽太近，易造成芽的枯死

剪口离芽太远，易形成枯桩

图 9-19 剪口距离芽位置的关系

留芽位置不同，禾采新枝生长方向也各有不同，留上、下两枚芽时，会产生向上、向下生长的新枝，留内、外芽时，会产生向内、向外生长的新枝，如图 9-20 所示。

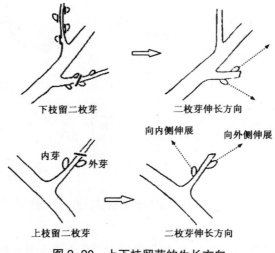

下枝留二枚芽　　　　二枚芽伸长方向

向内侧伸展　　　向外侧伸展

内芽　　外芽

上枝留二枚芽　　　　二枚芽伸长方向

图9-20　上下枝留芽的生长方向

（5）大枝修剪

大枝修剪通常采用三锯法。第一锯，在待锯枝条上离最后切口约30cm的地方，从下往上拉第一锯作为预备切口，深至枝条直径的1/3或开始夹锯为止；第二锯，在离预备切口前方2～3cm的地方，从上往下拉第二锯，截下枝条；第三锯，用手握住短桩，根据分枝结合部的特点，从分杈上侧皮脊线及枝干领圈外侧去掉残桩。这样可避免锯到半途时因树枝自身的重量而撕裂造成伤口过大，不易愈合。

将干枯枝、无用的老枝、病虫枝、伤残枝等全部剪除时，应自分枝点的上部斜向下部剪下，这样可以缩小伤口，残留分枝点下部突起的部分，见图9-21（a），伤口不大，很易愈合，而且隐芽萌发也不多；如果残留其枝的一部分，见图9-21（b），将来留下的一段残桩枯朽，随其母枝的长大渐渐陷入其组织内，致使伤口迟迟不愈合，很可能成为病虫害的巢穴。

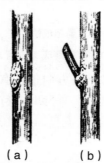

（a）　　　（b）

图9-21　大枝剪除后的伤口

（a）残留分枝点下部突出的部分；（b）残留枝的一段

三、常见园林植物的整形修剪

(一)行道树的整形修剪

　　行道树种植在人行道、绿化带、分车线绿岛、市民广场游径、河滨林荫道及城乡公路两侧等,一般使用树体高大的乔木,枝条伸展,枝叶浓密,树冠圆整有装饰性。枝下高和形状最好与周围环境相适应,通常在 2.5 m以上,主干道的行道树要求冠行整齐,高度和枝下高基本一致,以不妨碍交通和行人行走为基准。

　　定植后的行道树要每年修剪扩大树冠,调整枝条的伸展方向,增加遮阳保湿效果。冠形根据栽植地点的架空线路及交通状况决定。主干道及一般干道上,修剪整形成杯状形、开心形等规则形树冠,在无机动车通行的道路或狭窄的巷道内可采用自然式树冠。如图 9-22 所示为行道树悬铃木的修剪。

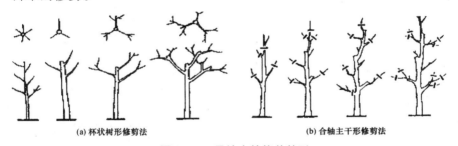

图 9-22　悬铃木的修剪整形

(a)杯状树形修剪法;(b)合轴主干性修剪法

　　有时候在行道树上方有管线经过,这时候需要通过修剪树枝给管线让路的修剪。它分为截顶修剪、侧方修剪、下方修剪和穿过式修剪四种,如图 9-23 所示。

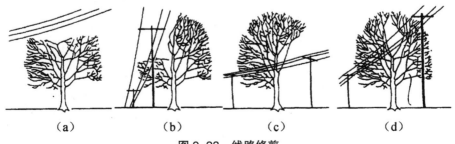

图 9-23　线路修剪

(a)截顶修剪;(b)侧方修剪;(c)下方修剪;(d)穿过式修剪

（二）庭荫树的整形修剪

庭荫树一般栽植建筑物周围或南侧、园路两侧，公园中草地中心，庭荫树的特点明显，具有健壮的树干、庞大的树冠、挺秀的树形。

庭荫树的整形修剪，首先是培养一段高矮适中、挺拔粗壮的树干。树干的高度要根据树种生态习性和生物学特性而定，更主要的是应与周围环境相适应。树干定植后，尽早将树干上 1 ～ 1.5 m 或以下的枝条全部剪除，以后随着树木的生长，逐年疏除树冠下部的侧枝。庭荫树的枝下高没有固定要求，如果树势旺盛、树冠庞大，作为遮阳树，树干的高度以 2 ～ 3 m 为好，能更好地发挥遮阳作用，为游人提供在树下自由活动的空间；栽在山坡或花坛中央的观赏树主干可适当矮些，一般不超过 1.0 m。

庭荫树一般以自然式树形为宜，于休眠期间将过密枝、伤残枝、枯死枝、病虫枝及扰乱树形的枝条疏除，也可根据置植需要进行特殊的造型和修剪。庭荫树的树冠应尽可能大些，以最大可能发挥其遮阳等保护作用，并对一些树皮较薄的树种还有防止日灼、伤害树干的作用。一般认为，以遮阳为主要目的的庭荫树的树冠占树高的比例以 2/3 以上为佳。如果树冠过小，则会影响树木的生长及健康状况。如图 9-24 所示为庭荫树中广玉兰的修剪整形。

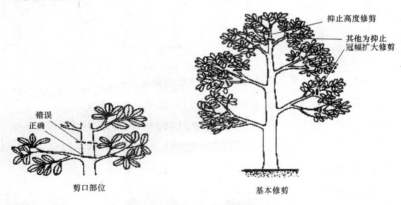

图 9-24　广玉兰的修剪整形

（三）花灌木类的修剪整形

花灌木在园林绿化中起着至关重要的作用。花灌木在苗圃期间主要根据将来的不同用途和树种的生物学特性进行整形修剪。此期的整剪工作非常重要，人们常说，一棵小树要长成栋梁之材，要经过多次修枝、剪枝，这是事实。幼树期间如果经过整形，后期的修剪就有了基础，容易培养成优美的树形;如果从未修剪任其随意生长的树木,后期要想调整、培养成理想的树形是很难的。所以注意花灌木在苗圃期间的整形修剪工作,是为了出圃定植后更好地起到绿化、美化的作用。

对于丛生花灌木通常情况下,不将其整剪成小乔木状,仍保留丛生形式。在苗圃期间则需要选留合适的多个主枝,并在地面以上留 3 ～ 5 个芽短截,促其多抽生分枝,以尽快成形,起到观赏作用。

花灌木之中有的开出鲜艳夺目的花朵;有的具有芬芳扑鼻的香味;有的具有漂亮、鲜艳的干皮;有的果实累累;有的枝态别致;有的树形潇洒飘逸。总之,它们各以本身具有的特点大显其观赏特性。如图 9-25 所示为灌木植物牡丹的修剪整形。

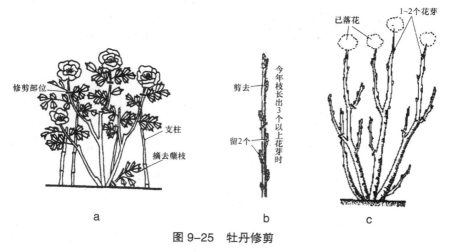

图 9-25 牡丹修剪

(a)花后修剪;(b)秋天修剪;(c)落叶后修剪

(四)藤本类的修剪整形

藤本类的修剪整形的目的是尽快让其布架占棚,使蔓条均匀分布,不重叠,不空缺。生长期内摘心、抹芽,促使侧枝大量萌发,迅速达到绿化效果。花后及时剪去残花,以节省营养物质。冬季剪去病虫枝、干枯枝及过密枝。衰老藤本类,应适当回缩,更新促壮。

①棚架式。在近地面处先重剪,促使发生数条强壮主蔓,然后垂直引缚主蔓于棚架之顶,均匀分布侧蔓,这样便能很快地成为荫棚。

②凉廊式。常用于卷须类和缠绕类藤本植物,偶尔也用吸附类植物。因凉廊侧面有隔架,勿将主蔓过早引至廊顶,以免空虚。

③篱垣式。多用卷须类和缠绕类藤本植物,如葡萄、金银花等。将侧

蔓水平诱引后,对侧枝每年进行短截。葡萄常采用这种整形方式。侧蔓可以为一层,亦可为多层,即将第一层侧蔓水平诱引后,主蔓继续向上,形成第二层水平侧蔓,以至第三层,达到篱垣设计高度为止,如图9-26。

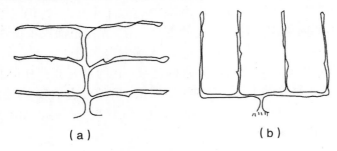

（a）　　　　　　　　　　　　　　（b）

图9-26　篱垣式剪整

（a）水平三段篱垣式；（b）垂直篱垣式

④附壁式。多用于墙体等垂直绿化,为避免下部空虚,修剪时应运用轻重结合,予以调整。

⑤直立式。对于一些茎蔓粗壮的藤本,如紫藤等亦可整形成直立式,用于路边或草地中。多用短截,轻重结合。

（五）绿篱的修剪整形

绿篱又称植篱或生篱,有自然式和整形式等外表形式。自然式绿篱一般可不行专门的修剪整形措施,仅适当控制高度,在栽培管理过程中将病老枯枝剪除即可。

多数绿篱为整形式绿篱,对整形式绿篱需施行专门的修剪整形工作。整形式绿篱在定植后应及时修剪,剪去部分枝条,有利于成活和绿篱的形成。最好将树苗主尖截去1/3以上,并以此为标准定出第一次修剪的高度。当树木的高度超过绿篱规定高度时,即在规定高度以下5-10cm短截主枝或较粗的枝条,以便较粗的剪口不致露出表面。主干短截后,再用绿篱剪按规定形状修剪绿篱表面多余的枝叶。修剪时应注意设计的意图和要求。

绿篱最易发生下部干枯空裸现象,因此在剪整时,其侧断面以呈梯形最好,可以保持下部枝叶受到充分的阳光而生长茂密不易秃裸。反之,如断面呈倒梯形,则绿篱下部易迅速秃空.不能长久保持良好效果,如图9-27所示。

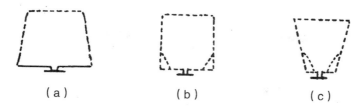

（a）　　　　　　　　　（b）　　　　　　　　　（c）

图 9-27　绿篱修剪整形的侧断面

（a）梯形（合理）；（b）一般的修剪形式（长方形），下枝易秃空；
（c）倒梯形，错误的形式，下枝极易秃空。

整形式绿篱形式多样。有剪成几何形体的，如圆柱形、矩形、梯形等。在地形平直时也可修剪成波浪形或墙垛形，在入口处有时修剪成拱门或门柱等，有的剪成高大的壁篱式作雕塑、山石、喷泉等的背景，有的将树木单植或丛植，然后修剪成鸟、兽、建筑物或具有纪念、教育意义等雕塑形式。

①绿篱拱门修剪。绿篱拱门设置在用绿篱围成的闭锁空间处，为了便于游人人内常在绿篱的适当位置断开绿篱，制作一个绿色的拱门，与绿篱联为一体。制作的方法是：在断开的绿篱两侧各种 1 株枝条柔软的小乔木，两树之间保持较小间距，然后将树梢向内弯曲并绑扎而成。也可用藤本植物制作。藤本植物离心生长旺盛，很快两株植物就能绑扎在一起，而且由于枝条柔软，造型自然。绿色拱门必须经常修剪，防止新梢横生下垂，影响游人通行。反复修剪，能始终保持较窄的厚度，使拱门内膛通风通光好，不易产生空秃。

②图案式绿篱的修剪整形。一般是采用矩形的整形方式，要求篱体边缘形成清楚的界限和显著的棱角，以及要求尽可能实现篱带宽窄一致，图案式绿篱每年修剪的次数比一般镶边、防护的绿篱要多，而且枝条的替换、更新时间比较短，不能出现空秃，以使文字和图案清晰可辨。用于组字或图案的植物，需要具有矮小、萌枝力强、极耐修剪的特性。目前常用的是瓜子黄杨或雀舌黄杨。可依字图的大小，采用单行、双行或多行式定植。

（六）特殊树形的修剪整形

特殊树形的整形可以满足人们对美的享受、满足植物应景的原则等，其也是植物修剪整形的一种形式。常见的形式有动物形状和其他物体形状等。用各种侧枝茂盛、枝条柔软、叶片细小且极耐修剪的植物，通过扭曲、盘扎、修剪等手段，将植物整成亭台、牌楼、鸟兽等各种主体造型，以点缓和丰富园景。

造型植物的修剪整形,首先应培养主枝和大侧枝构成骨架,然后将细小的侧枝进行牵引和绑扎,使它们紧密抱合生长,按照仿造的物体形状进行细致的修剪,直至形成各种绿色雕塑的雏形。在以后的培育过程中不能让枝条随意生长而扰乱造型,每年都要进行多次修剪,对"物体"表面进行反复短截,以促发大量的密集侧枝,最终使得各种造型丰满逼真,栩栩如生。造型培育中,绝不允许发生缺棵和空秃现象,一旦空秃难以挽救。

第二节　园林树木的树体保护

一、树皮保护

树皮受伤以后,有的能自愈,有的不能自愈。为了使其尽快愈合,防止扩大蔓延,应及时对伤口进行处理。

(一)树皮修补

在春季及初夏形成层活动期树皮极易受损与木质部分离,此时可采取适当的处理使树皮恢复原状。当发现树皮受损与木质部脱离,应立即采取措施保持木质部及树皮的形成层湿度,小心地从伤口处去除所有撕裂的树皮碎片。重新把树皮覆盖存伤口上用几个小钉子(涂防锈漆)或强力防水胶带同定。另外用潮湿的布带、苔藓、泥炭等包裹伤口避免太阳直射。一般在形成层旺盛生长期愈合,处理后 1 ~ 2 周可打开覆盖物检查树皮是否仍然存活。是否已经愈合,如果已在树皮周围产生愈伤组织则可去除覆盖,但仍需遮挡阳光。

(二)移植树皮

对伤面不大的枝干,可于生长季移植新鲜树皮,并涂以 10% 的萘乙酸,然后用塑料薄膜包扎缚紧。这个技术经常在果树栽培中采用,但近年来时有用于古树名木的复壮与修复中。

(三)桥接

对皮部受伤面很大的枝干,可于春季萌芽前进行桥接以沟通输导系统,恢复树势。方法是剪取较粗壮的一年生枝条,将其嵌接入伤面两端切出的接口,或利用伤口下方的徒长枝或萌蘖,将其接于伤面上端;然后用细绳或小钉固定,再用接蜡、稀黏土或塑料薄膜包扎。

二、树干保护

由于风折使树木枝干折裂,应立即用绳索捆缚加固,然后消毒涂保护剂。北京有的公园用 2 个半弧圈构成的铁箍加固,为了防止摩擦树皮用棕麻绕垫,用螺栓连接,以便随着干茎的增粗而放松。另外一种方法,是用带螺纹的铁棒或螺栓旋入树干,起到连接和夹紧的作用。

由于雷击使枝干受伤的树木,应将烧伤部位锯除并涂保护剂。

三、伤口处理

进入冬季,园林工人经常会对园林树木进行修剪,以清除病虫枝、徒长枝,保持树姿优美。在修剪过程中常会在树体上留下伤口,特别是对大枝进行回缩修剪,易造成较大的伤口,或者因扩大枝条开张角度而出现大枝劈裂现象。

对于枝干上因病、虫,冻、日灼或修剪等造成的伤口,首先应除去伤口内及周同的干树皮,这样不仅便于准确的确定伤口的情况.同时减少害虫的隐生场所。修理伤口必须用快刀,除去已翘起的树皮,削平已受伤的木质部.使形成的愈合也比较平整;不要随意地扩大伤口。修剪时使皮层边缘呈弧形,然后用药剂(2% ~ 5%硫酸铜液,0.1%的升汞溶液,石硫合剂原液)消毒,冉涂以保护剂。选用的保护剂要求容易涂抹,黏着性好,受热不融化,不透雨水,不腐蚀树体组织,同时又有防腐消毒的作用,能促进伤口的愈合,如铅油、接蜡等均可。大量应用时也可用黏土和鲜牛粪加少量的石硫合剂的混合物作为涂抹剂,若用激素涂剂对伤口的愈合更有利,用含有 0.01% ~ 0.1%的 a 萘乙酸膏涂在伤口表面,可促进伤口愈合。

四、涂白

树干涂白(图 9-28)目的是防治病虫害和延迟树木萌芽,避免日灼危害。据试验,桃树涂白后较对照树的花期推迟 5 d。因此,在日照强烈、温度变化剧烈的大陆性气候地区,可利用涂白能减弱树木地上部分吸收太阳辐射热的原理。延迟芽的萌动期。由于涂白可以反射阳光,减少枝干温度的局部增高.所以可有效地预防日灼危害。因此目前仍采用涂白作为树体保护的措施之一。杨树、柳树栽完后马上涂白,可防蛀干虫害。

图 9-28　涂白（图片来自网络）

涂白剂的配制成分各地不一。一般常用的配方是：水 10 份,生石灰 3 份,石硫合剂原液 0.5 份,食盐 0.5 份,油脂(动植物油均可)少许。配制时要先化开石灰,把油脂倒入后充分搅拌。再加水拌成石灰乳,最后放入石硫合剂及盐水,也可加黏着剂,以延长涂白剂的黏着性。

五、树洞处理

树洞处理的主要目的是阻止树木的进一步腐朽,清除各种病菌、蛀虫、蚂蚁、白蚁、蜗牛和啮齿类动物的繁殖场所,重建一个保护性的表面;同时,通过树洞内部的支撑,增强树体的机械强度,提高抗风倒雪压的能力,并改善观赏效果。

树木具有一定的抵御有害生物入侵的能力,其特点是在健康组织与腐朽心材之间形成障壁保护系统。树洞处理并非一定要根除心材腐朽和杀灭所有的寄生生物,因为这样做必将去掉这一层障壁,造成新的创伤,且降低树体的机械强度。因此,树洞处理的原则是阻止腐朽的发展而不是根除,在保持障壁层完整的前提下,清除已腐朽的心材,进行适当的加固和填充,最后进行洞口的整形、覆盖和美化。

补树洞是为了防止树洞继续扩大和发展。其方法有 3 种。

（一）开放法

树洞不深或树洞过大都可以采用此法,如伤孔不深,无填充的必要时,可按前面介绍的伤口治疗方法处理。如果树洞很大,给人以奇特之感,欲留做观赏时可采用此法。方法是将洞内腐烂木质部彻底清除,刮去洞口边缘的死组织,直至露出新的组织为止,用药剂消毒并涂防护剂。同时改变洞形,以利排水,也可以在树洞最下端插入排水管。以后需经常检查防水层和排水情况,防护剂每隔半年左右重涂 1 次。

（二）封闭法

树洞经处理消毒后,在洞口表面钉上板条,以油灰和麻刀灰封闭(油灰是用生石灰和熟桐油以 1∶0.35 比例调合而成,也可以直接用安装玻璃用的油灰俗称腻子),再涂以白灰乳胶,颜料粉面,以增加美观,还可以在上面压树皮状纹或钉上一层真树皮。

（三）填充法

树洞大,边材受损时,可采用实心填充。即在树洞内立一木桩或水泥柱作支撑物,其周围固定填充物,填充物从底部开始,每 20 ~ 25 cm 为一层,用油毡隔开,略向外倾斜,以利于排水;填充物与洞壁之间距离为 5 cm 为宜。然后灌入聚氨酯,使填充物与洞壁连成一体,再用聚硫密封剂封闭,外层用石灰、乳胶、颜色粉面涂抹。为了增加美观,富有真实感,还可在最外面粘贴一层树皮。填充物最好是水泥和小石砾的混合物。如无水泥,也可就地取材。

第三节　古树名木养护与管理

一、古树名木的概念

古树：根据我们的日常习惯和相关规定,一般只要树木生长的时间超过 100 年,我们就可以称其为古树。

名木：稀有、珍贵、奇特的树木,有些具有重要的历史价值和文化价值,有则具有独一无二的研究价值与保护价值。

古树名木一般包含以下几个含义：已列入国家重点保护野生植物名录的珍稀植物;天然资源稀少且具有经济价值;具有很高的经济价值、历史价值或文化科学艺术价值;关键种,在天然生态系统中具有主要作用的种类。

二、古树名木的养护管理方法

古树有着几百年乃至上千年的树龄,由于各种原因,逐渐衰老。若不及时加强养护管理,就会造成树势衰弱,生长不良,影响其观赏、研究价值,甚至会导致死亡。因此我们必须非常重视古树名木的复壮与养护管理,避免造成无法弥补的损失。古树名木养护管理一般主要从以下几方面着手。

(一)尽可能地保持原有的生长环境

植物在原有的环境条件下生存了几百年甚至几千年,说明了它对当前的环境是十分适应的,因而不能随意改变。若需要在其周围进行其他建设时,应首先考虑是否会对植物的生长环境造成影响。如果对植物的生长有较大的损害,就应该采取保护措施甚至退让。否则,就会较大地改变植物的环境,从而使植物的生长受到伤害,形成千古之恨。

(二)改善土、肥水条件

古树名木是历代陵园、名胜古迹的佳景之一,它们庄重自然,苍劲古雅,姿态奇特,令游客流连忘返。参观者众多,会使周围的土壤异常板结,土壤的透气透水性极差,严重影响了根系的呼吸和对土壤无机养分的吸收。再加上部分根系暴露,皮层受损,植物的生长受到严重的损害。因此应尽快采取措施,在树冠投影外 1 m 以内至投影半径的 1/2 以外的环状范围内进行深翻松土,暴露的根系要用土壤重新覆盖。松土过程中不能损伤根系。另外,对重点保护的树木,最好在周围加设护栏,防止游人践踏。

古树名木长时间在同一地点生长,土壤肥力会下降,在测定土壤元素含量的情况下进行施肥。土壤里如缺微量元素,可针对性增施微量元素,施肥方法可采用穴肥、放射性沟施和叶面喷施。

另外,要根据不同树种对水分的不同要求进行浇水或排水。高温干旱季节,根据土壤含水量的测定值,进行浇透水或叶面喷淋。根系分布范围内需有良好的自然排水系统、不能长期积水。无法沟排的需增设盲沟与暗井。生长在坡地的古树名木可在其下方筑水平梯田扩大吸水和生长范围。

（三）做好修剪工作

修剪古树名木的枯死枝、梢,事先应由主管部门技术人员制定修剪方案,主管部门批准后实施。修剪要避开伤流盛期。小枯枝用手锯锯掉或铁钩钩掉。截枝应做到锯口平整、不劈裂、不撕皮,过大的粗枝应采取分段截枝法。操作时应注意安全,锯口应涂防腐剂,防止水分蒸发及病虫害侵害。

（四）及时补洞治伤

由于古树长势较差,又受人为的损害、病菌的侵袭,使部分的干茎腐烂蛀空,形成大小不一的树洞。发现伤疤和树洞要及时修补,对腐烂部位应按外科方法进行处理。这样才有利于防止漫延、提高观赏价值、尽量恢复长势。

（五）防治病虫害和自然灾害

定期检查古树名木的病虫害情况,采用综合防治措施,认真推广和使用安全、高效、低毒农药及防治新技术,严禁使用剧毒农药。使用化学农药应按有关安全操作规程进行作业。

古树的树体较高大,树冠的生长不均衡,树干常被蛀空,易发生雷击、风折、风倒,所以要采取安装避雷针、立支架支撑和截去枯枝等防护措施。

（六）树体喷水除尘

由于城市空气的浮尘污染,古树树体截留灰尘极多,影响观赏和进行光合作用,因此要用喷水的方法进行清洗。

（七）立档建卡和明确责任

在详细调查的基础上,建立古树的档案、统一编号和挂牌,记录其生长、养护管理的情况,定时检查,利于加强管理和总结经验。

另外,也可以在树木的周围种植可与之嫁接的同种或同属植物的苗木。待长到一定的高度后,将苗木与树木进行桥接,利用幼树的根系给老树供给养分。此法不失为一种较科学的复壮方法。

第四节　园林花卉的病虫害防治

一、花卉病虫害防治的意义

目前,花卉生产是随着园林事业的发展,在绿化及美化城乡环境、净化被污染的空气,有着重要意义。由于人们对花卉的需求日益增长,花卉的生产及外销已提到日程上来。花卉是经济效益较高的植物,在有些国家的经济收入中已占重要地位,如荷兰、意大利、联邦德国、日本、新加坡、泰国等。联邦德国花卉全年生产的价值高于汽车工业的产值。利用它争取外汇是一个很好的途径。我国是一个园林古国,花卉资源丰富,品种繁多。由于近几年的开放政策,我国花卉外销及国内销售已大大增加,为了使花卉达到理想的经济效益及观赏效果,研究花卉病虫害的防治是极为重要的。

由于病虫害的危害造成花卉生产的经济损失,严重影响了各国的贸易和销售。据报道,美国有86000公顷的观赏植物(包括球茎及草本花卉)由于线虫的危害,每年平均损失6亿美元之多。花卉线虫病在我国的牡丹、仙客来、四季秋海棠、月季等观赏植物上发生日趋严重。我国出口到日本的菊花、香石竹和唐菖蒲等花卉,曾因带有病毒病而被该国烧毁,并赔偿经济损失。由于病毒病使香石竹的切花生产大幅度的下降。月季黑斑病、菊花褐斑病及芍药红斑病等在我国普遍发生,以及红蜘蛛、蚜虫、介壳虫等虫害也普遍存在。因此影响花卉的观赏价值与经济效益,所以加强花卉病虫害的防治,是保证各种花卉健康地生长发育、提高城乡环境绿化、美化和香化效率的必要措施,也是花卉栽培不可忽视的重要问题。

二、花卉病虫害的防治原则

花卉病虫害的防治,首先要了解病虫害的发生原因、侵染循环及其生态环境,掌握危害的时间、部位、危害范围等规律,才能找出较好的防治措施。植物病虫害防治的基本原则是"预防为主,综合防治"。

植物病虫害的发生和发展,是受寄主抗病虫能力、病原物的侵染力、害虫的繁殖、传播和环境条件的作用。因此,病虫害的防治方法也必须从这几方面进行:增强寄主抗病虫的能力或保护寄主不受侵害;消灭病原及害虫或控制它们的生长和繁殖,切断其侵染和传播的途径;改善环境条件,使有利于寄主的生长发育,增强抗病虫能力。只有从上述原理着手,才能较好地控制病虫害,达到防治效果,对一种栽培花卉的各种病虫害,必须从以上各方面使用多种防治手段,以求达到全面的防治效果,使病虫害的危害程度及造成的损失,控制在经济水平允许之下,这就是综合防治。

三、花卉病虫害的防治措施

花卉病虫害的防治方法是多种多样的,归纳起来可分为:栽培技术措施、物理机械防治、植物检疫、生物防治、化学防治等措施。

(一)花卉栽培技术措施

采用适宜的栽培技术,不但能创造有利于花卉生长发育的条件,培育出优良的品种,增强抗病虫的能力,还能造成不利于病虫生长发育的环境,抑制和消灭病虫害的发生和为害,对某些病虫害有良好的防治效果,是贯彻"预防为主,综合防治"的根本方法。

1. 选用抗病虫的优良品种和秧苗:利用花卉品种间抗病虫害能力的差异,选择或培育适于当地栽培的抗病虫品种,是防治花卉病虫害经济有效的重要途径,如南京栽培芍药中以"东海朝阳"等品种红斑病发病较轻,北京的月季中,"伊斯贝尔"等品种对月季黑斑病有较好的抗病性。同时在花卉生产中,要选用优良的、不带病虫害的种子、球根、接穗、插条及苗木等繁殖材料,进行播种、育苗和繁殖,也是减少病虫害发生的重要手段。

2. 合理栽培与管理:种植花卉首先要选择良好苗圃地,除考虑苗木、花卉生长要求的环境条件外,还要防止病虫害的侵染来源,如一般长期栽培蔬菜及其他作物的土地,积累的病原物及潜存的害虫比较多,这些病虫往往危害花卉,故不宜作为花圃地。轮作,可以相对减轻一些病虫害,特别对专化性强的病原菌及单食性害虫是一种良好的防治措施。

精耕细作中耕除草病菌、害虫的生长、繁殖对土壤有一定要求,改变土壤条件就能大大影响病菌和害虫的生存条件及发生数量。如深耕翻土,以改变病菌和害虫的生活条件,使暴露在土壤的表层或深埋地下使它死亡。中耕除草既可减少蒸发,又可清除潜藏在杂草上的病菌及虫卵。

合理施肥能改善花卉的营养条件,使生长健壮,提高抗病虫害的能力,施肥不当,也会造成一些植物生长不良而易罹病害。施用未经充分腐熟的有机肥料,常常带有一些病原物和虫卵,易使根部受害。

合理灌溉及时排水是对植物生长发育的重要措施,也是防治病虫害的有效方法,在排水不良的土壤,往往使植物的根部处于缺氧状态,不但对根系生长不利,而且容易使根部腐烂及发生一些根部病害。合理的灌溉对地下害虫,具有驱除和杀虫作用。排水对喜湿性根病具有显著防治效果。

注意场圃的清洁卫生,及时清除因病虫为害的枯枝落叶、落花、落果等病株残体,立即烧毁或深埋,以减少病虫害的传播和侵染源。这种简而易行的办法,也是控制病虫害发生的重要手段。

(二)物理及机械方法

物理及机械方法,目前常应用热处理(如温汤浸种)、超声波、紫外线及各种射线等的一些物理、机械方法防治病虫害。

很多夜间活动的昆虫都具有趋光性,可以利用灯光诱杀,如黑光灯可以诱集 700 多种昆虫。尤其对夜蛾类、螟蛾类、毒蛾类、枯叶蛾类有效。应用光电结合的高压网灭虫灯及金属卤化物诱虫灯,其诱虫效果较黑光灯为好。

利用害虫的潜伏习性,设置害虫的栖息环境,诱集害虫,如苗圃、花圃中堆积新鲜杂草,诱集蛴螬、地老虎等地下害虫,或用树干束草、包扎麻布片诱集越冬害虫。以及用毒饵诱杀,都是简单易行的方法。

热力处理法不同种类的病虫害对温度具有一定要求。温度不适宜,影响病虫的代谢活动,从而抑制它们的活动、繁殖及危害。所以,利用调节控制温度可以防治病虫害,如塑料大棚采用短期升温,可使粉虱大量减少。用温水浸种(45 ~ 60℃)或浸泡苗木、球根以达到杀死附着在种苗、球根外部及潜伏在内部的病原物,在温度达 50℃左右,浸泡球囊、苗木等30分钟,可以杀死根瘤线虫。将感病植物放置40℃左右温度下。1 ~ 2周,可治疗病毒病。

此外,还用烈日晒种、焚烧、熏土、高温或变温土壤消毒,或用枯技落叶在苗床焚烧,都可达到防治土壤传播病虫害的作用。

近些年来,也利用超声波、各种辐射不育、紫外线、红外线来防止病虫害。

(三)植物检疫

植物检疫主要是防止某些种子、苗木、球根、插条及植株等传播的病虫害。由于生产及商业贸易和品种交流活动中,往往在国际或国内不同地区造成人为的传播面引起各种病虫害的侵入、流行。因此,国家专门制定法令,设立专门机构,对引进藕出的植物材料及产品,进行全面的植物检疫,防止某些危险性的病虫害由一个地区传入另一地区。如国内有些省市引种牡丹,将带有根结线虫的牡丹传入无病区。国际间由于技术交直活动增多,赠送礼物及从国外进口的花卉和植物材料,由于忽视检疫,往往 {IF 连不少病菌及害虫,如从荷兰进口风信子发现有黄瓜花叶病毒(CMV),它可危害多种花卉。同时从荷兰进口的香石竹,也带有香石竹蚀环病毒(CaERV)。类似现象。屡见不鲜。因此,必须严格执行植物检疫,以防止危险性病虫杂草随着植物及其产品由国外输入或由国内输出;将在国内局部地区已发生的危险病、虫、杂草封闭在一定范围内,并在原病区采取措施逐步将它们消灭,不让它们蔓延传播到无病区;当发现危险性病虫、杂草传入新的地区时,应采取紧急措施,就地彻底消灭,控制疫区扩大。

（四）生物防治及生物工程技术的应用

生物防治是利用自然界生物间的矛盾,应用有益的生物天敌或徽生物及其代谢产物,来防治病虫害的一种方法。利用有益的生物来消除有害的生物,其效果持久,经济安全,避免传染,便于推广,这是目前很重要及很有发展前途的一种防治方法。

1.以菌治病:是利用微生物间的拮抗作用及某些微生物的代谢产物,来抑制另一种徽生物的生长、发育,甚至致死的方法,这种物质称为抗菌素。如"5406"菌肥能防治某些真菌病、细菌病及花叶型的病毒病。"鲁保一号"及土壤木霉菌等能防治菟丝子害及幼苗猝倒病。此外,还有链霉素、放线菌酮、内疗素等多种抗菌素都可用于防治花卉病害。

目前不少国家利用植物免疫力及汁液中有效成分防治病虫害,如利用羽扇豆和接骨木的汁液驱虫,胡桃皮提取物,可以除蚜虫。蒜汁液加水能防止不少种类的病菌。啤酒花提取物抑制革兰氏阳性的细菌。利用植物生理活性物质来防止病虫害是目前很有前途的方法之一。

2.以菌治虫:是对害虫的病原微生物、以人工的方法进行培养,制成粉剂喷撒,使害虫得病致死的一种防治方法。引起害虫得病的病原物有细菌、真菌、病毒等。目前已为国内外广泛利用,并取得良好的防治效果。如细菌剂制中的苏云金杆菌对鳞翅目昆虫的幼虫毒性最强。目前生产上使用的有青虫菌、杀螟杆菌等,可用来防治柳毒蛾、桃蛀螟和刺蛾类等。

其次,是利用真菌消灭害虫,如虫霉菌可以感染蚜牙。白僵菌可以寄生鳞翅目、鞘翅目等昆虫以及螨类。又如白粉虱赤座霉对粉虱有高效的致病能力。

利用病毒治虫现已取得很大进展。昆虫病毒的专化性很强,致病力大,效果持久。目前发现昆虫病毒有几十种。主要应用有核多角体病毒。这些病毒制剂可制成水剂、粉剂、可湿性粉剂等,喷雾植株或施入土壤中防治害虫,也可以采用传播病毒以防治害虫。

3. 以虫治虫,以鸟治虫,是利用捕食性或寄生性天敌昆虫和益鸟防止害虫的方法。如利用大红瓢虫和国外引进澳洲瓢虫防治绵蚧;引进日光蜂防止绵蚜;利用草蛉防止温室白粉虱;饲养草蛉和助迁瓢虫防治棉蚜等都有效果。除此之外,蜻蜓、螳螂、猎蝽等,都是常见的捕食性益虫。还有寄生性的昆虫也有不少用以防除害虫,如丽蚜小蜂寄生在粉虱卵上。利用益鸟消灭害虫,是利用自然生态条件防治害虫的一种手段。如啄木鸟、喜鹊、杜鹃等,都能啄食多种害虫和某些蛀干害虫。

目前利用生物工程方法防治病虫害是一种新的发展趋势,例如利用某些细菌体内的一种基因物质,使夜盗蛾产生致命毒素。美国近年研究,将一种基因移植于生长在某一植物根系附近的一些细菌体内,把这些带有毒素的细菌进行拌种。这些细菌在植物根部生长、繁殖,当夜盗蛾吃了植物根系,也同时把带毒细菌吃下去,而使其致死。另外,英国科学家研究一种真菌的基因具有杀害蚜虫的能力,如将该真菌注入蚜虫体内,然后把注射有真菌的蚜虫,放进种植园内,这些带病的蚜虫很快地传染给健康的蚜虫,在很短的几天内,大部分蚜虫即死去。

此外,近年来利用无菌株的组织培养方法,培育不带菌的幼苗,这也是一种从种菌着手,防止病害的新方法。

总之,利用生物工程的方法,用于防治病虫害,日新月异,发展很快,大有前途。随着生物遗传工程革新的生物学新技术的发展,防治病虫害将出现更多良好的方法。

(五)化学防治法

化学防治法是利用化学药剂防治病虫害的方法。其药效稳定,收效快,应用方便,不受地区和季节的限制。但是,实践证明,化学防治也有一些缺点,如使用不当会引起植物药害和人畜中毒。由于残留而污染环境,造成公害。虽然在病虫害大发生时,仍大量采用化学防治,但它只能是综合防治中的一个组成部分,化学防治只有与其他防治措施相互配合,才能得到理想的防治效果。

化学药剂,根据它的防治对象和作用,分为杀虫剂和杀菌剂。

1. 杀虫剂:根据其性质及作用,可分为:胃毒剂、触杀剂、熏蒸剂和内吸杀虫剂等等。现将主要常用的杀虫剂分述如下:

（1）敌百虫：是一种高效、低毒有机磷的制剂,具有强烈胃毒及触杀效果,作用快,残留短,一般对双翅目、鳞翅目及鞘翅目害虫有效,常用90%晶体敌百虫,以1000～2000倍液喷雾可防治金龟虫甲、粉虱和柳毒蛾等。

（2）敌敌畏：是一种高效、低毒的有机磷杀虫剂,对害虫具有胃毒、触杀和熏蒸作用,杀虫范围广,效果迅速,对花卉的害虫有防治作用。通常用80%敌敌畏乳油1000～1500倍液喷雾,对鳞翅目、叶虫甲、蚜虫、螨类和蚧虫等都有效。

（3）乐果：是一种高效、低毒的农药,对害虫有触杀、内吸和胃毒作用,乐果对刺吸式口器与咀嚼式口器的害虫均有效。一般以40%乳油1000～1500倍液喷雾可防治园林花:芹及果树上的红蜘蛛、蚜虫、潜叶蛾、叶蝉、蜡象及粉虱等。使用1g药加水20～40g,可拌种400～500g防治蝼蛄等地下害虫。可用乐果防治蚜虫及涂抹茎及枝干,但梅花不宜用乐果喷射,因易造成药害,甚至死亡。

（4）马拉硫磷：是一种对害虫有触杀、胃毒和熏蒸作用,药效高,杀虫范围广,对咀嚼式和刺吸式口器的害虫都可防治。一般用50%乳油,以1000～2000倍液喷雾,可治巢蛾、蚜虫、红蜘蛛及叶蝉,使用500～800倍液喷雾,可防治长白蚧等。

（5）杀螟松：是一种广谱的杀虫剂,具有触杀、胃毒及较好渗透性,可杀死蛀食害虫,残留期长,一般采用50%乳油1000～2000倍液喷雾,能有效地防治蚜虫、刺蛾类、叶蝉及食心虫等。

（6）杀虫脒：是一种高效低毒的杀虫、杀螨剂。它具有较强的内吸杀虫作用,可防治螟虫、卷叶虫、食心虫、红蜘蛛及其卵等多种害虫。一般用25%水剂500～1000倍液喷雾,对红蜘蛛具有杀虫灭卵作用。使用600倍液喷雾,可以防治小卷叶蛾的卵及初孵的幼虫。对螨类效果较显著。

（7）呋喃丹：是一种低残毒的广谱杀虫、杀螨、杀线虫剂。具有内吸作用及一定的触杀作用。能防治咀嚼式口器和刺吸式口器的昆虫及线虫。由于它对叶面的附着力较差,故一般进行根施,用3%颗粒剂深施于土壤内,盆花每盆用2～5g,地栽花木视植株大小而定,一般每株可用3%颗粒剂200g左右。但对人畜毒性大,施用时要注意安全。

（8）三氯杀螨砜：这种含有机氯杀螨剂具有杀幼螨及卵的效能,残效期可达40～50天,对成螨无效,但能破坏其生理机能,具有绝育作用。对人、家畜的毒性低,对花卉较安全。

用20%可湿性粉剂,以800～1000倍液喷雾,可以防治各种红蜘蛛若虫及卵,药效可保持一个半月。

2.杀菌剂:根据杀菌剂的作用及性质,一般分为保护剂和内吸(治疗)剂。常用的杀菌剂有:

(1)波尔多液:波尔多液是一种应用较多的良好的保护剂,在植物表面粘着力强,能形成一层薄膜,可抑制病菌对植物体的侵入。

波尔多液是由硫酸铜、生石灰及水配制而成。配制方法,一般用硫酸铜500g、生石灰500g、水50000g,将硫酸铜与生石灰各1半的水分别溶解,然后将这两种溶液同时加入另一容器,徐徐加入,搅拌均匀即成,也可将硫酸铜液倒入生石灰溶液中,随即搅拌均匀即可。按上述比例配制成的为石灰等量式波尔多液。根据防治的对象不同,可配成石灰少量式和石灰多量式的波尔多液,加水的倍数可以有160、200、240倍不等。

配成的波尔多液呈天蓝色的胶体悬浮液,呈碱性反应,粘着力强,在植物体外有效期可维持15天左右,这种溶液只能随配随用,不宜贮存。

波尔多液可以防治霜霉病、锈病、灰斑病、轮纹斑病及黑斑病等多种真菌病害。

(2)石硫合剂:以生石灰、硫磺粉和水按1:2:10的比例,经过熬制而成,滤去沉渣,上层深红褐色的药液,即为石硫合剂的原液,该液呈碱性。石硫合剂可以密封贮藏。使用时需将原液稀释,使用浓度以季节而定。冬季或早春植物展叶前,可喷洒波美3~5度,生长期只能喷洒波美0.3~0.5度的稀释液。

石硫合剂是一种很好的广谱杀菌剂。能防治多种真菌病害,如白粉病、锈病及叶斑病等。还能防治红蜘蛛、介壳虫等害虫。

(3)代森锌:是一种有机硫制剂,具有广谱杀菌作用,代替铜制剂起保护作用,能防治多种真菌性病害。有粉剂和可湿性粉剂两种。用65%可湿性粉剂400~600倍喷雾,可防治菊花褐斑病、芍药褐斑病、幼苗猝倒病、花腐病及叶片穿孔病等病害。

(4)代森铵:是一种淡黄色溶液,能渗透到植物体内,杀菌力强,除有保护作用外,还有一定的治疗效果。在植物体内分解后,还能起肥效作用。使用安全,不污染花卉。一般用于种子处理、叶面喷雾,用1000倍液喷雾可防治花卉、苗木的白粉病、霜霉病和叶斑病。用200~400倍处理土壤可防治幼苗立枯病。

(5)多菌灵:是一种高效低毒、广谱的内吸杀菌剂,具有保护和治疗作用。使用方法可喷雾和拌种。50%的可湿性粉剂800~1000倍喷雾,能防治多种真菌性病害。拌种用量为种子重量的0.2%~0.3%,还可用作土壤消毒。

(6)乙基托布津:是一种高效、低毒、广谱的内吸杀菌剂,具有保护和治疗作用。50%可湿性粉剂500~800倍可防治多种真菌病害,如白粉病、黑星病、炭疽病及灰霉病等多种叶斑病。用乙基托布津处理土壤,可以防治花卉及苗木立枯病。

甲基托布津含有效成分70%,药效高于乙基托布津,一般使用浓度1000~1500倍。使用范围和方法与乙基托布津相似。

在采用化学药剂防治病虫害时,必须注意防治对象、用药种类、用药浓度、施用方法、用药时间、施用部位和环境条件等。根据不同的防治对象选择适宜的药剂,药剂浓度不宜过高,以免对植物产生药害,喷药要周全细致,尤其是保护性药剂,应该使药液均匀麓覆盖在被保护的植物表面及背部。一般喷药不要在气温最高的中午时间,以免发生药害,在阴雨天气不宜喷药,喷药后如遇降雨,必须在晴天后再喷一次。

用化学药剂防治植物病虫害时,切忌长期施用同种药剂,最好以不同药剂交替施用,以避免病原物和害虫产生抗药性从而降低或失去防治效果。

在使用化学药剂的同时,应高度重视人、家畜的安全,要严格遵守每种药剂的性能、方法等说明,以免发生药害及中毒事故。

第五节　园林花卉的无土栽培技术

一、无土栽培的概念及其特点

无土栽培是近几年发展起来的一种作物栽培新技术。国际无土栽培学会对无土栽培的定义是:不采用天然土壤而利用基质或营养液进行灌溉栽培的方法,包括基质育苗,统称无土栽培。

无土栽培的特点:

①花卉植物大多数比较娇嫩,对环境条件要求较高。无土栽培可以有效地控制植物生长发育过程对水分、空气、光照、湿度等的要求,使植物生长良好,颜色鲜艳。

②无土栽培不用土壤,扩大了园林植物的种植范围。栽培地点选择上自由度大,如在沙漠、盐碱地、海岛、荒山、砾石地等都可以进行无土栽培。

③无土栽培的花卉发育良好,不仅香味浓,而且花期长,进入盛花期早,无土栽培的花卉,由于水的蒸发能保持空气的适当湿度,有利于生长,

对于某些夏季生长的花卉还有耐高温的作用。

④节约水肥,减少劳动用工。无土栽培的营养液可以回收再利用,或采用流动培养,避免土壤栽培时肥水的流失,所以能省水、省肥。

⑤无土栽培无杂草,清洁卫生,减少病虫害。无土栽培由于不使用人粪尿、禽兽粪和堆肥等有机肥料,故无臭味,清洁卫生,可减轻对环境的污染和病虫害的传播。

当然,无土栽培也有不足之处:

①投资大,因无土栽培完全是人为控制生产条件的,需要许多设备,如水培槽、培养液池、循环系统等,所以一次性投资较大。

②能耗大,因一切设备都在电能驱动下运转,所以能耗大。

③营养液配合比复杂,费用高,需要一定的技术。且营养液大都循环使用,若消毒不彻底很容易造成病菌传播蔓延。

二、无土栽培的类型

无土栽培的类型很多。根据基质的有无可分为无基质栽培和基质栽培。

(一)无基质栽培

无基质栽培是指将植物的根连续或间断地浸在营养液中生长,不需要基质的栽培方法。无基质栽培一般只在育苗期采用基质,定植后就不用基质了。

无基质栽培可分为水培和喷雾栽培两类。水培是定植时营养液直接与根接触的栽培方法,我国常用的有营养液膜法、深液流法、浮板毛管法、动态浮板法等;喷雾栽培简称雾培或气培,是将营养液直接喷雾到植物根系上,营养液可循环利用的栽培方法。

(二)基质栽培

基质培又称介质培,即在一定容器内,植物通过基质固定根系,并通过基质使根系吸收营养液和氧气的一种栽培方法,主要有以下几种:

①砂培。即用直径小于 3 mm 的松散颗粒砂、珍珠岩、塑料或其他无机物使作为固体基质。

②砾培。砾培是用直径大于 3 mm 的不松散颗粒(砾、玄武岩、熔岩、塑料或其他无机物质)为固体基质。

③蛭石培。一般选用直径为 3 mm 的蛭石。

④珍珠岩培。珍珠岩是由硅质火山岩在1200℃下燃烧膨胀而成的。可单独作基质使用,也可与草炭、蛭石等混合使用。

⑤岩棉培。岩棉可以制成各种大小不同的方块,直接用于栽种植物。

三、无土栽培的方式与设备

(一)水培及设备

水培是指定植后植物的根系直接与营养液接触的栽培方法,根据营养液层的深浅,可分为深液流水培和浅液流水培技术。水培的特点是管理方便,无须浇水,不必松土、除草、换土、施肥;水培植物清洁卫生、病虫害少等;栽培中,不仅能观赏植物的地上部分,还能观赏到植物根系;水培设施、营养液的配方和配置技术、自动化和计算机控制技术都比较完善。但一次性投资大,生产成本高。

园林植物的水培床要求不漏水,多采用混凝土做成或用砖砌成槽或池,一般宽1.2～1.5 m,长度视规模而定。水培床最好建成阶梯式,以利于水的流动,增加水中氧气的含量。水培床一般要求在床底铺设给水加温的电热线,并通过控制仪器控制水温。水培植物时,还需每天定期用水泵抽水循环,以保证水中的氧气充足。为了使植物的苗木保持稳定,还可在床底部放入洁净的沙、在苯乙烯泡沫塑料板上钻孔或在水面上架设网格进行固定。

(二)喷雾栽培(雾、气培)及设备

喷雾栽培,也叫作雾培或气培,它是利用喷雾装置将营养液雾化,使植物的根系在封闭黑暗的根箱内,悬空于雾化后的营养液环境中,黑暗的条件是根系生长必需的,以免植物根系受到光照滋生绿藻,封闭可保持根系环境的温度。

喷雾管设在封闭系统内靠地面的一边,在喷雾管上按一定的距离安装喷头。喷头由定时器控制,如每隔3 min喷30 s,将营养液由空气压缩机雾化成细雾状喷到作物根系,根系各部位都能接触到水分和养分。

(三)基质栽培及设备

在基质无土栽培系统中,固体基质的主要作用是支持作物根系及提供作物一定的营养元素。基质栽培的方式有钵培、槽培、袋培、岩棉培等,其营养液的灌溉方法有滴灌、上方灌溉和下方灌溉,但以滴灌应用最普

遍。基质系统可以是开放式的,也可以是封闭式的,这取决于是否回收和重新利用多余的营养液。在开放系统中,营养液不循环利用,而封闭系统中营养液则循环利用。由于封闭式系统的设施投资较高,而且营养液管理较为复杂,因而在我国目前的条件下,基质栽培以采用开放式系统为宜。

1. 钵培法

即在花盆、塑料桶等栽培容器中添充基质,栽培植物。从容器的上部供应营养液,下部设排液管,将排出的营养液回收于贮液罐中循环利用。也可采用人工浇灌的原始方法。如图9-29。

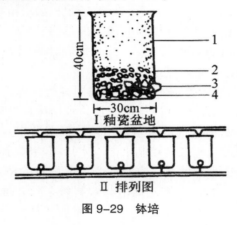

图9-29 钵培

2. 槽培法

槽培是将基质装入一定容积的栽培槽中以种植作物。可用混凝土和砖建造永久性的栽培槽。目前应用较为广泛的是在温室地面上直接用砖垒成栽培槽,为降低生产成本,也可就地挖成槽再铺薄膜。总的要求是防止渗漏并使基质与土壤隔离,通常可在槽底铺2层塑料薄膜。槽的坡度至少应为0.4%。

常用的槽培基质有沙、蛭石、锯末、珍珠岩及草炭与蛭石混合物等。基质混合之前加一定量的肥料作为基肥。基质装槽后,布设滴灌管,营养液可由水泵泵入滴灌系统后供给植株。如图9-30,也可利用重力把营养液供给植株。

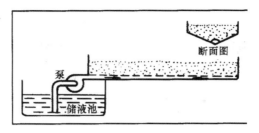

图 9-30　槽培

3. 袋培法

用塑料薄膜袋填装基质栽培植物,用滴灌供液,营养液不循环使用。

枕式袋培:按株距在基质袋上设置直径为 8 ~ 10 cm 的种植孔,按行距呈枕式摆放在地面或泡沫板上,安装滴灌管供应营养液。基质通常采用混合基质。如图 9-31。

图 9-31　枕式袋培

立式袋培:将直径为 15 cm、长为 2 m 的柱状基质袋直立悬挂,从上端供应管供液,在下端设置排液口,在基质袋四周栽种植物。如图 9-32。

4. 岩棉栽培

岩棉是玄武岩中的辉绿岩在 1600 ℃高温下熔融抽丝而成,农用岩棉在制造过程中加入了亲水剂,使之易于吸水。岩棉基质干燥时重量较轻,容易对作物根部进行加温。开放式岩棉栽培营养液灌溉均匀、准确,一旦水泵或供液系统发生故障有缓冲能力,对作物造成的损失也较小。岩棉基质是广泛应用的材料(图 9-33)。

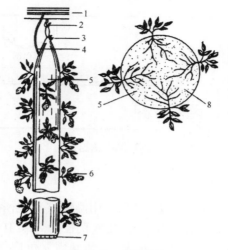

图 9-32　立式袋培

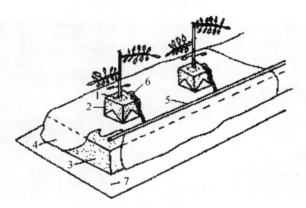

图 9-33　岩棉基质培养

1—播种孔；2—岩棉块(侧面包黑膜)；3—岩棉垫；

4—黑白双面膜(厚膜)；5—滴灌管；6—滴头；7—衬垫膜

四、水培营养液的配制

园林植物水培以水作为介质,水中一般不含植物生长所需的营养元素,因此必须配制必要的营养液,以供植物生长所需。不同的植物其营养液的配方有所不同,针对不同植物进行营养液配方的选择是水培成功的关键。

（一）营养液的配制要求

水培营养液的配制要求包括以下几方面：①营养液必须营养全面，应含有园林植物所需的各种宏量元素和微量元素等，并且营养元素的种类、浓度及配比也应恰当，以保证植物的正常生长；②配制营养液应采用易于溶解的盐类，矿物质营养元素一般应控制在 4‰ 以内，并防止沉淀的产生；③营养液的 pH 值要满足栽培植物的要求，一般在 5.5 ~ 8.0 之间；④营养液一般为缓冲液，要求具有一定的缓冲能力，并需要及时测定和保持其 pH 值和营养水平；⑤水源要求清洁，不含杂质，一般以 10℃ 以下的软水为宜，若使用自来水则要进行处理，以防水中氯化物、硫化物和重碳酸盐等对植物造成伤害，一般应加入少量的乙二胺四乙酸钠或腐殖酸盐化合物来处理水中的氯化物和硫化物，但如果采用泥炭作栽培基质则可以消除以上缺点。

（二）营养液的配制程序

营养液的配制程序有以下几个步骤。

①分别称取各种营养成分，置于干净容器、塑料薄膜袋内或平摊于塑料薄膜袋上待用。

②混合和溶解各营养成分时，应严格注意顺序，以免产生沉淀。营养液配制时一般将其浓缩配制为 A、B 两种储备液，A 液以钙盐为主，一般先用温水溶解硫酸亚铁，然后溶解硝酸钙，要求边加水边搅拌直至溶解均匀；B 液以磷酸盐为主，一般先用水溶解硫酸镁，再依次加入磷酸二氢铵和硝酸钾，加水搅拌至完全溶解，硼酸则一般需要用温水溶解后再加入，然后分别加入其余的微量元素。

③使用营养液时，一般应先按比例取 A 液溶于水中，再按比例在此水中加入 B 液，混合均匀后即可使用。配制营养液时，一般忌用金属容器，更不能用金属容器来存放营养液，最好使用玻璃、搪瓷或陶瓷器皿。

（三）常用的营养液配方

园林植物无土栽培所需的营养液配方，一般根据植物种类及其生长发育期和环境条件而定，常用配方有以下几种。

①世界通用的莫拉德营养液配方：A 液为硝酸钙 125 g、硫酸亚铁 12 g 与 1 kg 水混合而成；B 液为硫酸镁 37 g、磷酸二氢铵 28 g、硝酸钾 41 g、硼酸 0.6 g、硫酸锰 0.4 g、硫酸铜 0.004 g、硫酸锌 0.004 g 与 1 kg 的水混合而成。

②我国北方通用的配方为：磷酸铵 0.22 g、硝酸钾 1.05 g、硫酸铵 0.16 g、硝酸铵 0.16 g、硫酸亚铁 0.01 g 与 1 kg 水混合而成。

③我国南方通用的配方为：硝酸钙 0.94 g、硝酸钾 0.58 g、磷酸二氢钾 0.36 g、硫酸镁 0.49 g、硫酸亚铁 0.01 g 与 1 kg 的水混合而成。

此外,还有如日本园试营养液、荷兰花卉研究所研制的适用于多种花卉岩棉滴灌用的营养液和法国国家农业研究所研制的适用于喜酸作物的营养液配方等,专用配方如月季专用营养液、杜鹃花专用营养液、菊花专用营养液、观叶植物营养液配方等,在进行不同园林植物无土栽培的生产中可供参考运用。

五、栽培基质处理

有些基质可以单独使用,也可以按不同的配比混合使用。基质混合总的要求是降低基质的容重,增加孔隙度,增加水分和空气的含量。基质的混合使用,以 2 ~ 3 种混合为宜。如 1∶1 的草炭、蛭石,1∶1 的草炭、锯末,1∶1∶1 的草炭、蛭石、锯末或 1∶1∶1 的草炭、蛭石、珍珠岩,以及 6∶4 的炉渣、草炭等混合基质,均在我国无土栽培生产上获得了较好的应用效果。

混合基质量小时,可在水泥地面上用铲子搅拌；量大时,应用混凝土搅拌器搅拌。

在国外,育苗和盆栽基质混合时,常加入一些矿质养分。以下是一些常用的育苗和盆栽基质配方。

（1）加州大学混合基质

0.5 m² 细沙粒径（0.5 ~ 0.05 mm）,0.5 m² 粉碎草炭,145 g 硝酸钾,145 g 硫酸钾,4.5 kg 白云石石灰石,1.5 kg 钙石灰石,1.5 kg 20% 过磷酸钙。

（2）康乃馨混合基质

0.5 m² 粉碎草炭,0.5 m² 蛭石或珍珠岩,3 kg 石灰石（最好是白云石）,1.2 kg 过磷酸钙（20% 五氧化二磷）,3 kg 复合肥（氮、磷、钾含量分别为 5%,10%,5%）。

（3）中国农业科学院蔬菜花卉研究所无土栽培盆栽基质

0.75 m² 草炭,0.13 m² 蛭石,0.12 m² 珍珠岩,3 kg 石灰石,1 kg 过磷酸钙（20% 五氧化二磷）,1.5 kg 复合肥（15∶15∶15）,10 kg 消毒干鸡粪。

（4）草炭矿物质混合基质

0.5 m² 草炭,0.5 m² 蛭石,700 g 硝酸铵,700 g 过磷酸钙（20% 五氧化二磷）,3.5 kg 磨碎的石灰石或白云石。

如果用其他基质代替草炭,则混合基质中就不用添加石灰石了,因为石灰石的主要作用降低基质的氢离子浓度(提高基质 pH 值)。

六、常用的水培技术

(一)营养液膜技术

营养液膜技术为浅液流水培技术,可解决深液流水培技术中生产设施笨重、造价昂贵、供氧不良等问题,但是存在技术要求严格、耐用性差、稳定性差和运行费用高等问题。

营养液膜系统主要由营养液储液池、泵、栽培槽、管道系统和调控系统构成,营养液在泵的驱动下以 0.5 ~ 1.0 cm 厚的营养液薄层从储液池流出经过根系,又回到储液池内,形成循环式供液体系。营养液膜系统具有设施结构简单、容易建造、较深液流水培技术投资少、便于实现生产自动化的特点,但是因为营养液少、缓冲能力差,植株生长易受停电的不良影响。

根据栽培需要又可以分为连续性供液和间歇式供液两种类型。连续供液是指一天 24 小时内连续不断地供液,一般能耗较高;间歇式供液则在连续供液系统的基础上加入定时器装置,按一定的时间间隔进行供液,可以节约能源,也可以控制植株的生长发育,解决根系供氧和供液的矛盾。

(二)深液流技术(DFT)

该种技术的栽培方式与营养液膜技术是相类似的。植株的大部分根系是浸泡在水中的,并且流动的营养液层较深,浸泡在营养液中的根系主要是依靠向营养液中加氧来解决其通气的问题。

由于根系的液温变化较小,环境条件相交稳定,因此,具有缓冲能力比较强的特点。即使停电,也不会影响到营养液的供给,这就克服了营养液膜技术的缺点。

深液流水培系统(图 9-34)需要具备完善的基本设施,才能更好地栽培。它不仅需要储液池、水泵、营养液自动循环系统,还需要一些现代化的控制系统以及植株的固定装置等。

(三)动态浮根法(DRF)

该系统是指在栽培床内进行营养液灌溉时,植物的根系随营养液的液位变化而上下左右波动(图9-35)。营养液达到设定的深度(一般为8 cm)后,栽培床内的自动排液器将营养液排出去,使水位降至设定深度(一般为4 cm)。此时上部根系暴露在空气中吸收氧气,下部根系浸在营养液中不断吸收水分和养料,不会因夏季高温使营养液温度上升、氧气溶解度低,可以满足植物的需要。

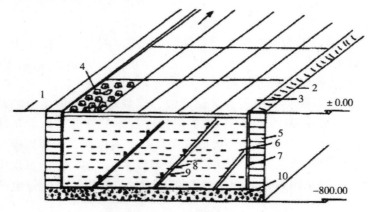

图9-34　全温室深液流水培设施示意图(单位: cm)

1—地面;2—工作通道;3—泡沫塑料定植板;4—植株;5—槽框;
6—营养液;7—塑料薄膜;8—供液管道;9—喷头;10—槽底

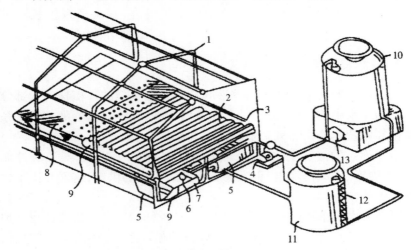

图9-35　动态浮根系统的主要组成部分

1—管结构温室;2—栽培床;3—空气混入器;4—水泵;5—水池;6—营养液液面调节器;7—营养液交换箱;8—板条;9—营养液出口堵头;10—高位营养液罐;11—低位营养液罐;12—浮动开关;13—电源自动控制器

（四）浮板毛管法（FCH）

浮板毛管法在深液流法的基础上增加了聚苯乙烯泡沫浮板,根系可在浮板上生长,解决植株养分与氧气的供应问题,而且设施造价较便宜,适合于在经济实力不强的地区应用。

（五）鲁 SC 水培系统

又称"基质水培法",在栽培槽中填入 10 cm 厚的基质,然后又用营养液循环灌溉植物,这种方法能稳定地供应水分和养分,所以栽培效果良好,但一次性的投资成本稍高。

参考文献

[1] 臧德奎.园林植物造景 [M].北京:中国农业出版社,2013.

[2] 谷茂.园林生态学 [M].北京:中国农业出版社,2006.

[3] 龙冰雁.园林生态 [M].北京:化学工业出版社,2009.

[4] 黄莉群.生态园林 [M].济南:山东美术出版社,2006.

[5] 田旭平.园林植物造景 [M].北京:中国林业出版社,2012.

[6] 陈晓梅.园林建筑设计 [M].北京:中国农业大学出版社,2009.

[7] 马建武.园林绿地规划 [M].北京:中国建筑工业出版社,2007.

[8] 赵春仙,周涛.园林设计基础 [M].北京:中国林业出版社,2006.

[9] 刘磊.园林设计初步 [M].重庆:重庆大学出版社,2010.

[10] 刘福智.园林景观规划与设计 [M].北京:机械工业出版社,2007.

[11] 屈海燕.园林植物景观种植设计 [M].北京:化学工业出版社,2013.

[12] 苏雪痕.植物造景 [M].北京:中国林业出版社,1994.

[13] 熊济华,唐岱,秦华,等.观赏树木学 [M].北京:中国农业出版社,1998.

[14] 候碧清,陈勇.草坪草与地被植物的选择 [M].长沙:国防科技大学出版社,2005.

[15] 刘少宗.园林设计 [M].北京:中国建筑工业出版社,2008.

[16] 曲娟.园林设计 [M].北京:中国轻工业出版社,2012.

[17] 石宏义.园林设计初步 [M].北京:中国林业出版社,2006.

[18] 李静.圆领概论 [M].南京:东南大学出版社,2009.

[19] 王其钧.园林设计 [M].北京:机械工业出版社,2008.

[20] 陈有民.园林树木学 [M].北京:中国林业出版社,2001.

[21] 曹永智,刘俊娟.园林设计与实训 [M].上海:中国出版集团东方出版中心,2009.

[22] 苏雪痕.植物景观规划设计 [M].北京:中国林业出版社,2012.

[23] 金煜.园林植物景观设计 [M].沈阳：辽宁科学技术出版社，2008.

[24] 程倩,刘俊娟.园林植物造景 [M].北京：机械工业出版社,2015.

[25] 宁妍妍,段晓娟.园林植物造景重庆 [M]：重庆大学出版社，2014.

[26] 李铮生.城市园林绿地规划与设计 [M].北京：中国建筑工业出版社,2006.

[27] 刘国华.园林植物造景 [M].北京：中国农业出版社,2010.

[28] 关文灵.园林植物造景 [M].北京：中国水利水电出版社,2013.

[29] 重庆市园林局,重庆市风景园林学会组织编写.园林植物及生态 [M].北京：中国建筑工业出版社,2007.

[30] 鲁敏,李英杰.城市绿地生态系统建设——绿地植物选择与绿化工程构建 [M].北京：中国林业出版社,2005.

[31] 刘荣凤.园林植物景观设计与应用 [M].北京：中国电力出版社、2009.

[32] 曹基武,谭梓峰,尹建,等.北美橡树 [M].北京：科学出版社，2015.